U0345698

鱼米之乡的文化漫步

荆楚人家的碗筷斑斓

由唇齿间直抵心田的情味读本

荆楚味道

曾庆伟 著

华中科技大学出版社
http://www.hustp.com
中国·武汉

荆楚是个地理概念，有狭义与广义之分。

狭义的荆楚指今天湖北省所涵盖的地区。

广义的荆楚古时也称三楚。三楚者，西楚、东楚、南楚也。《史记·货殖列传》记载，西楚的范围包括淮北、沛、陈、汝南、南郡一带，东楚的范围包括东海、吴、广陵一带，南楚的范围包括衡山、九江、江南（江南者，丹阳也）、豫章、长沙一带。所以古称的荆楚，泛指包括现今湖北全域及其周边的一大片地区，即东北到今天的山东南部，西南到今天的广西西北部，东南到今天的江苏、浙江等地这一广袤的区域。

《荆楚味道》一书涉及的地理范围是广义的古时荆楚的疆域。

所谓味道，虽然也可指抽象的情味和意味，但一般意义上的味道指的是味觉，包括甜味、苦味、酸味、咸味等。顾名思义，"荆楚味道"，泛指在古代荆楚全域的这一大片土地上，今人在饮食生活中能体味到的情味、意味和食物独有的滋味、形态。

众所周知，古代楚国有着极其灿烂的饮食文明，楚菜则是楚国饮食文明最重要的表现形式之一。

古称的楚菜、荆菜，起源于江汉平原，发源地在楚国的郢都（今湖北江陵）。按主流的历史学说法，华夏文化从西周开始逐渐分为南北两支：北支的中原文化，地跨黄河流域，壮阔雄浑，纯朴敦厚；南支即为楚文化，活跃于长江中下游地区，清奇秀丽、豪放浪漫为其特征。正由于我国南方山清水秀、人杰地灵，作为楚文化具象表现形式之一的肴馔——楚菜，无一不体现出南方固有的精、奇、细、巧的文化特征。

早在 2800 多年前，楚国就是周朝的强国之一，疆域辽阔，物产丰富，是鱼米之乡。《史记·货殖列传》记载楚国"饭稻羹鱼""不待贾而足""无饥馑之患"，楚国这种自然资源优势，在当时生产力发展水平普遍不高的条件下，足以让其他诸侯国羡慕不已。

在《楚辞·招魂》和《楚辞·大招》里，分别有两份著名的菜单。
《楚辞·招魂》云：

> 室家遂宗，食多方些。稻粢穱麦，挐黄粱些。大苦咸酸，辛甘行些。
> 肥牛之腱，臑若芳些。和酸若苦，陈吴羹些。胹鳖炮羔，有柘浆些。
> 鹄酸臇凫，煎鸿鸧些。露鸡臛蠵，厉而不爽些。粔籹蜜饵，有餦餭些。
> 瑶浆蜜勺，实羽觞些。挫糟冻饮，酎清凉些。华酌既陈，有琼浆些。

这段话的意思是：家族聚会人都到齐了，食品多种多样。有大米、小米，也有新麦，还掺杂香美的黄粱。苦的、咸的、酸的食物都有滋有味，辣的、甜的食物也都用上。肥牛的蹄筋是佳肴，炖得酥烂，散发着扑鼻的香味。调和好酸味和苦味，端上来的是有名的吴国羹汤。清炖甲鱼、火烤羊羔，再蘸上新鲜的甘蔗糖浆。醋熘天鹅肉、煲煮野鸭块，另有滚油煎炸的大雁和小鸽子。卤鸡配上大龟熬的肉羹，味道浓烈而又不伤脾胃。甜面饼和蜜米糕做点心，还加上很多麦芽糖。晶莹如玉的美酒掺上蜂蜜，斟满酒杯供人品尝。酒糟中榨出清酒再冰冻，饮来醇香可口，让人感觉遍体清凉。豪华的宴席已经摆好，有酒都是玉液琼浆。

《楚辞·大招》云：

五谷六仞，设菰粱只。鼎臑盈望，和致芳只。内鸧鸽鹄，味豺羹只。

魂乎归来！恣所尝只。鲜蠵甘鸡，和楚酪只。醢豚苦狗，脍苴蒪只。

吴酸蒿蒌，不沾薄只。魂兮归来！恣所择只。炙鸹烝凫，煔鹑敶只。

煎鰿臛雀，遽爽存只。魂乎归来！丽以先只。四酎并孰，不涩嗌只。

清馨冻饮，不歠役只。吴醴白蘖，和楚沥只。魂乎归来！不遽惕只。

这段话的意思是：五谷粮食高高地堆起来，有十几丈，桌上盛放着雕胡米饭。鼎中煮熟的肉食满眼都是，调和五味使其更加芳香。鸧鹒、鹁鸠、天鹅都有，还可品味鲜美的豺狗肉羹。魂魄归来吧！请任意品尝各种食品。有新鲜甘美的大龟、肥鸡，配上楚国的酪浆。猪肉酱配上略带苦味的狗肉，再加点切细的香菜茎。吴国的香蒿做成酸菜，吃起来不浓不淡，口味纯正。魂魄归来吧！请任意选择素蔬荤腥。火烤乌鸦、清蒸野鸭，烫熟的鹌鹑案头陈。煎炸鲫鱼、炖煨山雀，多么爽口，齿间香气存。魂魄归来吧！归附故乡先来尝鲜。四重酿制的美酒已醇，不涩口也没有刺激性。清香的酒最宜冰镇了喝，不能让仆役们偷饮。吴国的甜酒用曲蘖酿制，再把楚国的清酒掺进。魂魄归来吧！不要惶悚恐惧，战战兢兢。

上述两份菜单集中体现了楚国宫廷贵族肴馔的精华，从一个角度说，固然表现了楚国贵族们的奢侈生活；但从另一个角度说，楚国确乎有能让贵族们过上奢侈生活的物质条件。

楚馔文化历经春秋战国、秦汉、魏晋南北朝、隋唐五代、宋元明清等多个演变时期，走向了今日的辉煌，中国烹饪史上向来有"千年楚馔史，半部江南食"的说法。

时间的车轮驶过两千载后进入当今时代，中华民族仍傲然屹立于世界民族之林，中华饮食文化更是枝繁叶茂，蓬勃兴旺。中华人民共和国成立后，我国根据现实的国情、民情，将古时的荆楚地域划分成了湖北省、湖南省、河南省、广东省、江西省、浙江省、四川省、重庆市等多个省份和直辖市，从饮食文化现象观察，这些省、直辖市是中国饮食文化重要的板块区域。楚馔文化经过几千年的沿袭与演变，至今仍呈现出极其旺盛的生命力，璀璨耀目。在古荆楚的范围内，诞生了粤菜、湘菜、楚菜、川菜、浙菜、苏菜等多个地方菜系，这些菜系之间互相影响，相互借鉴，风格各有不同，完全能够代表中国南方高超的烹饪技艺水准，能体现丰富多彩的江南饮馔文化风貌，并成为中华饮食文化的最重要的组成部分，甚至成为中华文化的一个个具象符号。

在古荆楚这片辽阔的土地上，现在无论城乡，餐馆酒肆都随处可见，菜肴、小吃、火锅、甜品、饮品……天下食品，这里的餐饮市场上应有尽有；中餐、西餐、快餐……天下所有餐饮门类，这里的餐饮市场上一应俱全。笔者以个人的寻味体验和深度田野调查为基础，从湖北、河南、重庆、江西、广东等地撷取了70道颇具特色的菜肴、小吃等，用写实或写意的手法，以闲散的文字对其进行点评，并从历史溯源、烹饪方法、营养价值等方面进行详细的介绍，力图呈现荆楚大地纯朴的民风民俗，展示荆楚饮食文化的隽永魅力，品味蕴含着浓厚荆楚情味、意味的地域特色。当然，荆楚饮馔文化博大精深，囿于作者的见识视野和学养才情，本书不可能淋漓尽致地展示出荆楚文化的恢宏全貌，最多只是管窥蠡测并借以抛砖引玉而已。

因为自知，所以任何有益于本书的批评与建议，我都洗耳恭听，竭诚欢迎！

目 录

CONTENTS

一罐鸡汤待亲朋

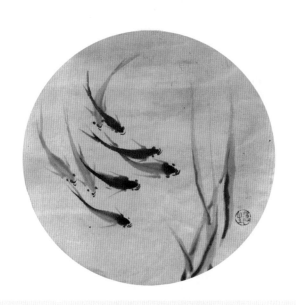

公安，辣乎乎的『牛肉炉子』

始于武汉电视台科技生活频道的编导组织的一次采访。他们把采访地点定在汉口万松园路上一家叫作"肖记公安牛肉鱼杂"的酒楼。

那日，时值今冬的第二个节气——小雪，此时霜还轻，人们刚换上初冬的棉衣。阵阵朔风将汉口建设大道上银杏行道树的叶子染成了霸气透亮的明黄色，让马路两边的人行道呈现出一派煌煌灿然的景观；满街的梧桐树叶十分稀疏，在如雾如霰的空气中，唤来苍苍寒雾……嘿嘿，身处这个需要暖身暖心的季节，如果得闲能上餐馆去享受一锅热气腾腾的牛肉火锅，真是一桩美事啊！

嘿，正想着美事呢，恰巧就接到电视台编导邀我去吃火锅兼做采访的电话。我立马兴致高涨，踏着晚餐饭点，如约奔万松园路上的"肖记公安牛肉鱼杂"酒楼而去。

"肖记"的公安牛肉火锅是我比较喜欢吃的火锅中的一种。当然，我可以不谦虚地说，自己早就知晓"肖记"公安牛肉火锅的好，只是我不外道。电视台编导采访我的话题，恰是给电视观众评介"肖记"公安牛肉火锅。

近些年，我去长江中上游的公安县城的次数不算少。每次去公安县城公干，都特别愿意去吃公安当地的特色小吃和菜肴。

早上过早，我选择吃公安锅盔。当地人称的锅盔，

1

其实是一种做法与武汉烧饼相同，但形状比烧饼薄许多、个子要大许多的以面粉为主食材做的烤饼。如果说武汉烧饼像早年农村妇女们纳的布鞋鞋底，公安锅盔则像早年农村妇女纳的鞋垫，而且是鞋码超大的鞋垫。

公安锅盔与武汉烧饼味道差不太多，因此，公安锅盔的特色风味在我眼里不算特别突出。所以公安锅盔就不说了，值得说道的是公安牛肉火锅。

晚上，被当地朋友拉着去大排档摊上吃牛肉火锅消夜，公安方言把牛肉火锅叫成"牛肉炉子"。当地牛肉火锅的鲜、咸、酱、辣的重口味，给我留下了深刻的味觉记忆。

这种在公安县城哪家餐馆都能吃到的"牛肉炉子"，在公安以外的地方有一个非常响亮的名字——公安牛肉火锅，尤其是冠以"肖记"之名的公安牛肉火锅，以它独特的味道，为长江中游一个有着上百万人口的农业县做了代言。

我曾不止一次地在文章中说过：一个地方的特色饮食产品，是这个地方最具特色的一张文化名片，而这张特色名片对于扩大这个地方的影响力有着不可估量的文化传播力量。所以，在林林总总的湖北菜中，我尤其看重那些能够与某一地区的地名紧密联系在一起的菜式品种，比如"钟祥蟠龙菜""洪湖红烧野鸭""石首笔架鸡茸鱼肚""鄂州鱼粑"，等等。

我如此看重那些在菜名之前冠以地名的菜式，自有一番道理。

30余年流连于各种茶楼酒肆的经验让我发现了一个有趣的现象：凡是能为某一地区代言的菜式，肯定会有别的地方所不具备的风味特色，这些菜式经过岁月淘洗，总能卓然挺立于餐饮市场，原因在于，它们要么最能体现某地独有的食材优势，要么最能体现某地独特的烹饪方法。这样的菜式，也的确最能体现当地民众普遍接受的口味特征。其他地区或许可以复制这款菜式，但往往只是停留在形似层面（菜之色、形）而到达不了神似层面（菜之味）。总而言之，这款菜式能为当地民众称道，原因无它，味道好是跑不掉的必要条件。

比如，为湖北省公安县做了代言的公安牛肉火锅即是如此。

公安牛肉火锅能够诞生于公安有其必然的原因。

公安县位于湖北省中南部、荆江（长江自湖北枝江到湖南岳阳城陵矶段的别称）南岸，与荆州市连为一体，昔称"七省孔道"。公安北与古城荆州市中心城区隔江相望，一座形如彩虹的大桥把公安与荆州连为一体。公安南临湖南省安乡，东挽石首，西接松滋，被称为"荆州江南之明珠"。

从地理上可以看出，隶属湖北的公安与湖南紧邻，因此地域文化上除了深受荆楚文化的影响，同时也较大地受到湖湘文化的影响。公安当地的方言与湖南常德方言相近，公安人喜辣偏咸、口味重的饮食习惯，也与和公安相邻的湖南常德地区人们饭必有辣、辣不怕且怕不辣的饮食习惯非常接近。如此说来，我们就很容易理解为什么"公安牛肉炉子"有极辣偏咸的鲜明味道特色了。

"公安牛肉炉子"是一道有故事、传承久远的风味菜式，相传与三国人物刘备历史上在公安的活动有关。

三国时期，公安县是蜀君刘备发迹的福地，这里曾是刘备屯兵多年的地方。

建安十三年（公元 208 年），赤壁之战后，周瑜为南郡太守驻节江陵（今荆州市荆州区），分拨南郡长江南岸这片土地为刘备治下。次年（公元 209 年），刘备以左将军领荆州牧，屯兵于油江口（今公安县城西北郊），取"左公之所安"为名，意即左公安营扎寨之地——这也是公安县名的

公安，辣乎乎的『牛肉炉子』

由来。

赤壁之战后刘备驻留公安并筑城，从此，公安作为云谲波诡的三国历史上的战略要地存留于史册。因水而昌的公安曾是刘备与孙权联手对抗曹操时的指挥中枢，亦曾是孙、刘明争暗夺荆州的焦点，还是孙权袭取荆州后的郡治。

赤壁大战之后，刘备实际控制了荆州。他不仅有问鼎中原的鸿鹄之志，而且初步具有鼎定中原的物质基础。公元 211 年，刘备点兵入川，任命张飞为南郡太守，驻守公安。不久，因孙夫人在公安驻地骄豪任性，随从的男女卫兵纵横不法，无奈之下刘备只好为孙夫人筑城（即现在公安县境内的孙夫人城）别居，并调赵云至公安做留营司马。

一日，刘备将关羽、张飞、赵子龙等众位兄弟招来公安城内开会。开会之前，他吩咐后勤主管去买来一头老牛宰了，让厨师做出一桌好菜招待众位兄弟。

关羽、张飞、赵子龙等一众兄弟莫不喜形于色。要知道，刘备的结义兄弟、蜀中大将可个个都是酒量超群的"酒仙"，一说喝酒，那是说到他们心坎上了！也是，无酒哪能称为宴席？何况是大哥刘备置办的宴席，这下该喝个痛快了。

矮几拢起，大家席地而坐。菜过五道，酒过三巡，刘备击掌，喊一声："上锅！"随即，有侍从抬来一口大锅，还有侍从拿来一个架在木架上的火盆，木炭冒着烟，大锅架在木架火盆之上。锅里一层牛肉、一层牛肚、一层牛蹄筋密匝匝地码着，在腾腾的热气中，四溢着牛肉特有的鲜香。在大锅里牛三鲜伴着浓重胡椒（三国时辣椒还没传入中国，那时的辣味指的是胡椒的辣）的鲜香气味刺激下，一干兄弟兴致高昂，大碗喝酒，大块吃肉，快乐得无以复加，气氛热闹甚于过年。

要知道，在古代，牛肉不是能随便吃的肉食。马与牛，是国家极为重要的战略物资，牛是农民耕田耙地的主力，在一个以农耕文明为主流的国度里，牛是受法律严加保护的生产工具。只有国家有重大祭祀活动或喜事，才有可能宰牛食肉。

刘备看着众兄弟们大快朵颐的吃喝场面，放下筷子，问大家："这一锅菜的味道若何？"

众兄弟一个个抢着回答："好吃，鲜，味道好极了！"

刘备又问："这菜为什么好吃？"

众兄弟都是打仗高手，对烹饪却素不在意，只好大眼瞪小眼，实在回答不出。刘备说："其实很简单，这锅菜的材料都取自牛身，牛肉、牛肚、牛蹄筋，好比是三兄弟，各有各的本事，但三兄弟愿意把力气使在一个锅里，于是你的味道融进了我的味道，我的味道中早有你的味道，然后加汤加水，最后才炖成一锅好菜。"

刘备又说："古人早已有言，兄弟同心，其利断金。只要我们兄弟团结一心，匡复汉室的大业，虽不敢说唾手可得，想必成功也为期不远！"

一餐酒喝下来，一大锅牛三鲜吃下来，竟吃喝出了兄弟们誓要同心同德打天下的新局面……

这个故事最先的传播者是刘备的侍从，他们在军营中绘声绘色地"摆龙门阵"，说刘备备下的一锅牛三鲜有神奇的魔力，能够把人心收拢在一起。久而久之，蜀国英雄们吃的一锅牛三鲜便传成了"刘备三鲜锅"，经过漫长岁月的不断淘洗，此菜在公安县乃至荆州地区逐渐传播开去，成了江汉平原极受欢迎的风味饮食。

诞生于三国时代的牛三鲜经过历史的沉淀，食材选择、烹饪方法及味型被逐步固定下来。公安人有"喝早酒"的习俗，做牛三鲜火锅的店家便依据本地人的口味习惯和饮食喜好，在集贸市场上买来县城周边农村出产的老黄牛肉，加辣椒、胡椒、味精、盐和香叶，最重要的是加上味道醇厚的荆州特产——荆沙酱，用一口锅炖了，做成了一锅深受城镇乡村百姓喜欢的"牛肉炉子"，尤其是加入了牛肉、牛肚、牛蹄筋的味道浓厚的牛三鲜火锅，更是老少咸宜。喝早酒吃牛三鲜火锅时，先搛牛肉、牛肚、牛蹄筋佐酒，然后在火锅中下千张、豆腐、豆棍等豆制品，然后再下蔬菜涮煮，待一两杯酒下肚，最后将一盘热干面下进锅里，就着锅里的辣汤热汁，喝汁吃面。一顿早酒喝下来，人们早已是酒足饭饱，耳红面润，一天的幸福生活由此拉开序幕。

自从"牛肉炉子"在公安日益兴盛之后，但凡有"牛肉炉子"供应的餐馆或摊点，从每天清晨喝早酒开始到晚上收摊时止，"牛肉炉子"成了每桌必点的招牌菜。"牛肉炉子"以公安县城的老街为起点，走出公安，走进荆州，走进省会武汉，乃至于干脆成了公安县最为著名的菜品了。

把"公安牛肉炉子"推送至武汉餐饮市场，让嗜辣的武汉"好吃佬"们一饱口福的，是一家叫作"肖记公安牛肉鱼杂"的餐馆。

2002年，这间餐馆以"公安牛肉饭店"之名创办，之后更名为"公安牛肉土菜馆"，直到2007年，才改名为"肖记公安牛肉鱼杂"酒楼，并以"公安牛肉炉子"和"鱼杂炉子"为招牌菜，在武汉餐饮市场上独树一帜。"肖记公安牛肉鱼杂"酒楼经营12年，每日门庭若市，顾客爆棚，在武汉开的十多家连锁店，每年无一不赚得盆满钵盈。

待我接受完编导们的采访，服务员就把菜一一端上桌来，七八个碗碟再加几个干锅、火锅，把一张不算小的圆桌面挤得满满当当。在各种火锅中，我当然更钟情于牛三鲜火锅。因为我知道"肖记公安牛肉鱼杂"酒楼制作的牛三鲜火锅有独门秘诀：为保证牛肉食材纯正，派专人到屠宰点"选牛"，只选身高体壮的两岁以内的黄牛，自己宰杀，以确保牛肉食材的完美品质。

好食材才能保证出品好菜肴，这是餐饮行业人所共知的常识。我搛一筷子牛肉送往嘴里，感觉牛肉紧实但很柔嫩，醇厚的味道由外透至牛肉内里，汤汁辣度适中，一向不十分嗜辣的本人尚能适应；微麻，微咸；牛肉经过咀嚼，有明显的回甜，这种甜味虽不浓郁，却能把刺激人的辣味完全中和。我依次搛了牛肚和牛蹄筋细细品味，牛肚嫩爽且有嚼劲，牛蹄筋既有韧劲又有松软鲜脆的口感。吃一锅牛三鲜火锅，享受的是佐酒、下饭两两相宜的美味啊！

待我酒酣耳热，暖意融融地走出"肖记公安牛肉鱼杂"酒楼大门，在夜色浓重的寒风中看见门头的楼道边，坐着一溜等着去吃一锅辣乎乎"公安牛肉炉子"的 80 后、90 后们，不由得心头一震：美食有让人情不自禁的魔力，看来还真不是传说，而是生活中真实的存在。

荆楚味道

公安，辣乎乎的「牛肉炉子」

石锅鱼杂

在上了年岁的老武汉人印象中，早年，但凡会把各种鱼杂如鱼泡、鱼子等，混杂红烧成一碗菜的家庭，大抵是家大口阔的穷苦人家。四十多年前，城市居民的日子普遍过得不宽裕，倘有机会能放开肚皮吃鱼啖肉，就等于过上了大年。但彼时物价便宜，就鱼而言，不管是青、草、鲢、鳙四大家鱼，还是野生的鲤、鲫、鳜、黑鱼，再或是带鱼、剥皮鱼、鱿鱼等海鲜，论秤称斤，售价都以角计。至于鱼泡、鱼子等，实在值不了多少钱，往往花上一角钱，能够买回小半篮，一锅烧上两大碗，能让生活过得紧巴的一家人吃上好几餐。

武汉素有"无鱼不成席"的饮食习俗，坊间流传有"萝卜白菜一大桌，不如一根鱼刺吮（本地方言，读'学'音）一吮"的俚语。爱吃鱼却没钱吃怎么办？好办，那就改吃极为廉价的鱼杂。以一斑而窥全豹，从一碗价廉的鱼杂，我们可以洞见武汉人对鱼类的喜好程度。

为什么武汉人这么爱吃鱼？

这当然与武汉淡水资源极其丰富的自然条件相关。武汉江宽，湖深，沟渠星罗棋布，历来有"百湖之市"之称。水多自然鱼多。武汉不仅盛产青、草、鲢、鳙四大家鱼，鲤、鲫、鳜、黑鱼、胭脂鱼等种类亦出产丰饶。武汉为湖北省省会，是全省政治、经济、文化中心，尤具"九省通衢"的交通优势，省内梁子湖樊口有鳊鱼（武昌鱼）、石首长江湾有鮰鱼、丹江口水库有翘嘴鲌……这些优质鱼类食材，不分季节从四面八方源源不断地运往武汉市场，不仅为武汉厨师烹饪淡水鱼菜肴提供了丰富的食材，也让武汉人家的餐桌上日日能见鱼菜。

一方水土养一方人。在爱吃鱼亦会吃鱼的武汉人眼里，鱼的任何部位都能做成一盘好菜。鱼头、鱼身、鱼尾不用说了，就连鱼泡、鱼子等这些过去实在不入流的食材，武汉人现在都可以做成名为"红烧鱼杂"的美味，出现在高档餐厅的餐桌上。更有些以特色菜为招牌的餐馆匠心独运，在鱼的内脏上大做文章，把原本不值钱的鱼杂，打造成了特色招牌菜式，并成为大受市场追捧的"爆品"，让昔日标准的"下里巴人"菜色"咸鱼翻身"，华丽变身为人见人爱的"高大上"菜式。比如近年在湖北"走红"的餐饮品牌"肖记公安牛肉鱼杂"馆，在全国已开有近七十家店面，主打三款菜式，其中一款"石锅鱼杂"为其独家首创，是用洪湖鮰鱼的鱼泡、下巴和梁子湖鲤鱼的鱼子合烹而成。

大约我生来"穷人脱胎"，对过去穷人的吃食"红烧鱼杂"喜爱有加。现在只要去"肖记公安牛肉鱼杂"馆用餐，每次都少不了点一锅"石锅鱼杂"佐酒下饭。俗话说，"乱打三年成教师爷"，吃过多次"石锅鱼杂"后，我可以不谦虚地说，"石锅鱼杂"的好，我最清楚。

只要稍稍留意，我们便可从"肖记公安牛肉鱼杂"馆的招牌菜"石锅鱼杂"里，找到江汉平原上洪湖市各个农家乐土菜馆子里几乎都能见到的菜品"红烧鱼杂"的影子。

洪湖既是一个县级市的市名，也是一个湖泊的名称。作为江汉平原腹地的一个城市，洪湖以湖泊数量多而闻名，市内共有大小河渠113条，千亩（1亩≈666.67平方米）以上的湖泊21个，境内的洪湖是湖北最大的淡水湖泊，亦是国家级的湿地自然保护区，被誉为"湖北之肾"，因为1961年北京电影制片厂与武汉电影制片厂联合拍摄的经典歌剧《洪湖赤卫队》和著名歌唱家王玉珍演唱的歌曲《洪湖水浪打浪》而广为人知。

洪湖湖宽水深，湖鲜产品种类不在少数，以小龙虾、鮰鱼、青虾、河蟹、甲鱼、龟为其名优特产。

近些年，我多次去洪湖市旅游或公干。每次去洪湖，我都要去洪湖瞿家湾享用当地的农家美食，而菜单中，永远少不了"红烧鱼杂"这道菜。

瞿家湾的红烧鱼杂，从装盘上看土得"掉渣"，但十里八乡却流传着一个与之相关的红色故事。洪湖瞿家湾是滨湖的一个大湾子，湾子里住了个无儿无女的孤寡渔民瞿老爹。他以打鱼为生，逢集在集市卖鱼。相传1942年的春天，新四军的一个师一直在这一带活动，抗击日伪军的扫荡，敌我间你来我往成拉锯态势。一天深夜，一个班的新四军战士潜来瞿家湾执行任务。瞿老爹为人厚道，家里就他一人，便于隐蔽，执行任务的新四军就选中了瞿老爹家当隐蔽点。行动时间定在次日午夜时分，战士们要在瞿老爹家潜伏一个白昼。战士们安心住下了，瞿老爹却愁容满面，为何？一日三餐的口粮虽然由战士们自己带来，但他们不可能把菜蔬也随身带上。此时正好是青黄不接的春季，瞿老爹种在菜园的蔬菜还没下园，腌菜缸里的咸菜所剩也不多，战士们无菜可以下饭，实诚心善的瞿老爹心里委实过意不去。

战士们看出了瞿老爹面有难色，便问瞿老爹怎么回事。瞿老爹一番说明，战士们急忙表态：只求饱肚出征，只要有几根咸菜下饭就行。

正好这班战士的班长在部队炊事班干过，对炒菜烧饭在行，他走进灶房，一眼瞅见了灶间沾在土墙壁上的鱼泡和乱置在土钵里的鱼子，这些鱼杂都是近日瞿老爹杀鱼后随手扔在那里的,还没来得及倒掉。班长就说:"瞿老爹莫急,我们有好菜吃了。"

湖区的饮食习俗,一般不吃鱼肚里的内脏。瞿老爹也想不到鱼杂能够烧成菜。班长亲自掌勺,燃着灶火,把鱼泡和鱼子一锅烧了,再加上一碗咸菜,让战士们美美地吃上了一顿饱饭。

从此,瞿老爹不再丢弃鱼子和鱼泡,每当有部队上的同志来家隐蔽,就烧鱼杂待客,自己也经常烧一碗鱼杂下饭。乡邻们很是奇怪,便问:"这鱼泡泡也能吃?"瞿老爹就把新四军战士在他家隐蔽时烧鱼杂的方法讲了,乡邻们回家如法炮制,"红烧鱼杂"这道菜也就从瞿家湾慢慢流传开去……抗日战争胜利后,瞿老爹被评上了区里的"拥军模范",在表彰大会上,他结结巴巴地讲述新四军在他家烧鱼杂的故事,区长激动地说:"烧鱼杂不单是一碗普通的菜肴,它里面饱含着人民军队与老百姓之间的鱼水深情,是一道'拥军爱民菜'呀!"

把鱼杂当成特色菜的"肖记公安牛肉鱼杂"馆,从"鲤鱼吃籽,鮰鱼吃肚"的武汉民谚中受到启发,专门选了洪湖鮰鱼的鱼鳔当主角,因为洪湖水深、水质无污染,正好符合鮰鱼深水养殖的要求。鮰鱼鳔具高蛋白、低脂肪的特质,长相"肥厚",口感糯滑而有嚼劲。再选梁子湖鲤鱼的籽,经过煎炒,用自制的酱料炖烧,起锅后用花岗岩凿成的石锅当盛具,鱼杂与石锅一同上桌,并用酒精炉加热保温。有道是"千煮豆腐万煮鱼",鱼杂越炖越入味,汤汁越炖越酽稠。由是,把鮰鱼鳔、鲤鱼籽等用一口石锅炖在一起,在火与水的共力下,诞生了这道畅销市场、经年不衰的中国名菜——"石锅鱼杂"。

我对集脆、软、硬、酥等多种口感于一菜的"石锅鱼杂"有所偏爱,它特别适宜下酒,因而我去"肖记公安牛肉鱼杂"馆用餐次数比较多。我喜欢红通通的辣椒、翠绿绿的香菜、金灿灿的鱼子错落有致铺排在一起的色彩搭配，喜欢鮰鱼鳔糯滑而有嚼劲的口感，喜欢鱼子吃到口里满嘴滑溜的鲜香，喜欢鱼下巴酥中有软、汁浸鱼骨的鲜美滋味……待一杯酒落肚，再盛上一碗潜江虾稻田出产的白米饭，舀上几勺通红油亮的鱼杂汤，饭里有鱼杂的鲜香，那滋味实在难以言表。如果硬要描述这种滋味，我只能说出两个字："到位!"

荆楚味道

石锅鱼杂

「鱼头泡饭」，儿时的美食记忆

"鱼头泡饭"既是一家餐馆的名字，也是一道颇具湖北特色的传统鱼菜，还是一种就汤下饭的吃饭方式。

这家以菜名为店名的餐厅，是中国烹饪大师卢永良近年在武昌岳家嘴附近开设的特色餐馆。从开张至今，这家店每天顾客爆满，中餐或晚餐时间，等吃"鱼头泡饭"的食客在店内外排成一字长队，让那些生意清淡的中餐酒楼的老板，好不羡慕、忌妒、恨。

前些日子，我陪《三联生活周刊》的记者去"鱼头泡饭"采访卢永良先生。到了饭点，卢永良招待我们吃饭。席间，味碟、凉菜、热菜等上了一大桌，都是武汉乡土菜式，主菜便是这家店的特色菜品——"砂锅红烧胖头鱼头"。

酒过三巡、菜过五味，吃过了酱香浓郁的红烧鱼头骨、鱼唇之后，服务员送来一个高压电饭煲，卢永良便在席间以矿泉水加东北五常大米当堂为客人做饭。也就十来分钟的工夫，米饭做好了。他亲自给我们每人盛上一碗米饭，从鱼头砂锅中舀上几勺酱色的鱼汤，浇在白花花的米饭上，然后用汤匙把鱼汤与米饭拌匀，米饭被酱色的鱼汤染成白酱相间的颜色，立时鱼汤的香味伴随米饭的香味一齐在鼻间荡漾开来，十分勾人食欲。趁热赶紧把米饭扒进嘴里，鱼汤的鲜味和米饭的清香，一下勾起我小吃候吃"鱼汤淘饭"的美食记忆。

饭后，我仔细回味吃这餐饭的感觉，觉得用"过瘾"两个字做总结比较妥帖。一碗鱼汤泡饭，让儿时的记忆弥漫于心头。

你可以去问一问，像我这样土生土长于武汉的与我同龄的人，哪个对"鱼汤泡饭"没有深刻的记忆呢？

"泡饭"的"泡"在武汉方言中叫"淘"，"淘饭"的意思是把菜汤倒进饭里边，米饭合着菜汤一齐吃的方式。现在的"鱼汤泡饭"用武汉话表述就是"鱼汤淘饭"。

我们那会儿，小孩刚出生时，不像现在，吃进口奶粉、喝新鲜牛奶什么的，基本上是母乳喂养。如果母乳不够，吃得最多的是价钱便宜的奶膏。略微长大些断奶后，父母开始给我们喂饭，喂得最多的，就是用炒青菜的汤汁泡的饭。条件稍好的人家，把鸡蛋蒸成蛋羹，用蛋羹拌着饭喂伢，那时就算高级餐了。至于用鱼汤泡饭，那属于更高级的"打牙祭"的水准了。

也许80后、90后们会问，现在稀松平常的鱼汤泡饭，搁在你们那会儿，怎么就成了人间美味了？

他们有所不知，在我们很小时，每位城市居民，衣食住行所需的一应生活物资,每月都须凭票按计划定量领取:食用油每月领取半斤，猪肉半斤，鱼半斤……这点鱼肉荤腥搁现在，有些人吃一餐都嫌不够，却是我们那时一个月盼星星、盼月亮才能吃到的。

通常菜场里卖的鱼，多半是家养的鲢子鱼，这种鱼好养，产量相对较高，售价也便宜。一般人家，花了两三个人的计划票，买了一条鲢子鱼回家，赶紧抠鳃刮鳞，剖肚去肠，趁着鱼还新鲜时做了。通常的做法是在锅底滴上几滴棉油或豆油，放进姜片爆香，将鱼下锅用小火炕，把鱼炕至两面焦黄，然后放入些许酱油、陈醋，舀一大瓢水，将鱼身浸在水里边，再盖上锅盖，用小火炖上十多分钟。待鱼熟汤稠时，将鱼起锅装碗。装在碗里的这条鱼，

"鱼头泡饭"，儿时的美食记忆

有大半个身子是泡在酱油色重的鱼汤里边的。

家大口阔的人家，每月桌上的荤腥就是这么一条烧鲢子鱼。于是，家庭成员中的每个人都会克制自己贪吃的欲望，尽量使筷子伸向鱼身的动作变成慢动作，每搛一筷鱼肉都会谨小慎微。好在鱼汤显然比鱼肉要多一些，用汤匙舀上两勺倒进饭碗，粗糙的白米饭立时像变戏法似的无比鲜香起来。这时候我们吃饭的样子，用狼吞虎咽来形容一点不为过，几筷子后，一碗米饭就见了底。

如果是夏天，上午没喝完的鱼汤，下午稍稍热一下，拌上米饭，尚能继续享受一餐美味。如果是寒风凛冽的冬天，便把没吃完的鱼汤搁在屋外的窗台上，让冷空气将鱼汤冻成"鱼冻"。第二天吃饭时，也不用将"鱼冻"加热，添一碗热饭，用汤勺舀上"鱼冻"，埋在米饭里面，让米饭的热量慢慢把"鱼冻"化开，这一餐鱼冻拌饭，也能称得上是一餐好饭。

人们总是遵循着"物以稀为贵"的原则来衡量一件物品的高低贵贱，正是因为我们有过在那个物资奇缺年代的生活经历，所以我们对现在看来随时都能吃到的菜肴有着深刻的美味记忆，而且这种记忆会伴随我们终身。

在中国人的辞典里，吃除了充饥果腹之外，还有拉近人与人关系的聚会功能、商务宴请功能、美食品鉴功能和满足个体情感诉求的功能。显然，"鱼头泡饭"餐厅的定位，就是以食物为媒介，以味觉为琴弦，试图通过一种具有地方特色的进餐方式，去触动食客心底最柔软的地方，让食客能够找寻一份儿时记忆中的感动。至于客居异乡的游子，"鱼汤泡饭"的菜式品种和进餐方式，还能够慰藉他们的乡愁。现在看来，食客们对"鱼汤泡饭"的喜爱，实现了卢永良开办餐厅的初衷。

当然，对一家生意火爆的餐厅而言，最重要的，是它的菜品必须过硬。

"鱼头泡饭"，儿时的美食记忆

武汉人吃鱼内行，知道哪种鱼该吃哪个部位，正所谓"鳊鱼吃拖，鳜鱼吃花，甲鱼吃裙，鮰鱼吃肚，鲭鱼吃尾，鳙鱼吃头，财鱼吃皮，鲤鱼吃子，鲫鱼喝汤……"

"鱼头泡饭"里现在做红烧鱼头的食材不是我们小时候吃"鱼汤泡饭"的鲢子鱼，而是产自清江的鳙鱼。鳙鱼俗称花鲢、胖头鱼、包头鱼、大头鱼、黑鲢、麻鲢，也叫雄鱼，是中国四大家鱼之一。鳙鱼生长在淡水湖泊、河流、水库、池塘，是中国特有鱼类。清江水深且水质清冽，没有污染，在这里养殖的鳙鱼堪称上等食材。虽然卢永良做"鱼头泡饭"的初衷是为了追忆儿时吃"鱼汤泡饭"的那一份感动，把自己对小时候在渔民家庭成长的怀念通过美食表达出来，但作为一家餐厅，即使再有情怀，再想让食客了解你的心曲，你出品的菜式都必须得好吃且有回味，才可能成功。

"鱼头泡饭"为什么能成为明星菜？在我看来，其实有规律可循。

第一就是选择上好的食材。经过很长时间的考察，卢永良选用了清江鳙鱼，而且每条鳙鱼的重量不会少于五斤，少于五斤的鳙鱼很难做成"一鱼两吃"——鱼头红烧、部分鱼身和鱼尾做鱼丸。鳙鱼养在鱼池里，供顾客自己挑，点哪条杀哪条。杀好了鱼，鱼头红烧，鱼肉剔下来做鱼丸，鱼骨头做汤用来煮鱼丸。食客参与了食材的选择，就会在美食的制作过程中享受到乐趣。

第二就是要用最适宜于表现食材优势的烹饪技法。湖北厨师擅长做鱼菜，红烧是做鱼菜最好的技法之一。卢永良是烹饪大师，他烧出的鱼头，每块鱼肉、鱼骨都入透了味，尤其吮鱼骨更有滋味，是"馋猫们"的最爱。

第三是盛菜的器皿要有视觉表现力。一只大口径白砂锅，盛着满满一锅鱼头上桌，确实能让食客眼前一亮。

第四是有故事可讲。要么这道菜有悠久的历史传承，要么这道菜有名人逸事广为流传。作为美食，"鱼头泡饭"有武汉人的集体记忆，容易引起食客情感上的共鸣。

"鱼头泡饭"这道菜式显然符合上述内容的全部要义，能够成为江城名菜，可谓水到渠成。尤其难得的，是这款传统鱼菜中体现出来的一种怀旧的感情，而这种感情，恰好能够慰藉那些因各种原因离开武汉、生活在异乡的游子们的乡愁，恰好成了那些上了年岁的"老武汉们"回首往事的依凭。

试想，活到一把年纪的人，有谁不怀念自己天真无邪的儿童时代呢？

甲鱼泡饭鲜又醇

一位老同学要去加拿大省亲，远行在即，几个老友要为他饯行，让我选家特色餐馆小聚。

我想，初冬时节宜于"贴秋膘"，以弥补"苦夏"对身体的损耗，便提议去汉口青岛路与洞庭街交汇的"元银·状元甲"餐馆吃"甲鱼泡饭"。我这建议有典故：雅聚吃甲鱼，有效仿古人以"炰鳖鲜鱼"为出行者送行的意思，《诗经·大雅·韩奕》中有过记载："韩侯出祖，出宿于屠。显父饯之，清酒百壶。其肴维何，炰鳖鲜鱼。其蔌维何，维笋及蒲。"

朋友们都说这主意不错。抛开"贴秋膘"、仿古人礼仪为朋友送行的意义不论，单就为满足口腹之欲的实际需要而言，以我多次在此店吃"甲鱼泡饭"的经历，这家店出品的甲鱼系列菜肴称得上是"舌尖上的诱惑"，对于喜食甲鱼的"好吃佬"而言，可以一解馋瘾。

我曾多次在不同场合宣扬过"一道菜主义"，希望做特色餐饮的店家，要花大力气研发出一款或几款在市场上有超高知名度的特色菜。"元银·状元甲"正是一家坚持"一道菜主义"的特色菜馆，会以甲鱼为食材，结合湖北传统烹烧甲鱼的方式烹制出市场爆款特色菜肴。简单地说，这间店子以"甲鱼泡饭"为招牌，靠几道甲鱼特色菜在武汉餐饮市场站稳了脚跟。

所谓"甲鱼泡饭"，就是将烹烧的甲鱼菜肴中的的汤汁，拌着白米饭下肚。在武汉方言中，泡饭叫作"淘饭"，所以"甲鱼泡饭"也称作"甲鱼淘饭"。

"元银·状元甲"把目光对准甲鱼菜式，我以为算得上慧眼独具。

中国人食用甲鱼的历史非常悠久，算来约有两千多年了。关于甲鱼菜肴最早的文字记载，是宋代出土的西周晚期青铜器——兮甲盘（或称兮田盘、兮伯盘或兮伯吉父盘）上的铭文。兮甲盘因制作者叫兮甲（即尹吉甫）而得名。尹吉甫是十堰房县人，为周宣王的重要辅臣，是历史上著名政治家、哲学家、军事家。盘内底铸有铭文133个字，记述了周宣王伐狁犹的战争后兮甲因战功而受赏赐一事。周宣王赏赐尹吉甫，其中一项是一顿丰富的大餐，席上最著名的菜式是"炰鳖脍鲤"，换成今天的说法，便是"红烧甲鱼"和"生吃鲤鱼片"。

兮田盘铭文上没有"炰鳖脍鲤"的记载，为兮田盘铭文作了注脚的，是《诗经·小雅·六月》："饮御诸友，炰鳖脍鲤。"说的也是周宣王五年（公元前823年），周宣王命尹吉甫为帅驱逐外寇。凯旋之日，周宣王特意在宴会上用炰鳖（烧甲鱼）和鲤鱼脍（生鲤鱼片）来犒赏将士。

湖北一带食鳖（甲鱼）能够考证的历史，也能上溯至春秋战国时期。在《楚辞·招魂》中就有"胹鳖炮羔，有柘浆些"之句。时至今日，湖北人吃各种甲鱼菜肴无须刻意宣传，可以说是继承传统、顺理成章的事情。

湖北水资源丰富，湖深池多，正如唐人皮日休诗云："处处路傍千顷稻，家家门外一渠莲。"甲鱼，尤其是中华鳖这一品种，在湖北产量颇丰，自然成了人们猎食的对象，亦为湖北厨师烹制各色甲鱼佳肴提供了丰富的原材料。

甲鱼，学名鳖，又称水鱼、团鱼等，南方有些地方称潭鱼、嘉鱼，为爬行纲鳖科动物。鳖的颈部极长，吻端细长突出，状似猪鼻，背甲包覆了一层皮肤。其肉味鲜美，是一种珍贵补品，也是人们喜爱的水产佳肴。烹饪甲鱼，无论是蒸煮、清炖、烧卤、煨熬，其成品都称得上肉鲜汤浓、营养丰富。

"元银·状元甲"围绕甲鱼食材，用多种烹饪技法开发了一系列菜式。除了传统的"酱烧甲鱼"外，还有"甲鱼烧牛蛙""甲鱼烧鳝鱼""老母鸡炖甲鱼汤"等，其中最有名的是"甲鱼烧羊排"。各种不同动物食材与甲鱼搭配做出来的菜式，风味各不相同，却又滋味和美。

我们在"元银·状元甲"坐定，点了这家店的招牌菜——"甲鱼炖羊排"。甲鱼在瓷缸里养着，现点现杀，按就餐人数称斤。厨房是透明的，我们可以清楚地看见厨师宰杀甲鱼、剁块、焯水、拉油、大火在锅中翻炒、加上已经过初加工的羊排、盖上锅盖焖烧、菜色烧熟后装盛入砂锅的全过程。烹制过程约需四十分钟。我们总说美食是有力量的，其最重要的表现便是慕名而来的食客（包括我们在内）愿意花大把时间等候。我们围桌而坐，喝茶闲聊，在等待中度过了一个小时。但因为有着对美味的期待，有着对"元银·状元甲"菜肴味道的认同，每个人都等得心甘情愿。

以冬瓜打底的砂锅"甲鱼炖羊排"上桌，在酒精炉上再炖上十分钟左右，锅盖揭开，一股甲鱼与羊肉融合的诱人鲜香气味随即弥漫在空中。我伸箸搛起一块甲鱼，酱红油亮的裙边在筷头颤动着，咬一口柔糯鲜润，好像还没有完全琢磨出滋味呢，裙边就已"哧溜"滑进喉咙。再搛起一块带骨的甲鱼肉，连骨头里都透进了醇厚的羊肉味道，入口即化。吮一下甲鱼骨，汁液醇酽，粘齿黏唇。再夹一块羊排，羊肉中包含了甲鱼汁液，味道鲜香柔润，奶香中融合了甲鱼的鲜醇，味道可人。甲鱼与羊排合烹产生了浓郁鲜醇的多层次的香味，远比单独焖烧甲鱼或烹烧羊排的味道来得更为厚重，回味更悠长。酒毕，盛一碗米饭，将甲鱼与羊排合烹的汤汁浇上，拌匀，米香混合着浓郁的汤汁香气立时飘散出来，舌头上的味蕾刹那间被全部唤醒，三两分钟，一碗油酱色的米饭下肚，颗粒不剩。白米饭泡甲鱼羊排汤的鲜香滋味，一下子勾起我们小时候的美食记忆……甲鱼与羊排吃得差不多了，再添高汤，盛装甲鱼炖羊排的砂锅转眼间便成了涮锅，将豆腐、千张、黄豆芽、大白菜、莴苣放进锅里，边涮边吃，又是另一种美食体验。

　　离开"元银·状元甲"的大门，我们酒足饭饱，感到周身暖融融的，血脉舒张。抬腿走路，脚步轻便，每一跨步，都显得轻快不少。一问朋友，朋友都回答说："对，就是这个感觉！"看来，"甲鱼烧羊排"是秋冬之季进补的佳品，这话不是虚言。

小龙虾，三镇居民餐桌上难舍的时令美味

如果有外地人问，近些年的武汉，市民们春夏之间餐桌上最普遍、最难舍弃的吃食是什么？

标准答案应该是各式各样的小龙虾吧？

江南四月，水碧天蓝，莺飞草长，满眼碧翠。

一到这个季节，武汉嗜好美味小龙虾的"吃货"们便喜上眉梢。喜从何来？原来是盼了将近半年时间的小龙虾蹦跳着上市了。

不怕麻烦且自认为烹饪技艺还有两把刷子的人，便去了集贸市场，以不菲的价钱买上几斤刚上市的小龙虾，回到家里，赶紧把虾泡在清水里养上个把时辰，目的是让小龙虾吐出污物。然后，拿了洗球鞋用的硬板刷，一只手捏住虾身，另一只手动作麻利地把小龙虾的全身用刷子刷遍，然后剪掉虾须。

洗完小龙虾后，依照个人的喜好，要么做成红烧虾球；要么用啤酒加大料包做成油焖大虾；要么加上蒜茸、蒜泥，入蒸锅做成蒸虾；要么用一锅卤水，用卤料做成卤虾……然后，一家人围桌而坐，其乐融融地品尝今年刚上市的小龙虾。喜欢喝上两杯的酒友，倒上白酒、啤酒、红酒；性急的吃虾人，嫌用筷子搛虾子麻烦，干脆就以手作筷，剥虾壳、吃虾肉、喝酒吃虾，岂不快哉！

嫌自己烧虾子麻烦或者手艺欠佳的人，隔三岔五，约上几个嗜虾好友，上餐厅、酒楼、大排档，或者专营龙虾的虾棚吃夜宵，点上以小龙虾为食材做出的油

焖大虾、卤虾、烤虾、蒸虾、椒盐虾，配上凉拌毛豆等时令的下酒菜，喝上几两白酒或者几瓶啤酒，大快朵颐，不亦乐乎。

放眼全国，没有哪座城市像武汉这样对吃小龙虾倾注了那么多的热情。一到吃虾的季节，武汉随处可见搭棚架屋、建虾庄的，虾棚内外挂上红灯笼，扯上横幅，为小龙虾大造声势。从中心城区到远城区，整座城市吃小龙虾蔚然成风。

毫不夸张地说，每年自春天四月初至秋天九月底，是武汉这座城市名副其实的小龙虾季。在这段时期，小龙虾蹦上了武汉人的餐桌，成为全武汉人难以割舍的美味。经营各种菜系的餐馆、火锅店也不约而同地挤进了卖小龙虾的行列。更有偃旗息鼓了一个冬天加半个春天的各个专营虾店"前度刘郎今又来"，一家家忙着张灯结彩，搭棚架屋，置柜设炉，换上新招牌。虾店新开张，不供应别的肴馔，专以小龙虾飨客。在这个季节，武汉人以龙卷风般的气势大吃小龙虾，形成了一道极具武汉风韵的风景线。

我们在这里所说的小龙虾，在武汉方言里也称大虾或虾子，学名叫克氏原螯虾。这种虾不是中国的本土物种，原产地在美洲。我国于二十世纪三四十年代从日本引进，而日本于更早时期从美国引进。当时日本引进小龙虾，主要将其当作食物食用或当宠物饲养。

克氏原螯虾适应性超强，抗逆能力了得，食性广泛，种群繁殖速度极快，常常被混养在农作物（如水稻）田中，不需要人工孵化，一旦在池塘沟渠中投放了原种，可实现自我繁殖。龙虾长大收获后，同一水域不需再投放原种即可再次繁殖。

小龙虾在我国的分布极广，现在它的养殖范围已经扩展至安徽、上海、江苏、香港、台湾等地，形成了数量庞大的自然种群。

小龙虾 武汉方言称大虾或虾子，学名叫克氏原螯虾，武汉人每天撮五斤

一年吃壹千五百吨虾 小龙虾

湖北是千湖之省，沟、河、湖、汊随处可见，水草丰茂，自然条件于小龙虾的生长极为有利。养殖小龙虾，在水资源优势尤其明显的江汉平原已然形成了一个庞大的产业。位于江汉平原腹地的潜江、洪湖、仙桃、天门、汉川、公安、监利、石首等地，依托水丰湖多的自然条件，大力发展小龙虾养殖业。这些地区养殖的小龙虾，不仅作为新鲜食材供应全国，满足人们餐桌上的需求，而且经过深加工成为速冻食品，远销欧美和日本、韩国等三十多个国家和地区，成为国际市场上供不应求的抢手货。小龙虾的出口价格年年走高，成为江汉平原诸县市换取外汇的大宗贸易货物。

从数量上讲，江汉平原养殖的小龙虾，更多的是去了全国各地的饭店、餐厅。过去的二十多年，由长江沿线的城市起始，嗜吃小龙虾之风迅速向大江南北、长城内外广袤的大地蔓延。全国各地的地方菜系，不分南北地把小龙虾收入帐下，做出了风味各异的小龙虾菜式。全国小龙虾旺盛的市场需求，反过来刺激湖北的小龙虾供给量越来越大。经过将近二十年的发展，现在湖北小龙虾的养殖产业早已呈现出一派蓬勃发展的大好局面。

江汉平原的中心之一——潜江，更是提出了以发展小龙虾产业集群立市的战略方针，以虾兴市，养虾致富。从地理位置上讲，潜江居于湖北中南部、江汉平原腹地，北依汉水，南临长江，属亚热带季风性湿润气候，雨量充沛，气候宜人，湖泊、池塘星罗棋布，是小龙虾养殖的极佳之地。为了提高小龙虾的产量，高效利用潜江的水土资源，潜江人把小龙虾养在水稻田里。一块稻田，既能种植水稻，又能养殖小龙虾，这样种植与养殖相结合的养虾模式，不仅能够使水稻提高产量，所养殖的稻田小龙虾品质也较水塘沟渠里养殖的小龙虾更优。无论是焖烧还是卤，稻田里养殖的小龙虾的口感明显较水塘沟渠里养殖的小龙虾更好一些。

2010 年 6 月 18 日，潜江因兴虾立市，成绩卓越，被国家权威部门评定为"中国小龙虾之乡""中国小龙虾加工出口第一市"，名副其实地成了一座声名远播的"虾城"。有资料显示，从 2009 年开始，潜江市小龙虾野生养殖面积超过 120 平方千米，年产量达到 3.8 万吨。其生产的小龙虾系列产品出口美国、日本及欧盟等 30 多个国家和地区。潜江小龙虾的养殖规模、加工能力、出口创汇连续 7 年位居全国第一，迅速崛起为全国最大的淡水小龙虾加工出口基地，在世界淡水小龙虾产品市场拥有话语权。

2015 年，潜江兴建了一座集旅游观光、小龙虾食材交易、商品住宅、小龙虾菜馔品鉴为一体的生态龙虾城，成为当时中国规模最大、小龙虾菜品最为丰富的美食中心。潜江生态龙虾城的建成，对湖北各种小龙虾菜在全国范围的推广起到了催化作用。

因此，江湖有"世界小龙虾看中国，中国小龙虾看湖北，湖北小龙虾看潜江"的传说，绝不是空穴来风。

养殖小龙虾，说到底，终极目的是要让它成为美食供人品尝。

以小龙虾入菜，可以追溯的时间也只有二十多年之久，最早也就在二十世纪八十年代末。之前，在武汉地区没有人吃小龙虾，人们甚至认为长在污水沟里的小龙虾不是洁净食物。二十世纪八十年代末、九十年代初，武汉人才开始将小龙虾做成家常菜肴上桌飨客。作为菜品的小龙虾，先是变成城市居民在家中做的红烧虾球，然后被大排档经营者在家常烧制小龙虾菜的基础上创作成以不同烹饪技法做出的不同味型的系列产品，之后各种虾店、虾庄在餐饮市场上如雨后春笋般出现，各显身手地争奇斗艳。在将近二十年的小龙虾品牌的激烈角逐中，湖北潜江的"五七油焖大虾"在市场中胜出，成为知名品牌，然后被推广到武汉，于是今日之武汉以"潜江五七油焖大虾"作招牌的小龙虾专业经营户，"忽如一夜春风来，千树万树梨花开"，多得数不胜数。吃小龙虾之风一日盛过一日，一些高端酒楼和火锅店的老板也坐不住了，纷纷加入了经营小龙虾的行列。可以说现在武汉整个餐饮界，售卖小龙虾的店是全面开花，武汉大小餐馆被小龙虾一菜通吃，似乎在小龙虾出产的当季，哪家餐馆不去做小龙虾飨客，便是落伍了。相应的，吃小龙虾几乎是武汉全民性的集体消费行为。据不完全统计，武汉市每年做小龙虾菜的餐厅、虾店，数量不少于两千家，武汉市每天消耗的小龙虾食材在三千吨以上。以小龙虾为食材制成的菜，品种数量近百，完全可以独立地成为一个小菜系。

武汉餐饮市场上久卖不衰的小龙虾菜有油焖大虾、卤虾、蒜茸蒸虾、烤虾、菠萝虾、榴莲虾、芒果虾等二十余款，各个餐馆把小龙虾制成不同味型的菜以满足不同年龄段消费者的不同需求，极大地丰富了小龙虾菜的菜式品种，不断地增强消费者吃小龙虾的黏度，让消费者保持对小龙虾菜不离不弃的味觉依赖，继而使经营小龙虾菜的虾庄、虾店在每年不算太短的小龙虾季生意火爆。

在多款以小龙虾为食材的菜中，最值得说道的是小龙虾菜式的经典之作——油焖大虾。无论是从被消费者喜爱的程度，还是从被全国各地消费者普遍接受的广泛程度，油焖大虾都远胜于以其他方式烹制的小龙虾菜式。

油焖大虾起源于潜江广华，这里是潜江江汉油田所在地。从二十多年前开始，在这里摆大排档的摊主率先以油焖的烹饪方法烹制小龙虾。其方法的要点是：将小龙虾洗净除去沙线，在热油中焯熟捞出；炒锅留底油烧热，加八角、辣椒酱炒香，再加郫县豆瓣酱炒香，加水烧开后放入小龙虾，浸泡三十分钟入味后捞出；炒锅加油烧热，加大蒜瓣炒香后，加干辣椒、葱、姜炒香，再加辣椒油、糖、料酒、啤酒，齐炒时加入小龙虾和少量水，炒至虾身红亮时，加胡椒粉、香料粉、辣椒油、黄豆粒、花生粒、芝麻、盐、味精、鸡精、香油，调好味后勾芡，最后码盘。端上桌的油焖大虾，样子就显得很生猛，一只只大虾趴在盛虾的盆中，虾钳伸开，色泽暗红，油亮诱人，虾身上披几棵香菜，绿中衬红，煞是好看。闻之则有鲜香麻辣之气浮动，直入心脾。

为什么油焖大虾能够风行全国，俘获大江南北不同地区"吃货"们的味蕾？究其原因，乃是以油焖的技法烹饪出来的油焖大虾是典型的湖北菜式味型，咸鲜微辣，原汁原味。制作一锅三斤左右的油焖大虾，需用两瓶啤酒与适量植物油一同焖烧小龙虾，其原理是利用啤酒极强的渗透性能，将植物油和包括大料在内的各种佐料混合而成的油汁，一齐渗入到小龙虾的脂肪里，让溶油性极强的小龙虾充分入味。如此这般，油焖大虾吃起来虾肉 Q 弹鲜嫩，汁液透过虾肉，味道复合多样，回味绵长。

因此，也就不难理解油焖大虾作为小龙虾的代表菜式，在全国的普及度最高，也最受食客的喜爱了。

餐饮江湖一直有个戏言，说武汉菜没有特点，或者说没有特点就是武汉菜的特点。油焖大虾以其与全国其他菜系不同的味型特点，鲜明地表现了武汉菜的典型味道——鲜香、微辣、微麻。如果有人再说武汉菜没有特点，那好，请他去尝一尝武汉油焖大虾的味道，他就会记住武汉菜鲜香、微辣、微麻的特色了。

如果说小龙虾只是油焖的好，那实在是有失偏颇。先从味型上说，酸、甜、辣、麻、咸，小龙虾菜五味皆有，其味型不可谓不多样；再从小龙虾菜的色彩上说，红、黄、绿、紫、橙，五彩斑斓，其色泽不可谓不丰富。小龙虾的菜品有榴莲龙虾、冰糖蒸虾、凤梨龙虾、槟榔龙虾、鲍鱼龙虾、紫苏龙虾、青芥龙虾、麻辣龙虾、香辣龙虾、白灼龙虾、干煸龙虾等，足够丰富，但从消费者的普遍接受度和满意度上讲，油焖大虾的确比其他虾菜受消费者欢迎，并且受欢迎度遥遥领先。

　　一个行业的竞争，总是会诞生几个该行业的领军企业。在湖北数以万计做小龙虾菜的虾店中，诞生了武汉巴厘龙虾、靓靓蒸虾、潜江虾皇、小李子虾城、一棠龙虾、龙翔虾庄、美雅大虾、可可龙虾、四皮龙虾、四妹虾王、虾源道等品牌虾店。这些品牌虾店每年在菜式味型上酸、甜、苦、麻、辣的一增一减，在经营措施上的一伸一缩，在每一个产品上和经营上的细微变化，无不引领着武汉近两千家小龙虾菜店的经营和发展方向。

　　改革开放四十多年以来，武汉餐饮业高速发展，湖北菜包括武汉菜在全国的影响力越来越大，走出湖北、走向全国的湖北菜品越来越多。在这些走出湖北的菜品中，以精武鸭脖和周黑鸭影响最大，名声最响。

　　那么，继精武鸭脖和周黑鸭之后，还有什么湖北菜品能够风靡全国？如果不出意外，应该就是那在春末夏初便蹦上百姓餐桌的小龙虾为食材做成的各款小龙虾菜吧。

「爷爷的土钵菜」：家常菜餐馆可以这么开

受邀去汉口古田四路新开业的"爷爷的土钵菜"吃饭。一餐饭吃下来，我心生感叹：做家常菜的中餐馆，原来还可以这么开！

这两年，受多重因素的影响，餐饮市场的行情不好。尤其是 2016 年，不管是高档还是低端的餐馆酒楼，关店潮一浪高过一浪，用有些餐馆老板的话说，现在开餐馆动与不动都不好办：动吧是找死，伸手打手，伸脚打脚；不动吧，是温水煮青蛙——等死。中餐馆老板的日子总之是横竖不好过。

在寒冷季节露脸的"爷爷的土钵菜"，似乎有点"逆天"的意思：刚一开张，人气立马旺得"汹涌"，店堂内人声鼎沸，生意火爆。我几次路过彼处，无论是中午还是晚上，总看到有人在排队等台位。"爷爷的土钵菜"在餐饮市场生意难做的大背景下，开业不久即一炮而红，这让我心生好奇：这家源自湖南长沙的品牌餐馆，来武汉一点都没有水土不服的迹象，反而火爆异常，这里边到底有什么秘不示人的"狠招"哇？

作为一个以美食评论为职业的人，我有一个一以贯之的观点：一家餐馆飨客的一道或几道拿手菜肴是非常有代表性的。所以每次我去餐馆试菜，大多是冲着某家餐馆的招牌菜去的。客观地说，"爷爷的土钵菜"菜肴已然做到了能给食客留下印象的程度，有几道菜甚至算得上是色香味俱佳。

31

比如，既像豆腐又像干子的"刘晓庆米豆腐"，虽然售价不到十元，点菜率却不低。据说这款菜的爆红，与影星刘晓庆于二十世纪八十年代在湖南湘西拍摄的电影《芙蓉镇》有关。在这部电影中，刘晓庆饰演的胡玉音就是一个卖米豆腐的，随着刘晓庆凭借塑造的"豆腐西施"胡玉音形象获得了若干电影大奖，"湘西米豆腐"便与刘晓庆的名字联系在一起了。其实，口感比普通干子软、比豆腐稍硬的"刘晓庆米豆腐"，乃是一款具有湘西土家族传统风味的卤汁豆制品，其卤汁入味，清香爽滑，干子与豆腐两种滋味兼得，柔润可口，广受湘西土家族百姓喜爱。

又如，用吊锅做盛器上桌的"青椒小炒鸡"是一道由鸡肉、湖南产的长青椒等为原料制成的鸡肉菜品。加了姜、蒜、生抽、老抽、花椒、盐、油、少许白糖，以湖南人烹菜的拿手好戏——爆炒手法——烹之，以生铁吊锅当作盛器，上酒精炉加温，其菜品青椒翠绿，鸡肉油亮，色泽鲜艳，诱人食欲。鸡肉软嫩、鲜香入味，确实体现了湖南湘江流域小炒菜"制作精细，油重色浓"的烹饪特点。

说实话，"爷爷的土钵菜"的上述招牌菜确实算得上有特色，而且走的是"好吃不贵"的亲民化路线，但这还不足以让我兴趣盎然。这家餐馆用土钵作盛器装盘也算是特色之一，但这在湖广地区并不稀奇。对我而言，以土钵盛菜的特色也还不足以让我对这家餐馆刮目相看。

那么，"爷爷的土钵菜"到底为何让我情有独钟呢？

仔细想来，这家餐馆让我刮目相看，除了菜式有特点外，还在于其有新颖的销售场景与经营模式，甚至可以说，现代餐饮提倡餐厅堂食的全部要义，在"爷爷的土钵菜"的店面中似乎都有具体呈现，它为开办家常菜的中餐馆提供了一个别致的样本。

首先，"爷爷的土钵菜"在装修风格上可谓匠心独运，组合了老砖、黑瓦、旧门、老窗、粗朴的古树造型、鲜活的绿叶植物、传统的八仙桌、长条板凳、杏黄酒幌、老木楼戏台等元素，营造出过去长江中游流域老城老镇中经常见到的吃食铺子热闹的生活氛围，这种古旧却活力四射的场景，使进店用餐的顾客产生强烈的地域文化认同感，勾起他们浓烈的怀旧情绪。

利用各种陶制土钵，使其成为装饰餐厅外立面及门头的重要素材，土陶钵甚至担负着诠释"爷爷的土钵菜"独特销售主张的重任。一面以土钵为主体画面构成的文化墙成就了乡土气息浓郁的餐厅店招风格，把店名"爷爷的土钵菜"诠释得感性、直接、独特，顾客望一眼店招，餐厅的文化风格即能直抵内心，植入他们记忆深处。

重要的是，店面设计者把各种动植物食材当成营造店堂风格的艺术元素，让那些香喷喷的湖南腊肉、熏鱼、香肠、干笋等也成为装饰店面的材料，烘托了店堂热闹红火的氛围。如此一来，不仅充分展示了食材本身的货真价实，而且让店里的人间烟火气更加浓厚。这种浓厚的气氛能够强烈刺激食客的食欲，客观上起到刺激食客冲动消费的作用。

其次，食客的参与度极高。食客与菜式之间深度互动，并在就餐过程中获得了参与的愉悦感。

"爷爷的土钵菜"为了让食客在点菜过程中有参与性，减掉了传统中餐馆必不可少的菜谱，墙上没有推荐菜牌，也不设点菜的服务员。店家所售的菜品和主食，包括凉菜、热菜、饭菜、汤在内的全部菜品和饭、面主食，都当堂或以明档形式，或以钵装形式——在展台上展示，菜名和主食名则写在竹签上。食客想要点菜或点主食，只需拿起桌上的竹筒，亲自在各个明档或盛菜的土钵前踱步选择，若看到中意的菜品和主食，即把对应名字的竹签放进竹筒，再交给服务员。不管是各式农家土钵子菜，还是像糖油粑粑、葱油粑粑这样的小吃，只要数根竹签就能轻松下单。这有点像读者在书店购书一样，必须在各书架间一本一本地淘才能买到心仪的书籍。因此，在吃到一款款可口满意的菜肴后，食客获得的参与的愉悦感和成就感会油然而生。

跑堂传菜，在任何传统中餐馆都只是一道上菜的程式，很难出彩。"爷爷的土钵菜"却将传菜的过程热热闹闹地演绎得极具观赏性和趣味性：两个穿着清代传统服饰——身着长袍马褂、戴着瓜皮帽的传菜生，抬着一顶红色轿子,轿子里抬着的是"爷爷的土钵菜"的招牌菜——"青椒小炒鸡"，轿子里装有电子播音器，沿路播放鸡鸣之声，轿子颤悠悠地从店堂穿过，营造出了一派喜庆气氛，赚足了食客一路瞧热闹、看稀奇的眼球。

还有，传统中餐馆的厨房与店堂是隔开的，是两个互不相干的区域，所以餐饮行业内有"前厅后厨"之说。"爷爷的土钵菜"的厨房则是完全敞开的，店堂与厨房你中有我，我中有你。店堂里的食客能够看得清厨师的一举一动、一招一式。厨房里做菜时的煨、炒、煎、炸、爆各种食材的香味，从厨房飘散到店堂，实在是食客难以抵挡的嗅觉诱惑。厨师只需抬头瞟上一眼，望一眼堂面，就能观察到食客举箸端杯的一举一动。这种完全敞开式厨房的设计，不仅真正做到了让食客"好吃看得见"，最重要的是让菜品制作者与食客之间形成了极佳的生产与消费的良性互动。

如此说来，"爷爷的土钵菜"红火得实在有道理。菜肴有特色，好吃；店堂气氛喜庆热闹，好看；食客的参与互动性极强，吃饭的过程成为娱乐过程，好玩。

"爷爷的土钵菜"是一家集菜品好吃、场面好看、就餐过程好玩为一体的家常菜馆，它的红火告诉我们：哦，中式餐馆，原来还可以这么开！

汁醇肉嫩烧黄颡鱼

　　南方一家美食媒体的记者来武汉采访，我陪同接待。见面一问，来客竟是一个"老武汉"。他二十年前远赴南粤，供职于美食媒体，常年流连于广东各地的茶楼酒肆，成了一个经多识广、美食见地超群的美食家。刚一见面，这位记者朋友就开了"方子"：很想吃老武汉味道的"红烧黄颡鱼"。

　　记者朋友不愧是美食家，他知道湖北菜系以烧菜见长，烹烧鱼菜更是湖北厨师的拿手好戏。他甚至了解，能否烹烧好一盘黄颡鱼，是检验一个湖北厨师烧菜功力的试金石。

　　也是，别看黄颡鱼在武汉不算是高大上的稀缺食材，红烧的烹饪方法也不属于"高精尖"的技术范畴，但一个湖北厨师能把黄颡鱼烧得味透鱼骨，形态完整，鱼肉不松不散，汁醇肉嫩，肉质鲜甜，回味悠长，让老少都称道，那是很要一点厨艺功底的，如果没有十夏八冬站炉子的司厨经历，恐怕难以做到。所以一直以来，湖北厨师行业形成了一个传统，酒店招聘时要考察厨师的厨艺，尤其是考察厨师的烧菜能力（俗称试菜），不需要看其他，单看他烹烧的"红烧黄颡鱼"色、香、味、形的水准，就能看出这个厨师站了多少年炉子、真实学厨经历有多少。过去湖北厨师拜师学手艺，三年期满，店方要搞一个出师考试，老师傅出的试题，少不了有一道红烧黄颡鱼；官方举行的厨师晋级考试，哪怕是像一级厨师晋升至特级厨师这样的高级别考试，考题也离不开一道红烧黄颡鱼。

　　黄颡鱼是学名，为鲿科。它的外号不少，各地叫法不同，黄角丁、黄骨鱼、黄沙古、黄辣丁、刺疙疤鱼、刺黄股、硬角、江颡、郎丝、牛尾子、齐口头、角角鱼、嘎呀子等，都是黄颡鱼的别称。这种鱼的生长范围很广，在中国长江、珠江流域的江河，以及与长江相通的湖泊等水域中皆有分布，均能形成自然种群。我们寻常最常见到的是瓦氏黄颡鱼，它亦是中国江河流域水体中重要的野生经济型鱼类。

　　老话说，靠山吃山，靠水吃水。湖北多水，沟河湖汊不在少数，气候条件也极适宜黄颡鱼的养殖。现今各地，尤其是江汉平原的池塘，家养黄颡鱼也较普遍，武汉各个集贸市场的卖鱼摊前，终年都会有色泽黄灰的黄颡鱼出售。所以，在我们湖北地区，无论是在餐馆的酒席上，还是在居民家中的餐桌上，黄颡鱼菜式都是稀松平常、经常能看见的。

　　从古到今，黄颡鱼以其独特的肉质与鲜美的口感，备受荆楚百姓的喜爱。当然，老百姓们喜食黄颡鱼，还有一番道理：黄颡鱼不仅有上佳的口感，且鱼刺不多，价格不贵，性价比较高，还有较好的药用价值。据《本草纲目》记载，黄颡鱼"煮食消水肿，利小便"。姚可成在《食物本草》中说，黄颡鱼主益脾胃和五脏，发小儿痘疹。从药性上看，黄颡鱼性味甘、平，微毒，有利小便、消水肿、祛风、醒酒的功用。黄颡鱼有食疗作用，口感嫩滑，营养丰富，且得来不费太大工夫，不被寻常百姓喜欢才没道理。

　　所以，满足记者朋友的要求对我不算难事。在武汉，我熟悉的做本帮鱼菜的餐馆，几乎都有"红烧黄颡鱼"这道菜。至于哪家餐馆做的"红烧黄颡鱼"最具老武汉的味道，这倒让我有点犯难。实话实说，在武汉以鱼菜为主打的餐馆，各家做的"红烧黄颡鱼"有各家不同的特色，在这些以鱼菜为主打的餐馆之间，很难评判到底谁家做的"红烧黄颡鱼"排为第一，谁家做的排在第二。

考量再三，我带记者朋友去武汉著名的美食一条街、汉口万松园雪松路上有三十五年历史的老店——"夏氏砂锅"——品尝"红烧黄颡鱼"。

毋庸讳言，我之所以领南方记者朋友来"夏氏砂锅"吃"红烧黄颡鱼"，除了这家店子的"红烧黄颡鱼"味道确实地道外，也包含有我个人的喜好因素。

"夏氏砂锅"创建于1984年，是间没动窝地经营了三十多年的老店，老板夏家胜与我有亦师亦友之谊，是个深谙武汉饮食风俗人情的"老汉口"，对武汉传统饮食味道研究很深，对环保、散热慢、能保持食材本真味道的性能优良的砂锅器皿情有独钟。因此在这家餐馆，但凡以本帮菜烹饪技术烹制的各种鸡、鸭、鱼、肉菜式，有的是以砂锅当盛器装盘，有的干脆就以砂锅当炊具烹饪。不同的菜式用不同材质、不同色彩的砂锅盛放，故起店名为"夏氏砂锅"，这样一来，这家餐馆的经营定位和菜式的出品方式，立刻与雪松路上招牌林立的各个餐馆酒楼形成了鲜明的差异。"夏氏砂锅"的"红烧黄颡鱼"不仅一以贯之地继承了武汉传统的"咸鲜微辣、原汁原味"饮食味型，而且盛器用的是白瓷砂锅。到了寒冷季节，黄颡鱼上桌时，还配上酒精炉、微火，始终让菜品温度保持在五十五摄氏度左右，如此这般，就非常符合武汉本地的传统饮食习俗"一热三鲜"了。

我们一行人在"夏氏砂锅"坐定，等菜上桌。待"砂锅红烧黄颡鱼"上来，我一看成色，果然没有辜负我的期望，没给我的推荐丢分：月白色的砂锅里，齐齐地码着七八条长约十二厘米的黄颡鱼，鱼身呈灰黄色，

汁醇肉嫩烧黄颡鱼

夏民砂锅
红烧黄颡鱼

孙生

黄里透灰，灰中有黄，周身油汪汪的，条条精神，鱼肉不散不缺，冒着袅袅白烟，鱼肉的鲜味夹杂着青辣椒和料酒、豆瓣酱料的香气，扑鼻而来。汤汁呈酱色，油亮亮的，在灯光照射之下，透出一抹勾人食欲的暖色。用筷子捡起一条鱼，在空中抖动，鱼身随着筷子抖动的节奏而上下颤动，鱼肉却不散架。用筷子把鱼头折断，捡起鱼头及鱼角吸吮，酱油、豆瓣酱、料酒、葱、姜的味道已混合炖透至鱼头、鱼角里面。我知道，黄颡鱼的两根有点刺人的鱼角最难烧透入味，一旦鱼角烧透入味，鱼肉入味便不在话下。捡一块鱼肉，慢慢吮着，觉得鱼肉鲜嫩，微有甜味，闻不到半点土腥气味。再用筷尖蘸着汤汁品尝，酱香浓郁，汁味醇厚。这一盘"砂锅红烧黄颡鱼"吃起来，真是口留余香，回味悠长。

我观察到记者朋友连吃了两条黄颡鱼，而且喜悦之情溢于言表，便明知故问地问他："伙计，今天吃的'红烧黄颡鱼'味道怎么样啊？"

记者朋友连连点头说："好极了，这正是我小时候吃到的'红烧黄颡鱼'的味道。大概有二三十年了吧，我都没吃到过这么好吃的'红烧黄颡鱼'了……"

用过晚餐，我们一行人从"夏氏砂锅"走出店门，看见有百十号人在深秋的斜雨寒风中平心静气地坐在店门口的塑料凳子上，听着进餐的叫号声坐等台位。场面颇为壮观，气氛一派祥和。记者朋友感慨地对我说："现在都说餐饮不好做，'夏氏砂锅'生意却如此火爆，看来，确实有其成功之道啊！"

我深以为然，连连点头称是。

荆楚味道

汁醇肉嫩烧黄颡鱼

花螺的魅惑力

这两年，我似乎与汉口万松园雪松路较上了劲，一个星期至少要去一次这个地方，去两次或以上亦为常事。

为什么？除了这个地方离我的工作单位不远之外，更在于这里是武汉著名的美食一条街，在餐饮业内有"湖北美食风向标"之誉。以我做美食品鉴、评论的工作，隔三岔五地以美食品鉴之名，去美食聚集圈的雪松路行吃喝之实，也算是师出有名吧！

历经二十余年市场竞争的淘洗，现在万松园雪松路已是寸土寸金，打着川菜、湘菜、北京菜、浙江菜、湖北本帮菜、日式料理、韩国烧烤、重庆火锅、西式甜点等不同招牌的各式餐厅酒楼，在这条街上争奇斗艳。一言以蔽之，但凡能够在万松园雪松路存活五年以上的餐馆，肯定有与众不同的两把"刷子"，不然，早就会遭遇毫无忠诚度可言的吃货们的抛弃而关门大吉了。

我去万松园雪松路上一家做浙江温州菜的餐馆——"温州君豪海鲜酒楼"——的频率颇高。原因之一是这间餐馆的海鲜菜品非常符合我的口味，尤其是一道颜值超高的招牌小海鲜——"盐焗花螺"，其色、香、味，有让我欲罢不能的诱惑力。

花螺在食材分类上归为海鲜，不是湖北当地的湖、河鲜水产。花螺在我国沿海均有分布，南海出产尤丰，喜欢在温暖的潮下带数米至数十米水深处活动。花螺肉质鲜美、柔嫩爽口，是近年国内外市场十分畅销的优质贝类海产食材。

从名字到形体，花螺算得上是有诗意的"尤物"。花螺的别名较多，在广东俗称东风螺、海猪螺、南风螺，在山东胶州湾又称香螺、黄镶玉螺。花螺与陆地上的蜗牛是近亲，其形体亦与陆地上的蜗牛相近：圆胖而厚重，极具丰腴的美感。薄薄的壳上涂着好看的黄褐色，壳顶部则有淡淡的青灰色，其纹饰之斑斓堪与幼豹的斑纹相媲美。花螺丰腴圆润的螺壳上，青黄相映，花螺像一个如花似玉的美人，因此而得名。有位作家曾写文赞美它说："花螺的一袭青黄，低调而内敛，犹似朝阳跃升前的天空，也如炊烟缠绵悱恻的颜色，每每目睹，不禁让人生出几分诗意的联想。"

花螺颇受今人追捧，不仅在于它有美丽的外表，还在于它具有很高的食用价值、营养价值和食疗价值。传统中医认为，食用花螺有滋阴明目、软坚、化痰之功效，有明显的益精润肺的作用。螺肉含有丰富的维生素 A、蛋白质、铁和钙，对目赤、黄疸、脚气、痔疮等疾病有较好的食疗作用。

现在武汉人对吃花螺已然表现出浓厚的兴趣，但究其吃花螺的历史，充其量不超过二十年吧！改革开放以来，随着国家经济的高速发展，人员流动越来越频繁，领改革风气之先的广东商人大批北上，在武汉"开疆拓土"，花螺亦随着广东商人北上被带入武汉，并以广东菜的形式进入武汉餐饮市场。许多年以后，以粤菜、鲁菜、川菜和湖北菜烹饪技法烹制的各色花螺菜式，已经成为深受武汉好吃佬们喜爱的

花螺的魅惑力

小海鲜菜肴了。

花螺菜式像其他海鲜菜式一样，进入武汉以后，经过不断地与武汉当地人习惯口味的磨合，渐渐被调整改良成为武汉菜系中的一类菜品。所以，以花螺为食材烹饪的菜式品种在现今的武汉餐饮市场日渐繁多。

花螺可用生姜加辣椒、香辣酱爆炒，菜名叫"酱爆花螺"。"酱爆花螺"的踪影偶尔出现在大排档上，是消夜的下酒"尤物"。也可用芥末加生抽、料酒、白醋、小米椒、花椒等炝浸花螺，菜名叫"香辣浸花螺"。武汉一家知名的餐饮航母酒店"新海景"的招牌菜就是"香辣浸花螺"，风行武汉三镇十年以上了。可以将花螺肉从壳内剔出，加辣椒、韭菜爆炒，菜名叫"韭菜炒花螺"，如此炒出的花螺肉，口感嫩脆，很有嚼头，是佐酒下饭的好菜。"韭菜炒花螺"甚至可以当零食吃，尤受时尚青年人的喜爱。还有一种能吃出花螺肉原味的吃法：烧一锅开水，将花螺焯水，三五分钟即起锅沥干，吃时用牙签从螺壳里剔出螺肉，蘸上生抽、姜末、蒜茸、白醋等调出的蘸料，咀嚼鲜甜的螺肉，吸吮蘸料的鲜味，既尝鲜又解馋，还很下酒。

我个人比较偏好温州君豪海鲜酒楼对花螺的处理方法——以盐焗之。盐焗本是粤菜的烹饪技法。"焗"是一种烹调方法，指利用蒸汽和加热后的沙粒、盐粒等物质使密闭在容器中的食物变熟。所谓"盐焗花螺"就是在密闭容器中以烧热的细盐为媒介将花螺焗熟成菜。"盐焗花螺"制法并不复杂：将花螺洗净，沥干水，放少许胡椒粉和盐，腌制十分钟左右，使花螺去腥、入味。将细盐炒热，用一个生铁制成的铁盘盛盐待用。把腌制好的花螺放在细盐盘中码好。然后将装有细盐、花螺的铁盘放在明火上烧烤，铁盘加盖，至花螺熟透时下灶。花螺连同烫手铁盘一同上桌。

"盐焗花螺"成品漂亮至极：墨黑的铁盘中，细盐白净如雪。花螺呈一个个圆圈，有规律地排列着，像极了冬天原野上静静地卧在雪地里的一头头小豹子。焗熟的花螺颜色比原色更为协调柔美，螺壳黄是黄、青是青、灰是灰，有琥珀之色，又有青玉之韵，色彩确实养眼入心。吃"盐焗花螺"，分"文吃"和"武吃"两种。"文吃"是透出斯文劲儿地吃，穿着入时的"美眉"多爱"文吃"：翘着兰花指用牙签挑出螺肉，蘸着倒了生抽的味碟，将右手弯成兔爪状，把螺肉送入口时，本能地用另一只手遮挡，还时不时抬眼不抬头地左右瞄瞄，唯恐自己的吃相不够文雅，让旁人取笑。"武吃"是直接用手，捏住露出螺壳的螺尾，把螺肉扯出直接往口里送。"武吃"者多为男性，我当属"武吃"之流。吃时，用手捏住螺肉的尾巴，慢慢将螺肉从螺壳中扯出，这个过程可以明显感觉到螺肉有如橡皮筋似的伸缩有弹性。一小坨螺肉入口，感觉嚼劲十足，用现在网络语言表述是"口感Q弹"，有一股独有的鲜香之味充溢口腔。

常来温州君豪海鲜酒楼的吃货们心知肚明，吃"盐焗花螺"还需要喝温州特产杨梅酒和绍兴的太雕酒。温州杨梅冠绝天下，用高度白酒泡温州产的杨梅，是为杨梅酒。杨梅酒与"盐焗花螺"为非常好的搭配。所谓太雕酒是指十年以上的花雕酒，它用糯米酿制而成，口感柔和，香味纯净，是营养成分十分丰富的一种酒。太雕酒与"盐焗花螺"，可称天下无双的组合。

"盐焗花螺"上场时颜值超高，让人心生喜爱之情，勾得我们忙忙地举箸尝鲜。待我们把整盘螺肉吃尽，没有螺肉的螺壳仍然纹丝不动地排列在铁盘细盐中，依然保持着它们的美丽，只是像换下了华丽的装束，在洗尽铅华之后，又以一幅换了风格的静物画的面目出现在我们面前，呈现出

荆楚味道

花螺的魅惑力

另一种迷人的风韵。

　　花螺，不管是作为食材还是菜式，真是极尽"魅惑"之能事啊！难怪每一个初来温州君豪海鲜酒楼吃过"盐焗花螺"的人，都会对"貌美"爽口的这款小海鲜菜式留下难忘的印象呢！

许敲糕一个甜美的未来

在我们寻常所去的家常菜餐馆菜单上鲜见的敲糕，是以糯米制成的既算小吃也算点心的温州风味甜食。

武汉人对甜食一般持可有可无的态度，对他们而言，倘若不知道、不了解敲糕，亦很正常，因为它的"祖籍"远在千里之外浙江省最南端的苍南县，在武汉餐饮市场露面的机会寥寥，与热干面、米粉、面窝等在武汉大街小巷的小吃店、过早摊上随处可见的本地大众化小吃相比，祖籍在外埠的敲糕实在为极少数的存在，所以把它归在武汉极为小众吃食的范畴，一点也不冤枉。

源远流长的中华饮食文化的发展轨迹告诉我们，在中华大地960万平方千米的任何一方土地，总是会孕育出当地独有的风味吃食。反过来，地方风味吃食又会让本地生活群体形成独有的饮食习俗，进而让大多数的当地人自小就形成独有的味觉记忆。这种终生相伴的味觉记忆形成于无形，一旦形成，不管人们长大后是在当地生活，还是迁往祖国的大江南北，抑或远走海外身为异客，那种自小熟悉的食物味道，都会永久地存留在他们的记忆深处，变成忆念家乡的一种情愫。

各地不同风味的丰富美食，其实正是中华饮食文化异彩纷呈的表现之一，也是中华饮食文化永葆鲜活生命的原因之一。

对背井离乡闯荡江湖的温州人尤其是苍南人而言，发源于温州苍南的敲糕那种香甜可口、绵酥兼有的糯润滋味，凝结了他们太多的家乡情感。

改革开放四十多年来，有二三十万温州人陆续汇聚武汉并在此定居。这些居住于武汉的温州人对记忆中的家乡味道总有挥之不去的思念。然而，远离了故土，尝到原汁原味的家乡味道又谈何容易？因此，对久居武汉的温州人而言，若想尝到家乡敲糕甜绵悠长的味道，懂行的就会去汉口万松园路上的温州君豪海鲜酒楼。

在我有限的视野里，迄今为止，在偌大的武汉餐饮市场，正宗的敲糕我仅在这家酒楼里见过，而且敲糕在这家酒楼是既当点心也当菜品上桌的，甚至成为该店点单率最高的招牌菜品。

因我去温州君豪海鲜酒楼用餐次数不在少数，且对甜食素有偏好，吃过敲糕不下十次，并有能进厨房亲眼看见苍南籍厨师曾文体制作敲糕全过程的便利，所以对这款吃食也算颇为熟悉了。

苍南县位于中国浙江省的最南端，东与东南濒临东海；西南毗连福建省以出老白茶闻名的福鼎市；西邻泰顺县；北与平阳、文成两县接壤。因地处玉苍山之南，取县名为苍南。苍南是个多民族居住的县，有汉族、畲族、土家族、苗族、侗族等38个民族分布居住于此。近120万人口的苍南，其主流的饮食习俗，与整个温州地区偏好近海海鲜、鱼类与江河小水产类食材的饮食习俗一脉相通。在烹饪技法上，擅长鲜炒、清汤、凉拌、卤味，"敲"或"捶"的技法使用较为普遍。由于多民族聚居的特殊性使然，苍南的饮食习俗虽以汉族的饮食习俗为主，但同时亦受各个民族的相互影响，因此，苍南饮食文化具有丰富多彩的特点。

从本源上说，敲糕是苍南各民族饮食习俗交汇交融的结晶，具体而言，是苍南汉族、畲族、土家族、苗族、侗族等各民族居民之间饮食文化相互影响的结果。

敲糕与我们非常熟悉的年糕有许多相似之处，主要原材料是糯米。苍南的畲族、土家族、苗族、侗族等少数民族与汉族一样，都有在过年过节时做年糕的习俗。总体来讲，苍南少数民族制作年糕的方法与汉族的方法大同小异，但敲糕却是在畲族、土家族、苗族、侗族等少数民族制作的年糕基础上的升级版，它在淘米、磨粉、吊浆等制作糯米粉的程序上与制作年糕的方法完全相同。年糕与敲糕的不同之处在于，制作年糕需要将糯米粉蒸熟，制作敲糕则要在热油中使用木槌敲击食材，改变食材的纤维结构（比如，温州名菜"三丝敲鱼""三片敲虾"等都有用木槌敲击这一步骤），让其变身为敲糕。

敲糕的制作流程不算复杂：将糯米粉与温水混合，搅拌、揉捏至均匀适中的粉团，就已完成了一半的工序。但接下来的步骤就有技术含量了：将粉团放入油锅中敲打，火候的掌控和敲打的节奏是最考验制作者功力的，也是敲糕能否制作成功的关键。"敲"的动作需要重复进行，而且要翻来翻去，要不然锅里的粉团就会焦煳。火候的掌握也是个难点，大小要合适，太大了不好，太小了勺子和糯米粉会粘起来。等糯米粉团在油锅中被"敲"成皮脆、色泽微黄的大圆饼后，就可以起锅了。然后将大圆饼铺平，撒上一层由花生、黑芝麻、温州红糖等原料磨成的料，再将其卷合起来，切块，装盘，甜食敲糕就大功告成了。

我初尝敲糕，是受其"白富美"的外表吸引而伸筷的：白瓷盘中盛着切成一圈一圈的浅黄色敲糕，黑芝麻、老红糖、花生碎点点嵌在浅黄的敲糕上面，一朵叶绿花紫的康乃馨摆在盘中，与敲糕交相辉映，让一盘吃食卖相超群，勾人食欲。夹起一块敲糕入口，糕的外皮是脆的、酥的，油香扑鼻，里面则糯润绵软。如果用"脆糯相和、香甜可口"来形容敲糕的口感，应是非常贴切的。软糯酥脆兼具的敲糕尤其受爱吃甜食的老人和孩子的喜爱，老人和孩子成了消费敲糕的主力也就不足为奇了。

近两天又去温州君豪海鲜酒楼吃了一次敲糕，饭毕走出这家酒楼，我想，在武汉生活的温州人有二三十万之多，能尝到故乡美食敲糕的少之又少，武汉本地人更是很少有人能享受到敲糕的美味。敲糕的出产数量太少，像一个养在深闺中的妙龄女子，人们难见真身，当下仅是独家经营，别无分店，这种现象应该改变。我站在春意盎然的街头，看着万松园美食一条街上闪烁着的霓虹灯，许敲糕一个甜美的未来：我会尽绵薄之力，鼓励那些热爱餐饮事业的年轻人，将敲糕作为单品开成"小而美"的商圈店，顾客呢，除了接待浙江籍老乡以慰藉他们的思乡之情，本地客人，对不起，则只接待浓情蜜意的"神仙眷侣"，果真如此，才不枉美食敲糕蕴含着的柔情蜜意！

包
面
当
家

猪年春节临近，我约一拨文友在武汉楚鱼王酒楼南湖店吃团年饭。

选在楚鱼王酒楼聚餐的理由很充分：这间酒楼在武汉以烹饪鱼菜有名，主打的菜品源自鄂东，尤其具有浠水、团风一带的风味，而今天到场的朋友，老家是鄂东者居多。

楚鱼王酒楼的老板汤正友是厨师出身，祖籍是湖北浠水，对鄂东地方菜式了如指掌。入席坐定，我们便请他代劳安排席中肴馔，临了我多说了一句："主食断不能少了鄂东包面。"

没想到此言一出，竟引来到场鄂东朋友们的一片赞誉之声。

或许没见过鄂东包面的武汉人就会问了："你说得热闹的鄂东包面，是个什么稀奇玩意？"

对有些武汉人而言，其实鄂东包面一点也不稀奇，它就是普通得不能再普通的过早吃食——馄饨（武汉方言称水饺），到了新洲、团风、浠水一带，馄饨的名称便变成了包面。在全国各地，馄饨还有清汤、抄手、云吞、龙抄手、包袱（皖南称谓）、扁食、扁肉（福建称谓）等不同名字。这正应了中国的一句老话，叫作"十里不同风"。而风俗这玩意，有时真难用语言说得清子丑寅卯。

当然，我说鄂东包面（包括新洲包面、浠水包面等）等同于武汉的馄饨也不尽然，其实鄂东包面与武汉馄饨两者之间有相似之处也有不同之处。二者的相似之处在于，它们都是由面皮和肉馅两个部分组成的，而且大都以猪肉剁成的肉茸作馅。它们之间的不同之处在于，二者的个头、形状、包法和烹煮方法都存在差异。

新洲包面与武汉馄饨的形状一样，但个子明显要大出武汉馄饨许多。新洲包面与武汉馄饨的包制方法相同，都是将剁好的肉茸用勺子舀上一坨放在一张擀得薄而方的面皮上，然后将面皮窝在手心，五指一拢，稍稍用力一捏便成形。浠水包面的形状则与重庆龙抄手完全一样，其包制手法显然比包制武汉馄饨和新洲包面要讲究得多。浠水包面的包制过程，有点像我们读小学时上手工劳动课时叠的纸帽子：将剁好的肉馅用勺子舀上一坨，搁在一张擀得较薄较大的四方形面皮上，将面皮两角对折之后再对折，将里层的两个角的边缘蘸上清水朝怀里一拢，手指使点劲一捏，包面的形状便像一锭白银元宝，或像一只展翅的蝴蝶，又像一顶古代的官帽。

从食物分类上讲，鄂东包面和武汉馄饨都当划入小吃之列。在武汉人的饮馔生活中，馄饨仅在过早或者消夜时派上用场，正餐时把馄饨当主食果腹者少之又少。而鄂东包面在新洲、浠水、团风一带居民的饮馔生活中所处的地位，较之武汉馄饨在武汉市民生活中的地位显然重要得多。在鄂东多个地方，过早、消夜时，包面当仁不让地充当主角自不必说，正餐时把包面当主食也是稀松平常的情况，以包面飨客亦是司空见惯。不仅如此，包面在鄂东一带乡村生活中还被赋予了更多的文化意义。

直至现在，鄂东多个地方的习俗，若逢过年过节、考学高中、婚嫁迎娶、老人做寿、添丁进口等开怀喜事，最好的庆祝方式便是吃上一碗包面。大年三十的团年饭，一家人围坐在火炉旁边吃包面，是一家人最温馨的幸福时光；对长年在外打工拼搏的人来说，年底回家吃上一碗朝思暮想的包面，则是慰藉了那一缕或浓或淡的乡愁，得以迅速找回故土的归属感；

出嫁远行的新娘离开娘家时，吃一碗娘亲递过来的包面，则含有娘亲对嫁到夫家的女儿能够夫妻和睦、早生子女的祈福；过寿的老人吃上一碗包面，则有后辈祝福老人长寿安康的吉祥寓意；倘若有新女婿初次上丈母娘的门，丈母娘对新女婿的首肯，则透过递给新女婿一碗用小陶瓦罐煨出的鸡汤炖包面的实际行动，表达得含蓄而肯定。总而言之，包面在新洲、浠水、团风一带，有吉祥如意的意味，成为一张独具特色的地方饮食文化名片。

到了腊月间的鄂东乡下，家家户户备年货、包制包面的过程与场景，尤其温馨。杀了年猪，选好五花肉切片，剁成肉茸。在田埂地头，找寻刚刚冒出头的嫩绿地米菜，掐了水灵的苗芽，洗净切碎，与肉茸拌合，做成包面馅子待用。面的皮子，则选了自家种的小麦磨成的粉。舀上半瓢井水，将小麦粉和成面团，用擀面杖一次次擀开来，终成一张薄薄的大圆饼，再用刀划成一片一片的四方块儿。在大姑娘、小媳妇的巧手下，包好的包面如一锭锭元宝，一排排整齐地放在簸箕上，一眼望去，个个身板笔挺，情绪饱满，精神头十足，让人喜从心生。

过年期间，有人来家拜年走亲戚，包面就成了饷客的当家主食。客人落座后，主人就走进厨房，将腊肉切片后放进锅里煸炒，待油香四溢时，加清水煮开；取早已包好的包面下入锅中，盖上锅盖焖煮，至包面浮上水面，顺手丢几片白菜叶或者菠菜叶，加入胡椒、味精、盐、酱油调料，然后将一大海碗包面端给客人。客人在谢过主人之后，不亦乐乎地将一碗包面连汤带水吃个精光。在讲究礼数的鄂东人看来，走亲戚串门子，如果主人家中午没有端几个"像样的碗"（硬菜）上桌，晚上"过夜"（吃晚餐）没有包面"管客人"，那就说明主人家对你不看重。

在鄂东乡下，一个家庭主妇捏包面的手艺，甚至是村邻检验其是否心灵手巧的标尺。特别是在新媳妇过门后，村里人总想瞅个机会，详察她捏的包面形状，并以此判断其手指头是灵巧还是笨拙。有手指灵巧的媳妇持家，这样的人家总会被村里人高看一眼……

楚鱼王酒楼沿袭了新洲、浠水、团风一带的习俗，是把包面当主食饷客的。包面煮在鸡汤里面，连同瓦斯炉一同上桌，点上小火，让汤保温，亦可以保鲜，一热才有三鲜。对于鄂东包面而言，这很重要。白案厨师素有"馄饨重汤料"之说。一眼看上去，包面皮较薄，有透明感。咬一口包面馅，猪肉柔嫩滑润；喝一口鸡汤，鲜香绵长。显然，楚鱼王酒楼的包面味道，与我去新洲、团风、浠水等地吃过的包面有较大不同。总体而言，鄂东各个小镇上的包面，皮较厚，较为劲道，多了几分乡村的烟火气息；而楚鱼王酒楼的包面，因多了几分厨师的用心，便多了几分城市的精致之韵吧。

水爆回锅肉

如果做一次问卷调查：在世界范围内，有哪些菜肴在华人群体中的知名度和普及度可以排进前十？据我估计，川味回锅肉大概将占有一席之地，而且跻身前三名的可能性极大。

也是，只要是个吃货，有哪个不知道经典川菜之一——回锅肉？此菜一直被世人视为川菜之首，系中华四大菜系之一的川菜的招牌菜。但凡提到川菜，必然会联想到回锅肉。而对川菜烹饪手法有所了解的人，大都知道烹制回锅肉有最要紧两个步骤：一是先将大块猪肉在沸水中煮；二是将水煮的白肉切片，以旺火热油爆炒，其中用油之多少和火候的掌握是关键。所谓"回锅"者，即是再次烹调的意思。

但倘若我问各位美食方家："您吃过不以油爆而用水爆成的回锅肉吗？"我估计，没吃过的人比吃过的人要多出很多。

或许没见识过"水爆回锅肉"的人会问："这'水爆回锅肉'又是个什么来头？"

"水爆回锅肉"还真有可资说道之处。

大家都知道，回锅肉是四川道地的家常菜，起源于四川农村。现如今，无论城乡，四川大部分家庭的"煮夫"或主妇都会烹制这道菜。但四十多年前，四川城乡大部分家庭日子都过得紧巴，生活拮据，物资匮乏，缺油少肉，平日里难沾荤腥。彼时川人的生活情趣之一，便是偶尔以各种"上得了台面"的理由，找机会吃上一餐有荤腥"硬菜"的席面,当地人称之为"打牙祭"。这"打牙祭"的"硬菜",首推肉肥油厚的回锅肉。一般城市居民,只在发薪水的日子,才会上菜场凭票割点五花肉。回家把猪肉洗净,切成一小拃长、约一寸宽的肉片,用滚水将肉片白煮,然后再切片爆炒,添一点大蒜或青、红辣椒等辅料,加料酒、花椒、豆瓣、甜面酱等调料,做成一碗色泽红亮、肉肥油重、入口浓香、略有回甘的回锅肉。

所以,每当有外地人来四川公干或是观光旅游,好客的四川人便会问外地人,吃过这边的回锅肉了吗? 若外地人回答说没吃,四川人便无限惋惜地说:"唉,那你白来我们四川了!"四川人说的这话自有道理,因为当地民间素有"入蜀不吃回锅肉,等于没到四川来"之说。

回锅肉是道具有悠久历史的菜肴。在我手边,能够找到有关回锅肉的最早的史料,是明朝宋翊在《竹屿山房杂部》中的记载:"油爆猪,取熟肉细切脍,投热油中爆香,以少酱油、酒浇,加花椒、葱,宜和生竹笋丝、茭白丝同爆之。"宋翊称之为"油爆猪"的菜式,其制作方法与现在川厨烹制回锅肉的方法高度相似,我们可把"油爆猪"视作回锅肉的"前身"。而且,至今在四川部分地区,回锅肉仍被叫作"油爆肉"。可见"油爆猪"与回锅肉之间,确有联系。从古至今,四川城乡居民过年过节的餐桌上,回锅肉是必备的当家菜色,如果没有一碗回锅肉撑住场面,川人便在心里道:"这还能叫过年过节吗?"回锅肉自诞生之日起至今,一直在四川人的饮食生活中占有重要地位。2018 年 9 月 10 日,"中国菜"在河南省郑州市正式发布,"四川回锅肉"被评为"四川十大经典名菜"之一,我想,这算是实至名归吧。

四川回锅肉的味道之好毋庸置疑,但现在也有人认为此菜过于油腻,多吃不利于人体健康。

不能说这种说法没有道理。在提倡少油多吃素的健康饮食理念的影响下，肉肥油厚的四川回锅肉颇让嗜肉者心生纠结：不吃回锅肉，心里"欠"得慌；多吃了回锅肉吧，又老是担心会有高血压、高血脂等疾病。对于嗜吃回锅肉者而言，吃与不吃，似乎都是个问题。

是问题总得找出解决方案。有个人称"菜痴"的四川成都厨师李仁光，琢磨了很长时间，改变了回锅肉的烹饪方式，烹出了与传统回锅肉味道一样，却油少、肉不肥腻的"水爆回锅肉"，并受邀在中央电视台为观众做烹饪表演。

去年初冬，我去重庆参加第 27 届中国厨师节。活动结束，我们一行人本应直接从重庆飞回武汉，有人却提议先绕道去成都，吃了李仁光的"水爆回锅肉"后再飞回武汉，此建议全票通过。于是，我们驱车五百余公里，从重庆去了成都的风味餐馆"巴蜀味苑"，让与我们熟稔的店老板兼主厨李仁光掌灶，专门为我们一行做了一客"水爆回锅肉"。到底是大师傅的独门秘诀，这道菜食之肉香浓郁，麻辣微甜，软糯可口，让我们首度见识了"水爆回锅肉"的真章。

此后，我多次在汉口黄石路 89 号小四川酒楼吃过"水爆回锅肉"，因为这间酒楼的老板兼主厨高生勤是李仁光的高足，专门去成都学习过"水爆回锅肉"的烹调技法，并且将其标准化。

前几日，我请喜食川菜的武汉绘画界朋友吃饭，地点定在了小四川酒楼。因为我与高生勤相熟，便请高生勤亲自掌灶，我则进后厨看他操作：主料选上好通山农家饲养的土猪后腿带皮五花肉，佐料用郫县豆瓣、甜面酱、米酒、青蒜（大蒜）、酱油、味精、化好的猪油。猪肉洗净切大片备用，青蒜苗切成马耳朵形备用。置锅于旺火上，锅里下化好的猪油，把切好的五花肉搁进锅中，炒成卷窝形状，俗称"灯盏窝"，然后放入剁碎的郫县豆瓣，

水爆回锅肉

炒至颜色红亮，加入甜面酱炒散、炒香，再加入上好米酒，放入味精加高汤焖十五分钟左右，再放入青蒜苗、酱油，炒至青蒜苗断生时即可装盘。

这下我弄明白了，与传统回锅肉相比，"水爆回锅肉"去掉了制作传统回锅肉必不可少的沸水白煮肉片的程序，而是直接将猪肉片下锅生炒，然后加高汤，似煮、似炖、似炒、似焖地将肉片做熟，这个过程是谓"水爆"。"水爆回锅肉"上桌，色泽红亮，卖相诱人，味道微麻、微辣、微甜，肉片焦软适度，油少而肉不腻，且肉味香气浓郁，勾人食欲，其色香味一点不输传统的川味回锅肉，真所谓"佐酒下饭，皆为相宜"！那餐宴饮，因为这道"水爆回锅肉"，我喝了三两白酒，吃了两大碗白米饭——这种食量，我如今已少有了。

霸气炖牛蛙

随便问一个五十多岁的老武汉人，年轻时，有没有吃过烧克马（青蛙，武汉方言管青蛙叫克马），回答的人应该是点头的多，摇头的少吧！

二十世纪八十年代以前，我们这座被世人称为"大武汉"的城市，比现今的块头少说要小两三个，更没有现在这么多高楼大厦，城市周边被农田、荷塘、菜地紧紧包围着，一年之中，田畈山峦、菜地野丘、湖塘水田，该绿时绿，该黄时黄，该红时红，四季风光从不同样。从中心城区出发，走不出三五公里的路程，映入眼帘的便是一幅生机勃勃的农村图画。

我虽是正经八百的城里生、城里长的孩子，却对武汉周边的农村生活一点儿也不陌生，甚至与城市周边农村的接触还较多。

在我读小学时，后来被称作"十年动乱"的"文化大革命"开始了。"文革"十年贯穿了我们这一代人读小学、初中、高中的全部过程。"文革"给共和国当代及后世造成的危害已有公论，而"文革"期间不讲学习、不讲读书的大环境，让我们同代人中的一些人成为事实上的文盲或半文盲，甚至影响了我们这代人一辈子的生存方式与生活质量。但凡事皆有两面性，我们这代人有一种幸福的集体记忆，那就是我们的青葱岁月真是过得无忧无虑，学习无压力，上学可上心可不上心，作业可做可不做。从小学到高中，我们的日子过得"没心没肺"，真个是"以玩为主，兼学别样"。我们诸多的玩法之一，便是骑上自行车，用不了半小时就到了城市周边的乡里，粘知丫（知了），捞鱼虫，摘莲蓬，捉鱼虾，捕鳝鱼，逮克马。偶尔有农村小孩从我们身边走过，我们就"不怀好意"的撩拨人家，一齐起哄念道："乡里伢，喝糖茶；打臭屁，屙克马……"

那时我们怎么就有那么多的精力呢？只要去了郊区农村，不玩得变成"泥猴"，不到太阳西斜，不饿得前胸贴了后背，我们就不会骑车往回走。

我们最喜欢春末夏初的不冷不热的乡下。春末夏初的月夜，银月如一个亮闪闪的银盘挂在天际，月影下的池塘里波光涌动，墨绿色的荷叶随风婆娑起舞，滚起一层一层暗绿色的波浪，克马敞开嗓子开始"呱呱"地叫个不停。一听见克马敞开嗓子的洪亮叫声，我们心里的小九九就盘算开了：嘿嘿，我们吃美味"烧克马"的好日子到了！

果然，我们上学从菜场旁边经过时，可以看见菜场外边卖克马的摊子一个挨着一个，克马都塞在蛇皮袋子里，鼓鼓囊囊的。我们回家编着各式各样的理由让家长买克马，甚至死皮赖脸地央求他们去摊子上买克马。最终家长架不住我们的死缠烂打，买了克马，让卖克马的摊主帮着剥去克马皮，把克马肉拎回家用油稍稍一煎，放些辣椒，加入胡椒、味精、盐、白砂糖、酱油，以蒜苗作配菜，在锅里烧上七八分钟，一碗香喷喷的"烧克马"就做好了，馋得我们连吃几大碗白米饭，直把小肚子撑得像皮球般滚圆。

时过境迁，现在克马已是国家明令禁止捕杀的三级保护动物，即便克马肉营养丰富，可当补品吃了养人，而且是公认的美味佳肴，但国家的法律红线挂在那里，谁卖谁违法，谁吃谁有过。

爱吃克马而不能，而又实在忍受不住想吃克马肉，怎么办？

也不难办。克马吃不成，但可以选择吃那与克马的营养成分、口感相差无几的牛蛙，或许这是个不得已之中的上乘之选。

牛蛙，俗名美国水蛙，个体硕大，长相霸气，因其鸣叫声洪亮酷似牛叫而得名，原产于北美洲落基山脉以东地区。我国 1959 年从古巴引进牛蛙，先后在北京、上海、天津、甘肃、四川、云南、南京、杭州、福州、广州、厦门、宁波、中山、湛江等地进行人工养殖。这个比普通青蛙个头大将近两三倍的家伙，适宜在植被茂密的池塘、湖泊、沼泽、沟渠，及稻田、低洼湿地等环境生长。以食用性论，牛蛙是一种大型食用蛙，其肉质细嫩，味道鲜美，营养丰富，是南方各地食用蛙中的主要养殖种类。从药理及营养的角度而论，牛蛙具有一定的药用价值，食之有滋补解毒之功效，消化功能差和胃酸分泌过多的人以及体质较弱的人，可以用它来滋补身体。牛蛙可以滋阴壮阳，有养心、安神、补气的功效。

自牛蛙从遥远的北美洲引入到我国后，人们就把它当成了青蛙的主要替代品食用，尤其是二十世纪九十年代以后，国家加大了禁食青蛙的力度，各种酒楼餐厅以牛蛙为食材做出的菜式便日见增多，各个地方菜系的各种烹饪方法也能在牛蛙身上一试身手，如以牛蛙为食材做出的"红烧牛蛙""干锅牛蛙""香辣劲爆牛蛙""炒牛蛙""口味牛蛙""牛蛙蒸蒜仁蛤子""吊锅泡椒牛蛙""野山椒牛蛙碎""椒香牛蛙煲""葱香干锅牛蛙""青椒牛蛙""瓦片牛蛙""香炒牛蛙""红咖喱甘蔗牛蛙""香豉酱牛娃"等等，在各个地方菜系中都能见到。武汉一家知名酒店——"湖锦酒楼"，有一道招牌菜就是以牛蛙为食材烹饪的"辣得跳"，这道菜在武汉餐饮市场非常有名，非常受食客喜欢。

我也算喜欢吃克马肉一族中的一员。想吃克马而不得时，我便去汉阳阳新路"魏道砂锅鸡"酒楼吃"砂锅炖牛蛙公鸡"解馋。这道菜是店老板兼主厨魏明华花了不少力气研发的招牌菜，主材用了牛蛙和公鸡，以砂锅作盛器，堂食时配了酒精炉保温，目的是保证牛蛙和公鸡的鲜嫩口感。

"砂锅炖牛蛙公鸡"的烹饪技法看似并不复杂。先将农家散养的公鸡按步骤洗净、拔毛、切块，下油锅爆炒，待鸡肉水分干了，至五六分熟时起锅待用。将牛蛙剥皮洗净，切成较大的块，再把牛蛙用调味品腌制一个小时，使其入味。置锅于大火之上，等油烧开，放入大蒜、辣椒煸炒爆香，再把腌制好的牛蛙下锅，翻炒三分钟，将之前炒过的鸡块与牛蛙一同翻炒，然后添加水和几勺自制的酱料。这个酱料里面颇有乾坤，它以武汉人习惯的咸鲜微辣口味为基础，精选四川、贵州特有的优质辣椒和青花椒，搭配三十余种香草料制成。盖上锅盖，将鸡肉与牛蛙肉炖个十来分钟，以较大口径的砂锅当盛器装盘，上桌时，砂锅下面用酒精炉加热保温。

"砂锅炖牛蛙公鸡"端上桌，口径不算小的黑色砂锅被里面硕大的牛蛙块和鸡块撑得满满当当，显得霸气十足，让人眼前一亮。在腾腾的热气中，伸筷搛上一块牛蛙一尝，牛蛙肉中含有鸡肉的鲜味，鸡汁的渗透使得蛙肉更加鲜美嫩滑，香醇糯润，酥烂入味，牛蛙的糯润与公鸡块稍显劲道的口感相辅相成。这一大砂锅的牛蛙炖公鸡，肉多骨头少，正好成为一道下饭佐酒的好菜。魏明华研制的酱料的优势在这道菜里发挥了极妙的作用，使得"砂锅炖牛蛙公鸡"酱香浓郁，口感鲜醇，令人唇齿留香，回味绵长。

三五个人点一锅"砂锅炖牛蛙公鸡"，配上一盘凉拌莴苣丝、一盘甜酸荞头、一盘清炒菠菜，再来一条长江鳜鱼，还要点一瓶"苦荞"白酒。虽是深冬时节，寒风凛冽，饭毕，却是周身舒坦，暖融通泰，腿脚轻便，走路的步子似乎都比平常迈得有力得多。

炒田螺，儿时的美味诱惑

有一个90后吃货朋友告诉我，说最近网上有一个叫"螺辣耳朵"的餐馆生意很火。

我上网一看就明了，这个餐馆的名字——"螺辣耳朵"，看似有点怪，实则表明经营者很聪明，他们显然是巧妙地搭了一二十年前名满全球的巴西超级足球巨星罗纳尔多的"顺风车"，将世界名人的影响力为其所用，所以这间以卖炒田螺为销售主张的新型特色餐馆的店名很容易让人记住。

我之所以谓其为"新型餐馆"，是因为"螺辣耳朵"其实就是目下餐饮行业日趋流行的新玩意——互联网餐厅。

上星期，我应邀出席在武汉国际会展中心图书节上举行的中国烹饪大师邹志平所著《中国莲藕菜》的新书发布会，会场上偶遇邹志平的徒弟李建高。中年厨师李建高与我熟络，我问他现在哪里就职，他回答说在"螺辣耳朵"当厨师长。他随即将也来开会的"螺辣耳朵"的创办人青海介绍给我。

真是"踏破铁鞋无觅处，得来全不费工夫"，我正想抽个时间去"螺辣耳朵"一探究竟呢，现成的机会恰巧就送上了门。开完新书发布会，我们一车人便应青海、李建高之邀，去了开在汉口球场路的一个既不当街也不邻道的老旧社区深处的"螺辣耳朵"体验店，看看这个"螺辣耳朵"葫芦里究竟卖的什么药。

"螺辣耳朵"实体店块头之小，出乎我的意料，真可谓"螺蛳壳里做道场"：前厅加厨房，总面积只有一百平方米左右，没有收银台，没有服务员，没有收银员，传菜工由厨师兼任，诸如铺桌布、擦桌子、摆放碗碟的活计，皆由食客自己动手。菜品销售主要依赖网络，收款用微信或者支付宝。

李建高很客气，把他认为拿得出手的菜品全部端了上来，七七八八堆了一大桌。因为我们是冲着"螺辣耳朵"招牌菜——"炒田螺"——来的，对"凉拌鲍鱼""蒸扇贝"等海鲜菜品不怎么上心，对着一盘"麻辣田螺"、一盘"家常炒田螺"倒是迫不及待地用手去抓，你一颗我一颗抓起田螺吮吃不止。

或许这间餐馆的客户定位，是基于不怕辣、不怕麻的青年消费群体，出品的菜式味道偏重也在情理之中。麻辣味道的炒田螺，我个人觉得花椒放得稍嫌多，其麻度让我有点接受不了。家常味道的炒田螺却较对我的口味，于是我专盯着咸辣还算适度的"家常炒田螺""穷追猛打"，那肥润的田螺肉不腥不腻，颇为可口，久违的味道让我吃得忘乎所以。同来的朋友打趣我说，没看见过我有这般快、准、狠的吃相，这哪儿还有一点做美食评论工作的人应有的吃相啊？

也不能怪我有点失态，遇到实在让我心动的美食，我也懒得管自己的吃相是否优雅了。

田螺是我打小就喜欢的吃食。孩童时候的我，竟喜欢它喜欢到以为炒田螺就是天下无双的绝顶美味。这当然是有原因的。像我这般年龄的人，小时候有谁没听过幼儿园老师讲各种神奇故事的呢？我喜欢吃田螺，与我上幼儿园时听美丽的女老师讲《田螺姑娘》的故事有关。

漂亮的女老师用柔美的嗓音讲《田螺姑娘》，一直是哄着我们这群调皮捣蛋鬼老实听话的看家秘诀。一旦我们满园乱蹿，跑得汗流浃背、相互间打闹得不可开交时，老师就招呼我们听她讲故事。

也真奇了怪了，刚才我们一个个还是翻江倒海的哪吒，刹那间，我们就变成了乖乖仔了，一个个竖着耳朵安静地听老师讲百听不厌、常听常新的《田螺姑娘》的故事：

　　很久很久以前，有个孤苦伶仃的农村小伙子，父母双双亡故，靠给地主种田为生，每天日出耕作，日落回家，年复一年地辛勤劳动。一天，他在田里拾到一只特别大的田螺，心里非常高兴，就把它带回家，放在水盆里，用清水养着。小伙子把田螺当作一个知心朋友，每天出门前都要跟田螺说说话，收工回家后的第一件事也是跟田螺说话。一年过去了，哪知这个大田螺在小伙家养成了"精"，竟变成一个漂亮的姑娘。每天趁小伙子出去种地劳作时，大田螺化身成一个姑娘从盆中款款而出，在灶间帮小伙子做饭，为小伙子缝补、浆洗、操持家务。小伙子每次回家，都好奇是谁帮他干了家务活。

　　有一次小伙子故意没有下地干活，躲藏在暗处想看看家里的家务事到底是谁做的。没多久，他看见一个漂亮姑娘从大田螺中飘出来，由小变大，然后在灶台前做饭。小伙子惊呆了，进门堵住田螺姑娘，问这是怎么回事。田螺姑娘退不回田螺壳里了，红着脸说："其实，我生前是个穷人家的丫头，父母已不在人世。我们村的员外老爷欺负我家穷户小，硬要纳我做小老婆，派轿子强要把我抬进高门深院，我坚决不从，投了河。后来变成了一只大田螺，被你捡回，在清水里养着养着，我便成了精……"

　　再后来，小伙子与田螺姑娘相亲相爱，结成了夫妻，生了个大胖儿子，过上了幸福的生活……

老师讲故事的嗓音动听极了，我们一个个听得入迷。我的小脑袋就暗暗地想："哪天我也去公园沟渠边捡些田螺回来，也放在清水里养着，看能不能也把它们养成精，变出几个漂亮姐姐来？"

老师好像看穿了我的心思似的，摸着我的头，对我说："《田螺姑娘》是神话故事。田螺是很有营养的食材，做菜好吃得很，你们多吃炒田螺，就能长得高、长得壮。等你们长大了，变成大小伙了，那时候田螺也许可以变成一个漂亮姑娘了……"

我们当时那个年龄，爷爷奶奶的话可以不听，爸爸妈妈的话可以不听，但老师的话比圣旨还管用呢！所以，从上幼儿园那个年龄开始，我就喜欢上吃炒田螺了。

现在回想起来，我们小时吃的田螺纯属是乡下人吃的玩意，被视为"穷人菜"，便宜得很，登不上大雅之堂。那时武汉的城市范围比现在小得多，城市周边被湖泊、池塘等包围着，丰富的水体也没有像现在这样遭受污染，到处的水都是清清亮亮的，田螺亦到处都是，只要你愿意捡，花不了多长时间就能在沟渠、池塘里捡个半筐或一篓。国营菜场里没有田螺卖，但城市周边的菜农为换点油盐钱，一大早挑着装了田螺的担子进城，在菜场周围悄悄地卖。所以每年夏秋两季，我们家的饭桌上隔三岔五就有的田螺肉可吃。

我们家吃田螺有三种吃法：一是把田螺肉剔出，用韭菜加点辣椒、大蒜炒，大约也就是现在排档上偶尔还能看到的"韭菜炒田螺肉"吧。二是把田螺放在清水里养几天，用老虎钳子把"田螺屁股"夹掉，锅内放油烧至七成热，放入葱、姜、大蒜瓣和辣椒爆香后改小火，田螺下锅后，再放入料酒、酱油炒匀，加盖焖三分钟即可出锅。这大概就是今天我们在"螺辣耳朵"吃到的炒田螺菜式了。三是把田螺肉与瘦猪肉片、菠菜一齐打汤，做法是将水烧开，按先田螺肉、后瘦猪肉片、最后菠菜的顺序下进锅里，

田螺姑娘
水墨生辰毛泽民

待汤滚开后起锅，撒上香葱段后即可上桌。田螺肉片汤有一种特别的清新味道，比纯粹的肉片汤要鲜得多。

在我成年走上工作岗位后，吃炒田螺的机会就很少了。当然，我做记者、美食评论多年，在餐馆吃饭几乎就是工作的一部分，上餐馆吃饭的次数是很多的。但是，由于传统的世俗偏见，以田螺为食材烹饪的菜式，总归上不了酒店的台面，稍有点规模和档次的餐馆，实在难以寻到田螺的踪影。我还算年轻时，偶尔会和朋友晚上夜宵吃大排档，大排档上有时会有炒田螺这道菜，每逢这样的机会，我往往吃一盘炒田螺是嫌不够的，要再加一盘。随着年龄渐长，去大排档吃夜宵的次数越来越少，美味的炒田螺与我渐行渐远了。

今天来"螺辣耳朵"吃了炒田螺，让我过足了田螺瘾，也算是重温了儿时旧梦，享受了儿时美味了，我免不了要为田螺说几句公道话：田螺肉质丰腴细腻，味道鲜美，清淡爽口，有"盘中明珠"的美誉。现代医学发现，田螺肉的蛋白质含量略低于瘦猪肉，而含钙量却高于其他畜肉、蛋类及鱼虾等。田螺肉含有丰富的维生素以及人体必需的氨基酸和微量元素，是现今注重养生的人们看重的高蛋白、低脂肪、高钙质的天然动物性保健食品。明朝的李时珍在《本草纲目》中说"田螺利湿热，治黄疸"，《本草拾遗》一书记载说田螺"煮食之，利大小便，去腹中结热"……也就是说，田螺不仅营养丰富，而且还有食疗的功用。

"螺辣耳朵"是武汉第一家以炒田螺为招牌菜飨客的餐馆，不仅如此，它还利用互联网的优势，使更多人能以手机点餐加物流配送的便捷方式享受炒田螺的美味。"螺辣耳朵"的出现，其意义在于让这些青年创业者在自己的创业之路上找到了精准的方向，还给包括我等在内的这些喜食炒田螺的食客，送来了享受美食的福音，其功莫大焉。

怪味烧饼，脱颖而出的烧饼明星

先后有几个在武汉小有名气的吃货，正经八百地告诉我一条食讯：汉口一元路的怪味烧饼很有个性，已经在吃货圈很"火"了一段时间。

当时我还不以为然，心想："不就是稀松平常的烧饼吗？武汉老城区哪个街头巷尾的犄角旮旯里，会少了一个卖烧饼的摊子？"

我们时常所见的烧饼摊子通常由两部分构成：一部分是用汽油桶改装的烘烤烧饼的炉子，炉子下面是一个手推车；另一部分是在木盒子上支起的一块案板，以作揉面团、擀面饼之用。炉子和案板的后面，永远站着一个操着淮北口音的烤饼人。上学的学生和沿街做生意的商贩，在中餐与晚餐之间，花上两三块钱，买个或甜或咸、状如鞋底的烧饼压个饿气，这种经常出现的场景，是武汉日常都市生活中司空见惯，甚至被我们熟视无睹的画面。

所以，听说怪味烧饼在武汉悄然成了明星烧饼，我就很好奇：烧饼这么普通便宜的小吃玩意，究竟会被弄出什么花来？

猴年春节前，我去参加汉口一元路附近一家企业的新春团拜会，这家企业离卖怪味烧饼的小店只有百十米距离。于是我提前从办公室出发，为的是在开会之前先去怪味烧饼店一探究竟。

这间开在汉口一元路和胜利街交叉路口的小店，其生意火爆的程度让我有些吃惊。毫不夸张地说，这家店子的所谓怪味烧饼是武汉时下卖得最火的烧饼。

做烧饼的是一对中老年夫妻。从他们制作的烧饼形状上看，亦属传统烧饼范畴，呈椭圆形，像皮鞋底。炉具与我们时常看到的桶状烤炉有异，是方方正正的铁皮烤炉，从侧边开膛门。为移动方便，炉底还装着两个手推车辘轳。但从口味上讲，这家的烧饼就非常有卖点了。怪味烧饼的制作工序相对复杂：在揉面时会刷一层自制的馅料，这样烤出来的烧饼会带有独特的香味；在擀制成型的饼皮上撒上芝麻，整齐地码放在铁板上，然后放入炉中烘烤。炉子里有两层，每层可以烤八个烧饼。烤上几分钟，能闻到阵阵扑鼻的面香味时，烧饼就可以出炉了。

刚出炉的烧饼色泽金黄，香气扑鼻，十分诱人。如果不熟悉怪味烧饼制作程序的人，大多以为这就是成品了。其实不然。怪味烧饼之所以怪，就在这烧饼出炉后的操作程序上藏有玄机：烤饼师傅根据顾客需要的口味，在刚出炉的烧饼上刷一层秘制的酱料，含芝麻酱、孜然粉、辣椒酱等，以形成不同口味。如果碰上喜欢更怪口味的顾客，烤饼师傅便趁着烧饼还热着，在饼面上撒上一层细白砂糖，让烧饼的余温融化部分砂糖，使之粘在饼皮上，然后切成长方块。如此这般，一份咸鲜香辣，还有点甜味的怪味烧饼就大功告成了。

怪味烧饼要趁热吃，口感脆脆的，有些烫嘴，味道咸里透辣、辣里带甜，孜然香和秘制的酱料香味混为一体，让人食欲大开，让人直呼吃得过瘾。

我去怪味烧饼店的时候，是下午两点半钟，等买烧饼的人早已排起了长队，在我的前面，排队的人大概有三十多位。排在我前面的是个戴眼镜的美女，看样子是个90后，据称是这间烧饼店的常客。她告诉我："从清晨到傍晚，这里永远都在排队，常常有人从武昌坐车到这里，排上半个小时的队，只为吃上一个烧饼。还有不少开着豪车、衣着拉风的帅哥美女，慕名而来买上十个八个，除了自己解馋，也为带回去在同事、朋友面前神气一回。这样跟你说吧，我们喜欢吃这里的怪味烧饼，就像追我们喜欢的明星！"

真是世事难料，烧饼这个在我们中国古老而平实的传统小吃，今天悄悄换了套马甲，居然成了时尚的吃食明星了？

烧饼在我国有久远的历史，到如今至少有两千年的传承。饼在古时，是谷物、粉面制成的食品的统称。杨雄在《方言》中说："饼，谓之饦，或谓之餦馄。"明代的谢肇淛在《五杂俎》中说："饼，面食也。"刘熙在《释名》中说："饼，并也，溲面使合并也。胡饼，作之大漫沍也，亦言以胡麻著上也。蒸饼、汤饼、蝎饼、髓饼、金饼、索饼之属，皆随形而名之也。"《饼饵闲谈》中说："饼搜糦麦面所为，或合为之。入炉熬者名熬饼，亦曰烧饼。入笼蒸者名蒸饼，入汤烹之名汤饼，其他豆屑杂糖为之曰环饼，和乳为之曰乳饼。"

据朱伟先生考证，中国最早的饼有汉饼、胡饼、蒸饼、汤饼四种，汉饼就是《饼饵闲谈》中所说的烧饼。这四种饼先有蒸饼，然后有汉饼、胡饼。胡饼据说是金日磾（西汉大臣，本来是匈奴休屠王的太子，汉武帝时归汉）归汉时带来的，因饼形如"大漫沍"，像甲鱼外壳之形，极似今天新疆地区常见的馕，且饼面上又有胡麻（芝麻）而得名。汤饼出现得最晚。

古时的烧饼，其实也包括了胡饼，之所以称胡饼，是因为烧饼的面上沾了芝麻（芝麻是从西域传入我国的作物，故称胡麻）而已。《齐民要术》上记有烧饼方："面一斗，羊肉二斤，葱白一合，豉汁及盐，熬令熟，炙之，面当令起。"古代的烧饼入炉烘烤后，与我们现在看到的普通烧饼的区别，是古代的烧饼无馅。

怪味烧饼，脱颖而出的烧饼明星

经过两千多年岁月的传承演变，烧饼现在在我国大江南北是个普及率相当高的吃食，只是各地的烧饼叫法各有不同，形状各异，也有无馅与有馅之别。无馅的烧饼居多，有馅的烧饼略少一些。烧饼在新疆地区叫馕，个头大概可称为烧饼之最。烧饼在北京叫火烧，是北京最常见的小吃。在长江流域的许多地方，烧饼也叫锅盔，形状像超大号的鞋垫。在淮北、河南、苏北地区流行的烧饼，状如鞋底，无馅，分甜咸两种。烧饼在武汉也称炕饼，做炕饼的师傅多来自淮北。个头最小的烧饼是安徽的黄山烧饼，状如豆腐泡大小，色如蟹壳黄，有馅，馅料多为梅干菜与肥肉丁的混合物，烘焙的方法与制作点心的方法相同，黄山烧饼便于贮存与携带，是徽州名食。

一元路的怪味烧饼，怪在对我们常见的烧饼的味型做了较大尺度的改良，传统烧饼只有咸甜两类，怪味烧饼除了咸甜基本味型之外，还有孜然、麻辣、甜辣等不同口味，满足了80后、90后消费人群喜欢独特口味的饮食消费需求。其实怪味烧饼也不怪，《齐民要术》中的烧饼制作方法与怪味烧饼是不是有异曲同工之妙？

一种被社会主流消费群体认同、追捧的食物，哪怕是历史悠久、朴实无华的食物，亦能够成为风靡一时的明星食物。这也证明，再传统的食物，比如烧饼，只要糅合更多的现代元素，也会重新焕发青春！

无声细下飞碎雪

　　我大概是沾了做美食评论的光，常常有机会出席各种酒店宾馆的高端宴席，对于以海鱼贝类切成生片蘸着调料生吃的刺身，譬如以鲑鱼（三文鱼）、鲔鱼（金枪鱼）、鲷鱼、比目鱼、鲣鱼、多春鱼、鲕鱼、鲹鱼、鲈鱼、鲻鱼、澳洲龙虾、法国生蚝、象拔蚌、帝王蟹、北极贝等海鲜为原料制成的刺身，经常有品尝的便利。

　　就武汉而言，刺身频频现身于市内各大酒楼宾馆宴席的餐桌，是近三十年才风行起来的饮食时尚。乃至于现今湖北境内的各个城市，但凡有点档次的酒楼宾馆的宴席上，刺身成了价格不菲宴席的标准配置。

　　现在很多年轻人都很喜欢吃新鲜的刺身。于是有年轻的朋友，尤其是去日本吃过寿司和生鱼片的朋友时常问我："刺身是哪一年从日本引入我们国内的？"我也不止一次地笑答："你把事情搞反了，要问，也应该是问刺身是哪朝哪代传入日本的才对！"

　　流行于现今城市高端食肆的"刺身"词汇，的确是从日本引入的外来词，但其"根子"却在中国。刺身在中国古代叫鱼生，亦称为"鱼脍"，在隋唐以后传入日本、朝鲜半岛。日本人经过一千多年的吸收、传承与演变，逐渐给源自中国的鱼生——"鱼脍"——披上了日本饮食文化的外衣，再冠以"刺身"之名由日本输出到世界各地。

所谓刺身是指鱼脍、鱼生、生鱼片之类的东西，是将新鲜的鱼和贝类生切成片，蘸调味料直接食用的菜品。关于"刺身"的由来，一直流传着这样一种说法：历史上日本北海道渔民在供应生鱼片时，由于去皮后的鱼片不易辨清种类，故渔民经常会割取一些鱼皮，用竹签刺在鱼片上，以方便大家识别鱼种。刺在鱼片上的竹签和鱼皮，当初被称作"刺身"。

刺身是日本料理中最具特色的美食，虽然被贴上了"日本制造"的标签享誉全世界，但它的发源地不在日本而在中国，甚至是中国古代常见的鱼类菜品。

根据记载，我国古代的刺身主要是淡水鱼的生鱼片，原因在于中国古代农耕文明的核心区域在中原地区，只有江、河、湖、沟、渠、池塘而远离海洋，所以水产品只有淡水的湖鲜与河鲜，海鲜少见。古代最早见诸典籍记载的刺身是淡水鱼的生鱼片，并以鲤鱼为食材制成的生鱼片为上等。据出土的青铜器兮甲盘上的铭文记载，周宣王五年（公元前823年），周军于彭衙（在今陕西白水县）迎击严狁，凯旋。据说大将尹吉甫私宴张仲及其他友人，主菜是烧甲鱼和生鲤鱼片。无独有偶，《诗经·小雅·六月》也记载了周军大胜，犒赏将士，庆功宴上有"脍鲤"这件事："饮御诸友，炮鳖脍鲤"，"脍鲤"就是生鲤鱼片。

千古圣贤孔老夫子是山东人，对吃生鱼片却是非常讲究的，席不正不食，而且"食不厌精，脍不厌细"。何谓脍？乃鱼生、肉生也。脍，《说文解字》中的解释是"细切肉"，就是切薄、切细的肉。《礼记》中有"脍，春用葱，秋用芥"的记载。《论语》中也有对脍等食品"不得其酱不食"的记述，故先秦之时，先民所吃的生鱼脍，是与以葱、芥末调成的酱一同食用的。中国几千年的饮食实践也证明，生鱼片与酱、葱、芥末等调料一同食用，不仅能保证食者的食用安全，而且可使鱼生与调料的味道相辅相成，美味绝伦。这种流传了两千多年的饮食习惯一直流传到现今,今天我们在吃各种刺身时,不管是以海鲜还是淡水鱼为原料制成的刺身,通常不都是要佐以芥末、生抽和米醋等一同食用吗?

历朝历代的文人骚客对鱼生喜爱有加,古人或记述或歌咏鱼生的文字,我们今天读来仍感活色生香。

三国时,曹植在《七启》中云:"蝉翼之割,剖纤析微。累如叠縠,离若散雪。轻随风飞,刃不转切。""诗仙"李白在《酬中都小吏携斗酒双鱼于逆旅见赠》中云:"呼儿拂几霜刃挥,红肌花落白雪霏。"诗圣杜甫在《阌乡姜七少府设脍戏赠长歌》中云:"姜侯设脍当严冬,昨日今日皆天风。河冻未渔不易得,凿冰恐侵河伯宫。饔人受鱼鲛人手,洗鱼磨刀鱼眼红。无声细下飞碎雪,有骨已剁觜春葱。"宋人苏东坡是美食大家,他的美食经历丰富,在《泛舟城南,会者五人,分韵赋诗,得人皆若炎字四首》中云:"运肘风生看斫脍,随刀雪落惊飞缕。"南宋陆放翁在《秋郊有怀四首》中云:"作劳归薄暮,浊酒倾老瓦。缕飞绿鲫脍,花簇赪鲤鲊。"

南北朝时,出现了金齑玉脍,这可能是中国古代生鱼片菜肴中最著名的。北魏贾思勰在《齐民要术·八和齑》中详细地介绍了金齑的做法。"八和齑"是一种调味品,是用蒜、姜、橘、白梅、熟粟黄、粳米饭、盐、酱八种料制成的,用来蘸鱼脍。元末明初的刘伯温在《多能鄙事》中详细记述了制作和食用生鱼片的过程:"鱼不拘大小,以鲜活为上,去头尾、肚皮,薄切摊白纸上晾片时,细切为丝,以萝卜细剁姜丝拌鱼入碟,杂以生菜、芥辣、醋浇。"这与今天广东顺德地区吃淡水鱼生的方法就非常近似了。

在中国传统的各大知名地方菜系的菜谱中,现在都有刺身菜色的身影,但制作刺身菜品的水平,我个人认为应以广东厨师为最高。甚至可以说,现在全国各地高档酒店盛行吃刺身，应该归功于广东厨师的大力推广。广东刺身厨师是全国各菜系刺身厨师的师傅。生食海鲜是广东人的传统饮食习俗，广东人嗜鲜成癖，在追求食材的新鲜和菜品原汁原味的道路上永无止境，而刺身恰恰是最能体现海鲜和淡水鱼鲜食材原味的烹饪方法。日本刺身的制作方法传到广东以后，粤厨就以兼收并蓄容的包容态度，结合广东的海鲜出产，制作了一批刺身菜品应市，受到食客的追捧，所以刺身能在广东菜系里占有重要地位也就不足为怪了。放眼望去，现如今全国各地知名大宾馆、大酒店的刺身厨师，几乎都由粤厨担任。如若不信，列位可以找个机会进到各大宾馆和大酒店的厨房，看看制作刺身的厨师是不是操着一口乡音浓重的广东话？

刺身与其他各种外地菜式落户湖北所走的路径一样，也是经过改良的。我在湖北各个城市酒楼饭店吃到的刺身，已经与湖北人普遍接受的味型相融合，蘸料多用芥末、生抽、米醋、芝麻酱等调制而成。常见的刺身以金枪鱼、鲑鱼、鲷鱼、比目鱼、鲣鱼、多春鱼、鲕鱼、鲹鱼、鲈鱼、鳎鱼，还有北极贝、帝王蟹、象拔蚌等原料制作而成，基本上是切成薄片，薄片下面垫放着冰雪，这种吃法与明代李时珍在《本草纲目》中记述的"凡诸鱼鲜活者，薄切洗净血腥，沃以蒜薤姜醋五味食之"的方法有所不同。按照烹调原理，刺身在4摄氏度以下时的口感最佳，把冰雪垫在刺身下面，可以在一段时间内保持刺身的最佳口感。在食用刺身时，增加了冰镇之法，使之味道更为鲜美，这也算是今人在古人制作鱼脍技术基础上的一个进步吧。

对我个人而言，每每吃刺身时，看到绿枝摇曳、花团锦簇的一大盘刺身菜肴上桌，薄片的刺身平铺于白皑皑的冰雪之上，我总会想起杜甫的诗句"无声细下飞碎雪，有骨已剁觜春葱"，有一种莫名的喜悦之情涌上心头。

乡情捶鱼面

> 贪食家乡食品，其实就是咀嚼童年。
>
> ——木心

人过中年，不管是出生在何处——偏僻的乡村还是繁华的城镇，也不管如今身在何处，在心灵深处，总会在某个不确定的时间或地点，莫名涌起说不清道不明的乡情。

乡情是什么？我们每个人都能体会，却很难用一两句话说清道明。但可以肯定的是，乡情是一种难以捉摸的思绪，似六月间天上流动的云朵，似苍狗，像奔马，像飞瀑，像群羊……虽然存在却缥缈难言。但我认为，乡情终究还是有形、有迹可循的，只要用心探寻，我们甚至能够拽住乡情"神龙见首不见尾"的"尾巴"——终生不改的乡音和童年特别偏好的吃食——拖出来看个究竟。

乡情与人的乡音有什么关系？唐人贺知章在《回乡偶书》中说："少小离家老大回，乡音无改鬓毛衰。儿童相见不相识，笑问客从何处来。"这首短诗，已然把乡音与乡情的关系吟咏出来，古往今来，但凡读过这首七绝的人，对于乡情的体悟，没有不感同身受的。

乡情与儿时的吃食又有什么关系？艺术大家木心先生说："贪食家乡食品，其实就是咀嚼童年。"按照人类感官记忆（视觉、听觉、嗅觉、味觉、触觉）形成的原理，一个人儿时形成的味觉记忆，将伴其终生且不会改变。木心先生的这句话，已然将乡情与儿时吃食的关系，诠释得非常清楚了。

我曾经说过，一个地方的特色美食，只有站在当地人的角度，才可能理解这款风味吃食为什么会被这个地区的大多数人喜欢。依这个逻辑，似乎也只有站在乡情的角度，我们才能够理解，在鄂东的黄冈、黄梅、红安、麻城、新洲地区，在那里生长的人们，为什么那么喜欢吃一种用红薯粉和鲢鱼、鲤鱼（或草鱼）、鲭鱼等鱼的鱼肉混合制成的"捶鱼面"了。

虽然这些地区，在地理位置上离武汉中心城区不算遥远，相距二三十公里到二三百公里不等，但在饮食习俗上，武汉和上述诸地却不在一个系统内，相去甚远。比如在上述诸地大受欢迎的捶鱼面，武汉人大多不甚了解，更不会嗜之如命，在市面上也难寻其踪。

以面粉与鱼肉糜制成的鱼面，我不陌生。早些年我在新闻媒体供职，每年去云梦县数次，去一次就会吃一次大名鼎鼎的"云梦鱼面"。云梦鱼面是用面粉及鲭鱼、鲫鱼、鲤鱼（或草鱼）鱼肉为主料制作而成的食品，是孝感一带的知名吃食。

与云梦鱼面不同，捶鱼面是用红薯粉与鲢鱼、鲤鱼（或草鱼）、鲭鱼等鱼的鱼肉混合制成，与云梦鱼面形似神异。比之云梦鱼面，捶鱼面食材以鱼糜为主，红薯粉为辅，口感偏重浓郁的鱼味，味道鲜香爽口；又经手工捶制，面条尤为筋道，久煮不烂不散，与通常说的鱼面大相径庭，似称作"捶鱼"更为贴切。

"捶"作为一种处理食材的方式，在浙江温州一带的菜肴中应用较多。温州方言称捶为"敲"，有"敲鱼""敲肉""敲糕"等名菜和名点，在江浙菜系中占有一席之地。湖北省东南的丘陵地带，如通城、通山、赤壁等地，也用"捶"的手法处理肉类食材。通山会用檀木槌捶猪肉片，再在肉片上裹一层红薯粉汆汤，称为"通山捶肉"，汤鲜肉嫩，美味绝伦。

回想起来，我认识并且第一次吃到捶鱼面，与我的报社同事——作家卢发生先生——的交往有关。

卢发生与我同一生肖，但大我一轮。卢先生是新洲仓埠（今为仓埠街道）人。仓埠是离武汉中心城区约六十公里的一个古镇，他在仓埠出生，并在那里生活了三十多年，在中年时调至武汉市区，与我成为同事。我们因脾性相投，又都热爱文学，所以相处甚欢。卢先生生性仗义好客，于是，一群"大龄文青"经常相约去他宽敞的私宅里喝茶聊天。聊到投机处，每每忘记了时间，到了饭点，一群人还不思离去，在卢先生乡音浓重的"入席便餐"的客气相邀声中，我们乐得就坡下驴地在他家蹭吃蹭喝。他家有些菜色在武汉全然没有见过，诸如把霉千张与毛豆米、瘦肉片一起汆汤，五花肉烧寡鸡蛋和五花肉烧捶鱼面等，都是仓埠的家常菜式，让我们这些武汉生、武汉长的城里人大开眼界。

所谓爱屋及乌，因结识了卢先生，我也就结缘了他的老家——新洲古镇仓埠。在后来的三十多年里，我先后去过仓埠四五十次。起先是随卢先生到仓埠看望他的母亲、结交仓埠的朋友，再后来——说出来也不怕人见笑——我多数前往仓埠的理由，是想去吃仓埠美食，饱饱口福打打牙祭。

在众多武汉不常见的仓埠家常菜里，捶鱼面特别让我念念不忘。除了它独特的味道，还因为以"捶"的方式处理食材的手法在武汉不算多见。更令人难以忘怀的是，制作捶鱼面的过程有一种很温馨的仪式感。

我在冬月间的仓埠看到过"捶鱼面"的制作全过程，印象深刻。二三十年前，仓埠的老住户，家家都备有做捶鱼面的木盘和木槌。木盘厚重，颜色古旧，大多是从祖辈那里传下来的。木槌用杂木制成，用檀木制成的更好，抡起来得有些分量。做捶鱼面时，将刚捞起来的活鱼处理好，以木

乡情捶鱼面

槌将鱼肉捶打成肉糜，然后混上红薯粉，添加些许清水，把鱼肉糜和红薯粉混合在一起反复揉搓，使鱼肉糜变白、富有韧性，亦使鱼肉糜和红薯粉充分结合，团成一个溜圆的红薯粉鱼肉糜团。再用擀面棍将其擀成薄饼，卷成筒状，放入铁锅之中，置大火之上，蒸熟、出锅摊凉、切片。最后放在大圆簸箕上晾晒，用不了几日，可当饭亦可作菜的捶鱼面就制作成功了。

为什么鄂东的黄冈、黄梅、红安、麻城、新洲等地会把鱼与红薯粉搭配在一起制作吃食？我猜测这恐怕与这些地区出产的农作物有关。这些地区多丘陵、坡地，土壤不算肥沃，不适宜栽种水稻、小麦等农作物，却极宜栽种红薯。鄂东丘陵地区出产的红薯，生食脆甜，熟食粉糯，一直在湖北省名头响亮。

当然，就算鄂东的红薯品质再好，也架不住一日三餐与红薯照面。久而久之，"见薯起腻"是必然的。中国人的生存智慧，有许多是体现在吃食上的。在长期的生活实践中，鄂东诸地的人们就把鱼与红薯混合起来，使用"捶"的处理方式，改变鱼的肉质纤维，将捶成的鱼肉糜与红薯粉糅合在一起，制成了有鱼肉的鲜美但无鱼之腥味的捶鱼面。我们在吃仓埠手工捶鱼面时，也可以体味得到，鱼的鲜香之下，红薯粉的甜香之气是遮掩不住的。不管是蒸、是烧、是煮、是煨，捶鱼面咀嚼在口中，总是滑溜爽润，既有嚼劲，又有微甜回味。

仓埠地区以往每到岁末年前，家家户户都会捶捣鱼肉糜，从街头到巷尾，木槌的敲打声此起彼伏，充满了烟火气息，令人心中倍感温馨。

现在，仓埠家家户户岁末年前制作捶鱼面的场景已经见不着了，大多数仓埠居民想吃捶鱼面，都会去超市购买成品。作为一个美食评论者，我庆幸去仓埠还能吃到手工制作的捶鱼面——仓埠山庄的民俗村，一直坚持纯手工制作捶鱼面。更为难得的是，他们选用红安县红薯磨成的红

乡情捶鱼面
孤涯生字

薯粉、从周边湖里捕捞的鲜鱼做原料，足料足工、费时费力地按照传统工艺制作。

这些年来，我在仓埠山庄多次吃过捶鱼面，煨汤、热煮、油炸、生炒、做火锅主食等吃法逐一尝试后，最为欣赏的是捶鱼面与肉汤同煮的做法。上周又去仓埠，在民俗村吃了用吊锅烹制的土鸡汤炖捶鱼面，喝一口农家小火慢炖的土鸡汤，再撂上一筷子沾着浓郁土鸡汤汁的捶鱼面，口感既绵柔又劲道，味道滑溜爽口，鲜劲满满，食后唇齿留香。

这次在仓埠，我又见到了卢先生。他在古稀之年，由中心城区迁居仓埠。我问他："一把年纪怎么想到要回归故里？小镇居家感受如何？"他答："住在仓埠的好处还真没细想。但这里的空气是甜的，吃到的黄瓜是甜的，对了，吃到的捶鱼面还是我做小伢时吃过的味道。"

我在心里赞叹，卢先生晚年把家安在故乡仓埠，是明智之举。他能够吃到贪食的儿时食品，咀嚼久远的童年来大大慰藉乡愁，也是幸运的。他的幸运其实也极大地方便了我：一旦我犯了想吃仓埠捶鱼面的馋劲，也无须犹豫，直接驱车去仓埠找到卢先生，一定能得偿所愿。

臭羊肉，『腐败』的美味

如果对武汉人做一项饮食习惯的调查，问："羊肉放臭了，还能吃吗？"

得到的答案，估计十之八九是"不能"。

武汉人的答案对不对呢？我的结论是，又对又不对。

什么意思呢？

以武汉中心城区居民的饮食习惯论，答案没错。因为武汉民间自古有"臭鱼不臭肉"之说。意思是，鱼虾之类臭了，可食；而猪、牛、羊、鸡、鸭、鹅等肉类臭了，食不得也。一般的肉类只要是放臭了就不能吃，煮起来会越煮越臭，保不齐还会有毒。所以，武汉人认为，猪、牛、羊、鸡、鸭、鹅等肉类，最好在新鲜时食用。过季、错时的吃法也有，但多是将肉类腌渍、烟熏，进行保质处理后再食用。及至现在，每年冬至时节，城市居民们仍会腌肉腌鱼，待过年或开春后食之，就属于过季食肉的例证。

但扩大范围来看，大多数武汉人的答案又不对。现实情况是，武汉远城区新洲区的阳逻、仓埠、汪集、邾城一带，就有嗜食臭味颇重的"臭羊肉"的习俗。多少年过去了，也没听说因吃臭羊肉中毒进医院的例子。每年入冬后，对臭羊肉情有独钟的新洲人，若没吃到臭羊肉亦臭亦鲜的独特味道，便会怅然若失，吃其他食物时大有食之无味、味同嚼蜡之感。令我百思不得其解的是，新洲地区百姓嗜吃臭羊肉的饮食习惯，只是一个个案。我没有找到相关的资料，无法考证其习俗源自何时，也不知其为何流行。

新洲离武汉不足一百公里，是武汉下辖的一个远城区，位于武汉市东北部、大别山余脉南端、长江中游北岸，东邻黄冈市团风县，西接武汉市黄陂区，南与武汉市洪山区、鄂州市华容区隔江相望，北与红安县、麻城市毗邻交错，为武汉东部门户。但若从湖北省饮食风俗来看，武汉中心城区与新洲分属两个系统：武汉为汉沔风味系统，新洲为鄂东南风味系统。汉沔、鄂东南风味系统的基本味型大致相近，均以咸鲜为主，但差异也比较明显，比如：武汉中心城区居民即使再喜欢有臭味的菜，闻着臭羊肉都会掩鼻，但阳逻、仓埠、汪集、邾城一带的人却趋之若鹜，奉之为人间至味。不仅如此，阳逻、仓埠、汪集、邾城一带的人还喜食臭腐乳、臭皮子（霉千张）、臭鳜鱼等"腐败"的美食，皆不厌其臭，用"无臭不欢"来形容这些地区人们的饮食习惯，不算过也。如果按照餐饮业对菜品基本味型的分类，我对上述地区居民将食材"臭化"处理，以"臭鲜"总结之，恐怕也不算"离题万里"吧？

我熟悉的新洲仓埠古镇上的居民，不少人以臭羊肉、臭皮子为人间美味，许多人冬至时节便在集贸市场上购回大别山上放养的整头或半边山羊肉、羊腿，稍稍洗过后即挂在空气流通而阳光晒不到的屋檐下晾着，在他们心目中，此为营造过年氛围的第一要素。在仓埠长大的孩子，每个人都有这样的认知：每到大人大方地买回羊肉，往屋檐下一挂的时候，就意味着新年近了。这时，孩子们心里的小算盘拨拉得飞快：再等上十天半个月，就有让人垂涎的臭羊肉可吃啦！

仓埠人大多嗜吃臭羊肉，仓埠的煮夫主妇们都无师自通地学会了一手烹饪臭羊肉的手艺。做年夜饭或要待客时，仓埠人便将颜色酱紫的臭羊肉从屋檐取下，切成麻将牌大小的块状，用淘米水浸泡一夜，让紧缩的羊肉发胀舒展。烹饪臭羊肉时，先将锅置灶火之上加热，随后倒入些许食用油，放入大蒜、辣椒、生姜煸香；加入备好的羊肉块入锅翻炒，然后一次性加足清水，盖上木锅盖，改用小火炖煮两三个小时。在炖煮过程中适时添加花椒、八角、辣椒、盐、味精、料酒等调料调味，再加入切成滚刀状的白萝卜或胡萝卜，待汤汁浓稠、萝卜软糯、羊肉骨酥皮软，透出的臭味亦不再明显时，即可起锅上桌。这一大锅连骨带汤、吃起来仍略有臭味（大部分人都可以接受）的新洲地方美味臭羊肉，总能令仓埠妇孺大快朵颐，直到吃得肚儿圆圆才肯停箸。

从不接受到认同"腐败"美食臭羊肉，我经历了一个过程。

二十余年前，我在一家新闻单位供职，去新洲县（现为新洲区，1998年撤县设区）的机会不在少数。有一年的冬天，我与报社一个同事结伴去新洲采访。那时新洲接待各媒体的对口单位是县委宣传部新闻科，到了午间饭点，新闻科的负责人招待我们去一家餐馆吃饭。当我撩起门帘、一脚跨进餐馆，从大堂迎面扑来一股如臭腐乳似的气味，差点把我熏倒，我不由得掩鼻，屏住呼吸，问服务员："什么东西这么臭？你们怎么东西坏了还卖给顾客吃？"

服务员一听我的口音，知道我不懂，笑笑说："这是我们新洲特产'臭羊肉'啊，闻起来臭，吃起来香得很咧！不信，你等下尝尝就知道了。"

我们分宾主落座。客随主便，点菜的一应事务，当然都由新闻科的负责人包揽了。他是土生土长的新洲人，对如何以新洲特色菜招待外来宾客了于胸，所点的鱼肉菜蔬中，少不了有一砂锅臭羊肉炖萝卜。

当服务员端着一锅热气腾腾的臭羊肉炖萝卜上桌时，砂锅里冒出袅袅热气，沿途散发出一股虽不刺鼻却感受得到的似鞋臭一般的味道。臭羊肉

臭羊肉，"腐败"的美味

上桌，我磨蹭着不肯伸筷子，心想："这么臭的羊肉能吃吗？"

新闻科的负责人大概看出了我的怀疑，说："其实臭羊肉与臭干子是一个道理，'闻起来臭，吃起来香'，而且吃起来鲜，我们新洲人就好这一口。你们入乡随俗，试着尝尝我们的本地特产吧！"

我将信将疑地夹起一块羊肉，用鼻子嗅嗅：确有微弱的臭味，但山羊具有的膻味经调料调和，已完全没了，却保留了羊肉的香味。看看羊肉，色呈绛紫，油亮诱人；入口食之，肉质松酥，柔嫩滑润；舀一勺汤汁，汁液浓稠，异香缠绵，颇有回味。臭羊肉的鲜美滋味，盖过了其他菜色之美味。这一餐吃下来，臭羊肉"臭肉不臭味"，"闻起来臭，吃起来香"，吃起来鲜，给我留下了深刻印象。

我打从心里接受了臭羊肉的味道，什么时候去新洲，总有想吃臭羊肉的冲动。这些年，我每年去新洲尤其是仓埠的次数不少，不管是何季节，我每次去仓埠都能在一个叫"仓埠山庄"的农家庄园吃到臭羊肉，节令适当的时候就不说了，即便不是当季，"仓埠山庄"也有办法"臭化"羊肉——仿照制作臭鳜鱼的办法：将山羊肉买回，稍稍洗涤，裹上食品薄膜，放入冰箱中，让羊肉捂在薄膜中发酵，待羊肉表面起涎、稍有臭味、已见"腐败"之势时，即从冰箱中取出羊肉，晾在通透阴凉处阴干。如此这般，不管春夏秋冬四时八节，顾客若想吃臭羊肉了，点上一份，炖上一锅即可。

实话实说，我每年多次去仓埠，除了有正经事要办外，也有经受不住包括臭羊肉在内的当地特色美食"勾引"的原因。但客观地说，不是冬至节气在仓埠所吃到的臭羊肉，其味道比冬至吃到的要稍稍逊色。但转念一想，不是当季也能吃到臭鲜美味的臭羊肉，该知足了！俗话说，"少得不如多得，多得不如现得"，有，毕竟聊胜于无啊，夫复何求？

督军炒鸭

　　我有一个朋友在武昌开了一家精致家常菜会所，用餐的客人以新洲的阳逻、汪集、仓埠人为主，朋友跑到汉口请我喝茶，问我："该用什么样的新洲特色菜飨客？"

　　我想都没想就答道："上'汪集鸡汤'和'督军炒鸭'，肯定适销对路。"

　　我的语气坚定，这倒不是因为我盲目自信，而是因为我心里的确有底气。

　　有一段时间，我因工作需要每月都要去几次新洲的徐古镇，从武汉到徐古镇的路途中必须经过新洲的另一个街镇——汪集，而汪集有两款美食地标菜式扬名荆楚——汪集鸡汤和督军炒鸭。

　　我去徐古镇每次都是早早起床，七点不到便从家里出发，到徐古镇上办完事也不耽搁，即刻返汉。回汉途中经过汪集时，正好是中午饭点。我们一行人也不用人指引，便习惯性地把车子往"米筛湖"酒楼门前一停，在酒楼中找张桌子坐定，也无须仔细看菜单，便嘱咐服务员快上四菜一汤：一罐汪集鸡汤，一大盘督军炒鸭，一碗柴火烧老豆腐，一盘清炒时蔬，一盘青椒炒土鸡蛋。我们每次用餐都把一盘油汪汪的督军炒鸭吃个底朝天，而且嫌一罐鸡汤的分量太少。一行人酒足饭饱后，拍拍撑得溜圆的肚皮，这才心满意足地打道回府。

　　作为一款早就在武汉餐饮市场享有盛名的汤馔，

武汉本地的好吃佬大概无人不知汪集鸡汤，我亦有所涉笔，所以本文也就不用再去唠叨汪集鸡汤，只是说道说道好吃佬们可能有些生疏的督军炒鸭。

从名字上看，督军炒鸭非常"高大上"，其实它乃地道的新洲汪集乡下的农家土菜。如果我说出督军炒鸭的另一个名字"陶河炒鸭"，或许大家会有恍然大悟之感："哦，原来就是它呀，早有耳闻！"当然，陶河炒鸭，为什么被称为督军炒鸭，这里面有个故事。至于是个什么故事，且容我后面再讲。

汪集能够诞生美食地标菜督军炒鸭，不是偶然的，确有其必然性。

我们知道，凡是美食地标菜，都有一些相同的要素：好地方出产的好食材、独特的加工方法、久远的历史传承、丰富的营养和独特的口感，诸多要素缺一不可。如果这款美食地标菜传播的范围足够广泛，其中必有一个或几个故事或传说……督军炒鸭的形成与流传亦不例外。

位于新洲区腹地的汪集是个好地方。上天对汪集格外关照，这里属于亚热带季风气候，四季分明，冬冷夏热，温润宜人，年平均日照时数为1900小时左右。这样优越的地理条件，有利于生物生长繁殖，所以汪集的生物种类较多，资源丰富，尤其是水资源极其丰富。新洲区内最有名的河流——倒水河——穿境而过，还有涨渡河、米筛湖等河流和湖泊。沧海桑田，地质变化，使往昔湖底的淤泥裸露于地面，成为"种上一根木棍就能长出一驾马车来"的沃土，适合种植水稻、棉花等农作物。汪集有波光潋滟的米筛湖、涨渡湖，星罗棋布的沟渠塘堰，稻禾翻滚的青绿秧田，这里水丰草盛，鱼虾丰饶，田螺众多，所以湖区汪集自古就是鱼米之乡。当地人在种禾种稻之余，利用当地水草丰美的自然条件，多将麻鸭或花鸭散养于大湖小堰，以增加收入。这些家养的鸭子以小鱼小虾、螺蛳谷物为食，体形不胖不瘦，肉质松紧适度，以此种散养的土鸭为食材，无论用烧煨炖煮哪种烹饪方法，都能做出美味鸭菜。

汪集的夏季有独特一景。此时骄阳似火，离汪集不到 70 公里的武汉中心城区，正遭受"躺下就是铁板烧"的酷暑煎熬，而在汪集的米筛湖、涨渡湖周边，这些被当地农民俗称麻鸭品种的鸭子，一群群悠游在倒水河的河滩和各个湖泊、池塘、稻田的水草繁盛处，它们戏水、啄食，自在快活。看到这幅图景所体现的闲适的乡间生活，不能不让城里人心生羡慕之情。

俗话说，靠山吃山，靠水吃水。汪集地区农户普遍养殖的麻鸭，为农民餐桌上增添了可口的菜肴。乡里人家，但凡临时来了客人，即使没有做好上集镇割肉待客的准备，能干的农妇们也不至于慌了手脚。她们麻利地在自家菜园里摘了当季的蔬菜，从厨房的屋梁上取下去年冬至时腌制的腊肉、腊鱼，再去鸭舍里捉一只养了将近一年的麻鸭，将鸭子杀了，把鸭毛拔净，切去鸭爪、翅尖，从鸭腹处剖开，掏出鸭内脏，把鸭剁成寸方的肉块。将鸭肉块在井水中浸泡片刻，洗干净后沥干，再用酱油、盐等佐料腌制两小时左右。点燃土灶，烧热大锅，舀一瓢当地出产的菜籽油和棉籽油混成的食用油，下大块生姜、辣椒煸炒，再把剁成块状的鸭肉下锅，加入蒜瓣和少许白酒，稍稍翻炒。待焙干鸭肉的水分后，一次加足水，再加酱油，点几滴陈醋。此时不宜用大火，改由小火慢炖，隔一会儿用锅铲翻炒，让鸭肉块在锅内散开，使其最大限度地均匀受热。约炖至四十分钟，当厨房内满是鸭肉香，鸭肉呈油汪汪的亮色时，再把灶火拨旺，用大火收汁。这时让人看一眼便生食欲的土灶炒鸭，就可以出锅上桌飨客了。有炒鸭撑台面的一桌荤素兼备的生态农家土菜，绝不会给来客轻慢之感。

在汪集的乡下，在米筛湖边，几乎每家"煮夫煮妇"对烹饪炒鸭都很在行，因此，这片地区非常流行吃炒鸭的饮食风俗。逢年过节，或者乡下人家碰上添丁进口、有人过寿、婚丧嫁娶的大事，必请客摆宴席，酒席之上，

督军炒鸭

都不会少了炒鸭菜肴的身影。据资料显示，清代乾隆年间，仓埠汪集（清代汪集属黄冈县仓埠镇辖）就兴养殖麻鸭，资料上说，由于汪集地区的麻鸭长年放养在湖里，以食鲜活鱼虾、贝类及田螺为主，还有脆莲嫩菱等为辅食，所以汪集地区的麻鸭体型大、肉质嫩，富含丰富的营养物质，为乡下人家所喜爱。

汪集地区的农家土菜炒鸭能够像现在这般名动荆楚，其实得益于一个北洋政府时期大佬的无意推介，这个大佬便是生在汪集萧家大湾、长在萧家大湾，北洋政府时期在湖北当了五年省长的督军——萧耀南。

1875 年，萧耀南出生于黄冈县孔埠镇米筛湖畔的萧家大湾（今属武汉市新洲区汪集街），北洋政府时期，曾任第二十五师师长、湖北督军、两湖巡阅使、湖北省省长等职。

年轻时，萧耀南曾两次参加科举考试，中了秀才，所以日后他执掌湖北军政大权，当了封疆大吏——湖北督军、两湖巡阅史、湖北省省长后，时人把他与同是秀才出身的北洋大佬吴佩孚并称为"秀才督军"。史料上说，萧耀南为人谦和，善于委曲逢迎，有心机，也会使手段，能笼络各方为己所用。萧耀南在任湖北督军期间，血腥镇压了"二七"工人大罢工，也不乏重乡情、回报乡梓的善举。

升官、发财，自古连成一体。"秀才督军"萧耀南当然也发了大财，会吃、好吃的萧督军最为擅长的，便是以不同名目摆酒请客，在推杯换盏、觥筹交错间，不动声色地达成自己的目的。

1921 年 8 月 9 日，北洋政府任命吴佩孚为两湖巡阅使，任萧耀南为湖北督军。萧氏发达后，除了在老家萧家大湾大兴土木，建起了前后两进、有长廊连接的豪华府邸——萧公馆，还在汉口一元路昌年里口左侧建造了一座中西合璧的三层洋楼——督军府。相传，萧耀南是个美食大家，天底下的山珍海味吃了个遍，但他最为钟情的菜式还是来自家乡的炒鸭。于是，他在汉口督军府宽敞的厨房里，让管家布置了数口烧煤的炉子，还砌了几口土灶。家厨班子中不仅有在汉口大餐馆拜师学艺的专业厨师，而且还有从萧家大湾带来的乡间厨子，专业厨师做淮扬、京津大菜，乡间厨子则专门做包括土灶炒鸭在内的萧氏家乡菜。

当年萧耀南权倾一时，汉口一元路的萧公馆门前，每日里轿车、马车排成长龙。萧公馆的宴会厅，每日宴请不断。凡招待到湖北视事的京官，或者来汉阳兵工厂购枪的买家，再或者萧耀南找来议事的心腹爱将，萧耀南采用的办法相同：在家摆开八仙桌，宴请八方来客，而且逢席必上炒鸭。每次在席间，萧氏操着一口鄂东乡音不遗余力地盛赞炒鸭美味至极，各类入席捧场的官员、商人，要么出于阿谀奉承，要么真的吃得很对口味，总之是众口一词地对这道萧氏最爱的炒鸭赞誉有加。乃至萧氏在湖北掌权的五年间，在湖北官场为官者，莫不以能吃到萧家的炒鸭为荣，并以吃到萧氏炒鸭的次数暗喻萧督军对某位属下的宠爱程度。吃萧氏炒鸭次数多者，升官发财；吃萧氏炒鸭次数少者，怨天尤人。久而久之，来自米筛湖边萧家大湾的农家土菜——炒鸭，在湖北官场声名远扬，官员私下里就把汪集乡下的炒鸭叫成了"督军炒鸭"。

造化弄人，不管萧耀南再怎么工于心计，"套路"再深，肯定也想不到他还能为家乡的美食炒鸭，做了行之有效的义务宣传工作，而且宣传的效果极佳，他成了让家乡的炒鸭成功走向外埠的重要推手。

当然，作为一款菜肴，有故事、有传说非常重要，但首要的一条则是好吃，所谓美食的色香味形器意养，味当列第一位。我多次吃过汪集镇上"米筛湖"酒楼的督军炒鸭，这款菜肴以米筛湖散养的农家土鸭为食材，在大土灶上架铁锅，以柴火作燃料，用大火炒，小火油焖，成菜时，色泽油亮，但不油不腻，非常好地保持了鸭子的本味。督军炒鸭不愧是该酒楼的招牌菜式，不管是当地请客的主宾还是途经汪集的路人，凡在酒楼落座，几乎每桌都会点上这道"督军炒鸭"。以我之见，陶河炒鸭、汪集炒鸭、督军炒鸭，不管怎么命名，其实都不会改变其家常菜的本质属性。生活经验告诉我们，家常菜式有易学易做的特点，容易被食客喜爱并经得起岁月的检验。

北宋范仲淹说过，常调官好做，家常饭好吃。乡土风味的督军炒鸭能够俘获许多人的味蕾，也印证了范仲淹所说不假，经得起历史长河的淘洗。

百年汤包『四季美』

你知道下面这几句话的意思吗？

"轻轻提，慢慢移；开个窗，缓缓吸……"

如果我不说破，或许这几句话会让你云里雾里不知所云。但对那些常去"四季美"吃汤包的"好吃佬"而言，回答这个问题实在没有难度：这不就是吃"四季美"小笼汤包的规范步骤吗？也就是有经验的食客吃汤包的标准之法：先用筷子夹住捏制汤包时捏出的鲫鱼嘴似的包子口；用筷子轻提轻抖，以此检验汤包皮是否擀得边薄中间厚、试试汤包皮的柔韧劲道程度；动作徐缓地将汤包移进装有生姜、生抽、陈醋的味碟，若操之过急，会让皮薄馅多的汤包在移动过程中破皮流汁；轻轻咬破汤包的表皮，豁出一个缺口，让滚烫的热气从缺口中散发出来，以免吃汤包时烫嘴；然后噘起嘴唇慢慢吸尽汤包里面的汁液，最后再吃汤包的表皮和肉馅。

唯有如此，才能真正领略到"四季美"小笼汤包的鲜美滋味，才能体会到"中华老字号""四季美"何以能在将近百年的汤包经营中成为武汉餐饮行业的翘楚，并成就"汤包大王"钟生楚、徐家莹和数位白案烹饪名师。

我一直持有一个观点：作为一种从下江引入武汉的小吃品种，汤包能在三镇扎下根来，且在武汉小吃之林中占有一席之地，甚至在湖北全省"开花结果"，其间，专司汤包经营的"四季美"功不可没，其地位堪比"蔡林记"之于热干面,"老通城"之于三鲜豆皮,"谈炎记"之于水饺(武汉人称馄饨为水饺)。或可这样说,由于"四季美"从 20 世纪 20 年代初至今的近一百年间,历经烽火硝烟、社会变迁、改革开放等不同历史阶段,却依旧不忘本,一门心思放在汤包技术的学习、改良和店铺的经营上,才使得汤包这个清末由江苏流传至武汉的小吃品种能在此地生根、开花、结果,甚至现在能挺直腰杆,作为一张风味独特的小吃名片,承担起展示武汉这座特大城市厚重饮食文化的重任。

熟知"四季美"发展轨迹的"老武汉"都知道,这是家有故事、有传说的餐馆,其汤包也是一款有故事、有传说的吃食。

1922 年,汉阳(今蔡甸区)人田玉山在汉口花楼街的交通巷侧巷创立了"四季美"(多称为"老四季美")汤包馆。田玉山颇有经营天分,14 岁就以 10 串铜钱的本钱摆开小摊卖牛杂碎;15 岁改卖水果,只用了五六年时间,便自称为"王",在摊点挂上了"水果大王"的牌子;之后又将经营水果改为经营小吃:春炸春卷,夏卖冷饮,秋炒毛蟹,冬做酥饼。一年四季都有受街坊邻居喜爱的吃食供应——"四季美"店名由此诞生。

1927 年,开在花楼街约三十平方米的"四季美"店铺经营转型,主营汤包,兼制各种汤面、煨汤、软拖黄鱼、花三鲜等江浙菜点。田玉山先后从南京请来徐大宽、张老六、李干庭等白案名厨,准备专门经营小笼汤包。小笼汤包原本是江苏镇江一带的著名小吃,1861 年汉口开埠,涌入汉口做生意的江苏人猛增,汤包也随之传入汉口。在当时,仅汉口一地就有数家江苏馆子经营镇江汤包,直至"四季美"正式加入汤包经营竞争的行列中来。

"四季美"小笼汤包真正成为武汉著名风味小吃,还是名厨钟生楚坐镇"四季美"以后的事了。1956 年"四季美"发展成为酒楼经营模式,其门店地址迁至汉口中山大道与江汉路交会处,一改窝在陋巷狭小门店经营的格局,在气派非凡的四层楼居中"大展拳脚","四季美"由此旧貌展露新颜。

钟生楚综合了"四季美"几个前辈厨师徐大宽、张老六、李干庭等制作汤包的经验,又根据武汉人喜咸重油的口味,在传统的镇江汤包做法上,加以改革创新,并形成严格的汤包制作标准。他制馅讲究,选料严格,须先将鲜猪腿肉剁成肉泥,然后拌上肉冻和其他佐料,包在薄薄的面皮里,上笼蒸熟。肉冻成汤,肉泥鲜嫩,七个一笼,食之则佐以姜丝酱醋,滋味异常鲜美。为了满足不同顾客的需要,"四季美"的汤包品种陆续发展出三鲜、虾仁、蟹黄、香菇、鱿鱼、海参、甲鱼、鸡茸等多种口味,并成为具有武汉地方特色的风味饮食产品。钟生楚因而成为三楚遐迩闻名的一代"汤包大王","四季美"也当仁不让地成为武汉汤包经营的领导品牌。"四季美"小笼汤包不仅是受大众欢迎的风味名食,也是宴会上的美味佳肴。不仅国人从四面八方纷至沓来,外国友人也慕名而至,日本友人向井芳树吃过"四季美"小笼汤包后,盛赞有加,称其为"天下之绝品"……

能够成就百年老字号的金字招牌,仅靠一两代人的努力显然不够,还需要一代又一代人不断地将其发扬光大,才能使其品牌魅力不减、熠熠生辉。

时代向前发展,"四季美"把传承品牌、发扬光大的接力棒,郑重地交给了现在的"汤包大王"——徐家莹——手上。

徐家莹是1983年钟生楚所收的关门弟子。在现在这样一个社会飞速进步、市场繁荣、生活节奏加快、消费水平不断提升的时代背景下,如何光大师门绝技? 如何延续"四季美"的辉煌历史? 徐家莹的做法,总而言之是"传承而不守旧,创新而不忘本"。她秉持"四季美"传统技艺,还是在汤包的品质上下足功夫,让"四季美"的经营回归市场。经她之手的"四季美"是变化多样的,开创了品种齐全、花色各样、应有尽有、尝不胜尝的喜人局面,满足了中外顾客不同口味、不同消费水平的需要,使传统的一品、一馅、一味、一形汤包有了多品、多馅、多味、多型的风味特色。如馅料品种由过去单一鲜肉,改为鲜肉、香菇、鱿鱼、财鱼、海参、蟹黄、甲鱼、鸡茸、虾仁、雪菜和时鲜蔬菜等不同的馅料;而汤包的外形则发展出金鱼、企鹅、花轿、秋叶、五色、五叶等十八种;其味有鲜、咸、甜、麻、苦、辣、怪等八种;汤包价格有高、中、低三种档次。

自古以来,小吃在正式的宴席中充当的角色,是配角绿叶而不是主角红花,徐家莹却给小吃正了一次名:让汤包堂而皇之地出现在宴席之上并担任主角。她首创汤包筵席,就是让汤包"唱主角",其他热菜、饭菜、汤馔、酒水当配角。这一创举,很快为广大顾客欣然接受。食客赴汤包宴席,即能吃到不少于十二种味型的汤包,且汤包与南北菜肴风味相辅相成,能让食客收获别样的美食体验。

正如《故宫的古物之美》的作者祝勇所说:"被封为'遗产'的文化,是死的文化。因为只有死者,才能谈得上'遗产'。只有把文化交还给日常生活,文化才能活回来……"近些年,国家高度重视非物质文化遗产的继承与发展,不同级别的"非遗"评定工作开展得有声有色。而各级"非遗"评定机构对"非遗"项目有一个硬性要求,那就是"谱系清晰,活态传承"。作为武汉市非物质文化遗产项目的传承单位——"四季美",就是把文化交给了日常生活,不仅是"活态传承",而且鲜活出彩,实在让人额手称庆。

如今,"四季美"在武汉著名的美食聚集区如吉庆街、户部巷、万松园雪松路等地都开有分店。去年的盛夏,我随中央电视台财经频道节目组在

雪松路"四季美"店里拍摄《中国宵夜总攻略（武汉篇）》节目素材，到了晚餐饭点，我提议说，为节省时间，晚饭就在店里吃汤包。编导们也都同意我的提议。于是，摄制组全体人员点了鲜肉、香菇、鱿鱼、财鱼、海参、蟹黄、甲鱼、鸡茸、虾仁、雪菜等不同馅料的汤包，七七八八摆满一大桌，然后搁上姜丝、生抽、陈醋味碟，严格依照店面墙壁上贴着的汤包"食经"——"轻轻提，慢慢移；开个窗，缓缓吸；吃肉馅，咬包皮"——的步骤，专捡自个儿喜欢的馅料汤包下口。我依次吃了鲜肉、香菇、海参、蟹黄几个汤包。其外形相似，皮薄如纸，做工讲究；馅料各不相同，鲜香之味，一阵阵扑面而来，煞是诱人。几名编导都是北方大汉，经年累月在全国各地拍摄各色美食，算是见过大阵仗、大世面的人，此番吃过"四季美"汤包后，也发了一声感叹："汤包百年'四季美'，曲高和不寡，历久而弥新，不是浪得的虚名，确实是怀有绝技啊！"

我深以为然，忙不迭地连连点头。

汤稠味鲜『糊汤粉』

我曾对采访我的记者说过，若论武汉"过早"品种的丰富性、风味的独特性，倘不提及武汉人嗜吃的米粉、不谈及鱼鲜味十足的"糊汤粉"，那所谓"丰富"与"独特"就无从谈起了。

据我有限的了解，全国各大城市，恐怕还没哪个城市的居民能像武汉居民这样，把吃早餐当成极重要的一件事。武汉人把吃早餐叫"过早"。何谓"过早"？即给吃早餐赋予一种仪式感，或曰摆起了阵式、"扎起架子"来吃早餐也。中国人把在春节期间吃、喝、祭祀、串门、探访亲友、娱乐等诸事统称为"过年"，体现的是百姓在这段时间过日子的态度有别于平常，有一种只可意会不可言传的正式"范儿"。武汉人把吃早餐的仪式感与"过年"的仪式感相比，体现出当地人对吃早餐的重视态度。

武汉丰富的早餐品种也值得当地人对"过早"加以重视。1984 年出版的《武汉小吃》（武汉市饮食公司编，湖北科技出版社出版）一书，搜罗了 190 款小吃，而其中八成以上的品种，在现今遍布三镇的小吃店、小吃摊上仍然能买到。在我看来，武汉小吃品种虽多，但最具大众特色、价廉而物美者，当数热干面与米粉无疑。我们若做统计就可发现，百分之八十的武汉人每日早餐必定"照面""亲热"的，当是面和粉。至于是吃面多还是吃粉多，我的观察，大概也是"半斤对八两"、平分秋色吧。

面在秦岭以北各个城市的早餐市场占有绝对的统治地位，到了武汉，却交出了一半统治权给了米粉。原因无他，因武汉位于秦岭淮河以南，且盛产大米，又为南北饮食文化交融之地。自古南方人吃米，北方人吃面，一个地方的物候决定了物产，物产决定饮食习俗。所以在湖北以南的诸省，米粉皆为百姓早餐的当然主角。湖南的常德米粉、云南的过桥米线、南宁的八珍粉、桂林的螺蛳粉、广州的炒河粉等，皆是从万千小吃品种中脱颖而出的翘楚。南方巨大的米粉生产量与消费量，形成了颇有南方特色的"米粉文化"。我有一个有趣的发现：一个城市米粉制作的精细程度，似乎与其纬度位置有某种关系，纬度愈低的城市，米粉制作的精细程度愈高。

武汉人"过早"吃米粉的习俗，由来已久。清道光年间的叶调元在《汉口竹枝词》中记道："三天过早异平常，一顿狼餐饭可忘。切面豆丝干线粉，鱼氽圆子滚鸡汤。"这个"干线粉"即指米粉。因为武汉人吃米粉，并不在意米粉是现做还是制成干粉条后再经水发，所以百姓才把常吃的须再次泡发的米粉称为线粉（现在更多称细粉），武汉话中把用来做菜打汤的豌豆粉丝也称"线粉"，但"过早"所吃豌豆粉丝者较为少见。

实话实说，武汉人虽爱米粉尤深，但每天过早"照面"的，也就只有宽粉（横截面为扁四方形，一指宽窄）和细粉（横截面为圆形，圆形粉条又分粗细两种，水发后，粗如中号毛线者叫粗粉，更细的一种称细粉），品类远谈不上丰富。且无论是其制作的精细程度还是口感，相较于湖南米粉、广东米粉，差距尚大。现在每天"过早"摊上售出的宽粉和细粉，大多由来武汉淘金的湖南人在城市郊区的作坊里生产，每日凌晨四五点钟，便用汽车将半成品米粉配送给无数个下粉的"过早"摊子，然后由数以十万计的下粉工用竹篾捞子、铁丝捞子将粉烫熟，再入成百上千的不同年龄、不同性别"过早"吃粉者的口腹。

那么，武汉的米粉就无甚特别了吗？非也！武汉有一种叫作"糊汤粉"的米粉，以其独树一帜的风味，为武汉不太出彩（相较于湖南与广东等地）的米粉争得了光彩。

何谓"糊汤粉"？就是在一碗细圆粉里佐以羹汤，这羹汤不是清汤，不是肉汤，不是牛肉、羊肉汤，而是糊糊状的鱼羹。这种由糊状鱼羹与细圆米粉组合而成的小吃，在武汉的方言中叫作"糊汤粉"或者"鲜鱼糊汤粉"。"糊汤粉"的"粉"与普通的细圆米粉虽无区别，但其糊汤臊子却与众不同。

武汉坊间传闻，"糊汤粉"诞生于清朝末年的花楼街，此街离江汉关码头不远。1861 年，汉口开埠，成了十里洋场，贸易运输繁忙，长江汉水岸边码头一个挨着一个，三天两头就有做进出口买卖的洋行开张发市，不舍昼夜进出汉口港的洋船络绎不绝，靠出大力、流大汗讨生活的群体——码头工人——在码头上日夜劳作。码头工人大多居住在离码头不远的花楼街、统一街等街巷，这些街巷如蛛网般密集、复杂。码头是码头工人工作的地方，街巷是码头工人生活的地方。繁忙的汉口码头不仅催生了经济的繁荣，还改变了汉口居民的生活方式。相传，在充满人间烟火气的花楼街上，有一家卖"过早"吃食的夫妻小店。某日傍晚，两夫妻上菜场买菜，见到水产摊上还有不少的喜头鱼（即鲫鱼）、刁子鱼（即白条鱼）没有卖完，此时暮色渐深，卖鱼人极想把没卖完的鱼赶紧贱价出手，以便回家。夫妻俩便象征性地付了一点银子，将一大篮子鱼全部拎回家，然后去鳃刮鳞，洗涤干净，放在一口锅里彻夜熬煮。待第二天凌晨时，鱼已熬得骨化肉软，为了去除鱼腥味，他们加了胡椒，再加上生米粉使其浓稠成羹，再将鱼羹放在一个煤炉上用小火煨着。每卖一碗

荆楚味道

汤稠味鲜「糊汤粉」

米粉，便免费添加一勺鱼羹，食客问："这是什么吃食？"夫妻俩答曰："糊汤粉。"夫妻小店做的是熟人生意，食客多与夫妻俩熟络，某天一码头工人说："'糊汤粉'味道的确是鲜，也好吃，但是不抵饿，一早晨两趟麻袋包还没扛完，一碗粉就不知跑到哪里去了，肩膀就没了力气。要是来一根油条，配上一碗'糊汤粉'，那就'听头'（武汉方言，形容很惬意舒服的意思。原为麻将术语，指麻将牌呈现出只差一张所需的牌便能和牌的待和状态）了。"码头工人的话，启发了夫妻俩，正好妻子的兄弟在一家油条铺里当学徒炸油条，夫妻俩把弟弟唤来，在店门边支起大油锅，炸起了油条馃子。冬天的早晨，码头工人开工之前来一碗热乎乎的"糊汤粉"，把炸得酥酥的油条掰成一截截地泡在"鱼糊汤"里，一套吃食有稀有干，花费不多，却能饱肚御寒，于是"糊汤粉"的美名在码头工人群体中传播开来。"糊汤粉"这道小吃，以江边码头为起点，逐步向城市中心扩散，直至今日，"糊汤粉"已成了被称为"武汉一绝"的代表小吃。

民国年间，汉口花楼街有家叫"田恒启"的小吃店专门经营"糊汤粉"，在三镇名气极大。其"糊汤粉"之所以有名，盖因不以店小而货不真，绝不偷工减料糊弄食客。在制作米粉与熬制鱼羹时，严格细致，断不敢有半点马虎。制米粉选用籼稻米磨浆、制粉，经加水、搓坨、煮焖多道工序，再挤压煮制成型。制鱼羹选小拃长的活喜头鱼熬煮成浓汁，加生米粉而成糊汤，再添加各种调味品，然后将鱼糊汤煨在小煤炉上。每下一碗米粉，便添上一勺鱼糊汤，撒上葱花、胡椒，配一根油条佐食。于是，因待客真诚而广受欢迎的"田恒启"在"糊汤粉"这个汉味小吃品种上，重重地烙上了自身品牌的印记。

现在"糊汤粉"在老武汉居民中依然有名，但因做出一碗可口地道的

"糊汤粉"实在要花费许多气力，且毛利不高，对比热干面、热干粉之类简单高效的早点营生，经营"糊汤粉"算是费力难讨好的买卖了。所以，现在能在武汉吃上哪怕味道一般的"鲜鱼糊汤粉"也非易事，若想吃上一碗与"田恒启"老字号水准比较接近的"糊汤粉"就更难了。好在如今还真有人不怕麻烦，默默地在做着光大"糊汤粉"这门手艺的实事，能让那些就好"糊汤粉"这一口的市民有个"过瘾"的去处。老汉口火车站附近的天声街上，有家叫作"徐记鲜鱼糊汤粉"的小店，在三镇做"糊汤粉"颇有名声，老板每天从天声街菜市场买些小喜头鱼，按照传统方法，熬汤下粉。鱼买回家后宰杀，去鳞、鳃和内脏，洗净。锅置旺火上，水沸后将鲫鱼投入锅内，煮至半熟，加入酱豆豉、姜片、精盐，再煮半小时，用筷子搅动，使鱼肉与鱼骨分离，鱼肉融进汤里，再用纱布将鱼渣、鱼刺滤去，把荞麦粉和米粉倒进锅里勾芡，此时鱼汤已成糊糊状，再加入猪油、味精、胡椒粉搅匀，移在小煤炉上保温待用。当街有一口烧煤气的铝锅，锅中有大半锅翻花滚水，用竹捞子装入米粉，放入铝锅沸水里，提烫三五次，将米粉烫熟，倒在碗里，舀一勺鱼糊汤浇在米粉上。食客可依照自己的口味喜好，或撒上葱花，或搛两筷子香菜，或者倒入陈醋，等等。于是，一碗粉质软嫩、糊汤浓稠的"糊汤粉"便大功告成了。

因为武汉经营"糊汤粉"的店子不多，我大概有十多年都没尝到过"糊汤粉"的滋味了。某日与朋友谈起"糊汤粉"的好，他便向我推荐了天声街的"徐记鲜鱼糊汤粉"馆。于是我选了一个周日，早起倒了两趟公交车到了天声街上，寻到了"徐记鲜鱼糊汤粉"馆。鱼糊汤锅搁在店门口的煤炉子上，咕噜冒着热气，我低下头嗅了嗅，浓浓鱼鲜味和胡椒味扑鼻而来，极勾人食欲。于是我花了不到 8 元钱买上有稀有干的一份"过早"套餐：一碗糊汤粉，一根炸得两头微微翘起（俗称"棺材头"）的短粗油条。油

荆楚味道

汤稠味鲜「糊汤粉」

条外焦里酥，我用手把油条掰扯成寸长的小截，泡在"糊汤粉"里，就着米粉大口吞下。汤稠粉鲜，滋味醉人，葱绿胡椒辣，一碗米粉下肚，汗珠沿着额头滚滚而下。呵,这下可算是解了我十多年没吃到"糊汤粉"的馋劲，让我过了嘴瘾！

武汉自古为鱼米之乡，用鱼糊汤调拌米粉成就的一碗"鲜鱼糊汤粉"，可不就是对"鱼米之乡"一词最形象的注解吗?

荆楚味道

汤稠味鲜「糊汤粉」

府河夏初鲇鱼肥

因为入了美食评论行当，我经常有机会去全国的美食重镇考察各地菜品创新的发展成果。天下同行是一家，似乎只要我们有走出去学习的愿望，无论走到哪里，都有同行安排接待，并将当地最具特色的菜品推荐给我们观摩学习、品尝借鉴。多次参加这种外埠考察学习活动，我不仅拓宽了饮食文化视野，而且结交了许多外地的同行朋友。

学习总是相互的。其他省市的同行，也经常组团来湖北考察。来而不往非礼也，接待外地同行并向他们推介湖北特色菜式，成了我职业生涯中不可或缺的一项工作内容。

今年夏初，有在青岛做美食评论的同行带了十多个餐厅老板，来武汉考察三楚本帮鱼菜。我理所当然地要做好接待工作，竭力满足他们的要求。

鱼菜在湖北菜系里占有重要地位，湖北厨师烹饪淡水鱼菜的本事在中国厨界广受推崇。三四天时间下来，我带青岛朋友先后去了在武汉餐饮市场以做鱼菜出名的各个餐厅酒楼，逐家品尝了武昌岳家嘴"鱼头泡饭"的鱼头泡饭、"谢氏老金口渔村"的青鱼划水、"楚鱼王"的葱烧武昌鱼、"鱼痴如醉"的珊瑚鳜鱼等等。压轴戏是带他们去"和记鲇鱼"汉口极地海洋世界店，尝尝那一锅烧得油汪汪的砂锅鲇鱼。

正所谓"好戏不怕晚"。"和记鲇鱼"的招牌菜——砂锅鲇鱼最后登场，我估计十之八九不会让青岛朋友失望，因为这道菜肴从食材选取、烹饪方法、成菜品相，到菜肴中蕴含的文化意味，都能拿得出手。

进了店门，一席人依次坐定，喝茶闲话，等待酒菜。因我与"和记鲇鱼"的品牌创始人兼出品总监何建华颇为熟稔，来该店吃砂锅鲇鱼的次数不少，对"和记鲇鱼"一路走来的经历了解甚多，所以自认为小有资格将这道砂锅鲇鱼的好向青岛朋友进行一番介绍。

"和记鲇鱼"以砂锅红烧鲇鱼为招牌菜，开业了 20 年，生意一直红火。在武汉三镇那些喜食鲇鱼的馋猫眼里，隔一段时间来这里吃上一次砂锅鲇鱼，解馋过瘾，亦是享受幸福人生之一大妙法。

嗜吃红烧鲇鱼的老饕们没错，鲇鱼虽然在网络上屡招传言"陷害"，不明不白地背负了些子虚乌有的恶名，但是在我看来，鲇鱼其实还真是个好东西。

鲇鱼也常常写作鲶鱼，又名胡子鱼、塘鲺等，因其上下颌有长须而得名。其特征为周身无鳞、体表多黏液、头扁口阔、上下颌有四根胡须。鲇鱼怕光，爱藏在洞穴里，主要生活在江河、湖泊、水库、池塘中，多栖息在水草丛生、水流缓慢的底层。鲇鱼在我国的分布广泛，主要产于长江和珠江流域，湖北各地的湖泊、江河、池塘中皆有出产。仲春至仲夏（农历的二月至五月间）为鲇鱼的最佳食用季节。

中国人食用鲇鱼的历史非常久远，《诗经·小雅·鱼丽》有云：

> 鱼丽于罶，鲿鲨。君子有酒，旨且多。
>
> 鱼丽于罶，鲂鳢。君子有酒，多且旨。
>
> 鱼丽于罶，鰋鲤。君子有酒，旨且有。
>
> ············

上文中的"鰋"在古代指鲇鱼。这说明早在先秦时期，鲇鱼就已进入古人的菜单，是餐中美味了。

古代文人骚客对鲇鱼多有歌咏，宋代诗人李之仪在《朝中措·翰林豪放绝勾栏》中写道：

翰林豪放绝勾栏。风月感雕残。一旦荆溪仙子，笔头唤聚时间。　　锦袍如在，云山顿改，宛似当年。应笑溧阳衰尉，鲇鱼依旧悬竿。

从这首词里，我们能看到鲇鱼与宋代文人生活的紧密关系，悬竿钓鲇鱼，不仅供文人雅士们饱肚充饥，还事关文人雅士们的情怀与风月。

鲇鱼是肉食性鱼类，生性好动，因而诞生了著名的"鲇鱼效应"。

北欧挪威人爱吃沙丁鱼，尤其是活鱼。挪威人在海上捕得沙丁鱼后，如果能让其活着抵港，卖价就会比死鱼高好几倍。但由于沙丁鱼生性喜欢安静，不爱运动，返航的路途遥远，因而捕捞到的沙丁鱼运到码头后，往往是活的少、死的多。但有位渔夫运回的沙丁鱼则是活的多、死的少，所以他赚的钱也就比别人多。这位渔夫严守成功的秘密，直到他死后，人们打开他的鱼舱，才发现他只不过是在沙丁鱼群里放了几条鲇鱼而已。原来鲇鱼以小鱼为主要食物，它们被装入鱼舱后，由于环境陌生，就会四处游动，而沙丁鱼发现这些异己分子后，也会紧张起来加速游动，如此一来，沙丁鱼便能够活着回到港口。因为那位挪威渔夫的意外发现，以后世界各国都使用这种方法来保证长途运输过程中沙丁鱼的高成活率，后来也由此诞生了对一种生物现象的精练归纳——"鲇鱼效应"，意思是用鲇鱼在搅动小鱼生存环境的同时，也激发了小鱼的求生能力。人们将这种生物现象引申到人类的社会经济活动之中，现在"鲇鱼效应"又指某些社会组织采取手段或措施，刺激一些企业活跃地投入到市场中，积极参与竞争，从而激活市场中同行业企业的活力的现象。"鲇鱼效应"的精练归纳，把鲇鱼的生

府河夏初鲇鱼肥

物特性诠释得准确而生动。

鲇鱼不仅肉质细嫩、刺少味美，而且富含蛋白质和脂肪，营养丰富，兼具食疗和药用价值。据《本草纲目》记载，鲇鱼性温，味甘，归胃经，补中气，滋阴，开胃，催乳，利小便，尤其适宜体质虚弱、营养不良的人食用。不宜食之者,古人亦有说法,《随息居饮食谱》中说鲇鱼"甘温,微毒",痔血、肛痛者不宜多食,"余病悉忌"。

"和记鲇鱼"烹烧的鲇鱼菜品,食材首选武汉城市近郊府河出产的鲇鱼,并与府河捕鱼人建立了长期合作的供需关系。

府河,亦称涢水,因其流域大部分在古德安府（今湖北省安陆市）境内而得名。20世纪60年代以前,府河长年可以行船通航,从陕西安康到湖北随州、安陆、云梦、孝感,乘船一路可抵汉口,府河抵汉的起坡码头设在姑嫂树。到了现在,府河虽不能通航,但一年四季,河床长年有水流,尤其每年仲春至仲夏时节,府河流域雨量充沛,河水流量增加,河面开阔,草丰水深,小鱼小虾"野蛮"生长,给鲇鱼带来充足的食物,此时的鲇鱼也最肥美。

当年何建华决定将砂锅鲇鱼作为招牌菜,是受了李白与府河红烧鲇鱼故事的启发。烧鱼的方法,则以府河黄陂、东西湖一带居民家常烹烧鲇鱼的方法为基础,加以味型的改进而来。其烹饪方法亦可示人：先将鲇鱼去头弃肠,洗净切成8厘米长的块,然后将鲇鱼沥干水分；加黄酒,在鲇鱼块上揉均匀,再加淀粉轻揉鲇鱼块上劲备用；将色拉油、猪油混合,入锅烧至80～90摄氏度,把备用的鲇鱼块入油锅过油定型后捞出滤油；用中火,在锅中放入20粒蒜瓣,转小火炒黄至黑；加花椒和料头炒香后,下干尖椒、少许姜末,炒香；下鲇鱼块,加矿泉水2勺；在锅中加黑胡椒粉、陈醋少许,加红杭椒10段,放酱油少许,调正菜的绛红颜色,用小火慢炖2～3分钟；

府河夏初鲇鱼肥

在砂锅中以洋葱打底；将鲇鱼块等装入砂锅，撒上葱花后上桌。

"和记鲇鱼"的红烧砂锅鲇鱼是道有故事的菜，相传这道菜与"诗仙"李白有关。

有史料记载，公元725年，李白仗剑辞亲远游。游至江夏（今武汉）时遇见安陆洲蔡十。蔡十谈起云梦古泽的绮丽和安陆洲名门望族郝、许两家的逸事趣闻，尤其谈到许家存有《昭明文选》，让李白十分向往。公元727年，李白来到安陆，经李长使介绍，进入许家。许家掌门许圉芝曾在武则天时期任宰相，有个孙女许紫烟才貌双全。李白求道士胡紫阳从中介绍，入赘许家，与许紫烟喜结良缘。"诗仙"在安陆居住了十年，才有了中国文学史上李白"酒隐安陆，蹉跎十年"的说辞。

据传，季春的某个晴日，李白坐船从安陆向江夏，前去拜访好朋友孟浩然。船到府河姑嫂树码头，已是日落西山，夜幕低垂，天渐渐黑了。夜间行船，是古代的禁忌，况且孟浩然居于武昌，从姑嫂树到武昌要从府河入长江。夜晚在长江上航行，风险太大，于是李白在码头旁边的村庄，寻了个庄户人家借宿。

李白投宿于这户人家时，这家人早已吃过晚饭，已准备睡觉。看样子，这是个家境不太富裕的小户人家。他们以在府河、长江捕鱼为生，在天气晴好时，下府河入长江捕鱼捞虾，每有所获，次日在集市上将鱼虾卖钱换食。

显然是户主身份的中年男子问李白吃过晚饭没有，李白据实以告。中年男子面有愧色，说："家里还有点剩饭可吃，只是下饭菜仅有半碗腌菜，你看这实在不好意思。"情急之下，中年男子想起灶房的水桶里还养着两条明天准备放生的鲇鱼，又说，"还有两条鲇鱼，不知客官吃不吃？"

中年男子之所以问李白吃不吃鲇鱼是有原因的。那时，府河沿岸的乡民不很待见鲇鱼：一恶鲇鱼生性凶猛，样子难看；二恶鲇鱼浑身黏糊糊的，土腥气重。由于乡民不知去除鲇鱼腥味的烹饪之法，烹出的鲇鱼腥气难闻，实在难以下筷，于是渔民每每捕到鲇鱼，乡民都不买，鲇鱼换不回油盐钱，渔民只好将其丢进府河放生。

李白是个超级吃货，不仅会吃，烧菜也有一手。看见有两尾活蹦乱跳的鲇鱼，喜上眉梢地说："好鱼，我来炖吧！"

李白挽起袖子，剁鱼头，去鱼肠，将鱼身切成寸长小段，用白酒、盐少许，腌制约半炷香工夫。然后，他点柴燃灶，烧热陶镬，放入油，烧至七八成热，置入鲇鱼段，把它们先用油炸一阵。当鲇鱼炸成两面金黄色时，再把鲇鱼段倒入镬内。然后加酒、水、盐、姜片等，盖上镬盖慢炖。在李白与中年男子灶间扯闲篇的过程中，阵阵鱼香从镬内飘出，弥漫在屋中。

开饭了。饭是热过的剩饭，菜有两样：半碗腌菜，一大盆烧鲇鱼。"酒仙"李白吃饭怎能无酒？他随即从行李箱中取出酒壶，以碗代杯，倒上两碗，诚邀中年男子共饮。中年男子也不好推辞，便与李白对酌。中年男子撺起一块鲇鱼块，把鼻子凑过去一闻，奇怪，鲇鱼竟然没有腥气，吃到口里肉坨肥嫩，细腻微甜。于是他俩以鱼下酒，你一口我一口，开怀畅饮。不知不觉中，李白已是醉意甚浓，他和衣倒在床上，呼呼入睡。

第二天，东方之既白，满天霞光。李白吃过早饭，掏钱付账，准备登船上路。中年男子死活不收钱，李白死活要付，良久相持不下。中年男子说："那这样，你把昨晚烧鲇鱼的方法写下来给我，算顶了房钱，可好？"中年男子从李白的言谈举止中，看出他是个读书人，便提了个李白意想不到的要求。

李白应允了，他从行李箱中找出笔墨纸砚，将烹烧鲇鱼之法一挥而就，递与中年男子，然后挥手作别，登船离去。

后来，中年男子再捕到鲇鱼，就依李白教授的方法烹烧，喝酒吃鱼，大快朵颐。村邻见他们一家大吃鲇鱼，好生奇怪，便从菜碗里夹起鲇鱼块尝个新鲜，没想不到，鲇鱼的肉质酥嫩，咸甜适口，香浓味美，好吃得不得了。从此，鲇鱼不再被乡民们厌恶，红烧鲇鱼的做法亦在府河黄陂、东西湖一带逐渐传播开来⋯⋯

我的谈兴正隆，服务员将红烧砂锅鲇鱼与瓦斯炉一同端上桌来。黑砂锅里，鱼肉香气袅袅，诱人欲食。小葱段的绿和杭椒的红，与鲇鱼块油亮的酱色，满足了人们对美食搭配的色彩想象。青岛朋友似乎有些迫不及待，一起举筷揢鱼。从吃相上看出，这道菜，是对他们的口味了。

餐饮行业有句老话，菜肴美不美，全靠评家一张嘴。"和记鲇鱼"的这道红烧砂锅鲇鱼的好，还真不靠我口吐莲花，全凭过硬的品质说话。

荆楚味道

府河夏初鲇鱼肥

荆楚不可无汤

　　湖北自古就有"无汤不成席"的饮食习俗。分析起来，湖北人爱喝汤、爱煨汤，有地理环境因素的影响，也有地方文化因素的原因，才形成了湖北"无汤不成席"的饮食习俗。

　　湖北地处北纬三十度左右。长江两岸的城市，有两个季节最要命，一个是盛夏酷暑，一个是数九寒冬。长江两岸城市夏季的湿热、高温早已广为人知，而冬天的湿冷还不出名，没有在这些城市熬过冬季的人，很难想象其厉害之处。从地理位置来看，这些城市当属南方，冬天却奇冷无比。武汉正是如此。武汉著名作家池莉在小说《致无尽岁月》中描述过武汉的冬天："户外比户内要暖和得多，樟树的树叶永远是油绿的。也许就是这种假象欺骗了人们，所以没有任何决策性人物作出在武汉安装暖气设备的决策。"所以，湖北的沿江城市虽然看上去地理位置属于江南，但每年的冬季尤其是三九时节，湿寒的冷气会沁入骨髓，令人无处可逃。而且建筑物内基本没有安装暖气设备，只能直接迎接湿冷寒气的侵袭，让许多从北方来的人叫苦不迭。因此，在这湿冷的冬季，长江两岸各城市的居民就需要以喝热汤，尤其是又浓又热的汤来保暖驱寒。

　　湖北的地理样貌多样，因而物产极为丰饶，干鲜果蔬、禽畜鸟兽、鱼鳖虾蟹，稻菽米面无所不有，客观上为湖北人煨制各种汤品，提供了丰富的原材料。

人是环境的产物，一方水土养一方人，一方水土孕育一方饮食文化。在漫长的岁月中，湖北人灵活运用本地的物产，找到了行之有效的抵御冬天湿冷的办法——用独有的烹调方式，煨制出各种各样的汤来。在天寒地冻的时节，喝上一碗热汤，让暖意在周身游走，把身子骨由里向外暖透，内调经络，外御风寒。在这之后，湖北人开始了久远的煨汤历史，创造了包括排骨藕汤、海带排骨汤、牛肉萝卜汤在内的数量过百的煨汤品种。按照烹饪专家的分类，湖北的家常制汤和餐馆制汤，按原料可分为肉类、禽蛋类、水产类、蔬菜类、水果类、粮食类、食用菌类数种；从口味上可分为咸鲜汤、酸辣汤和甜汤三类。总体而言，百姓以肉类做主料，以菜蔬做"勾头（湖北方言，意即配料）"煨汤最为普遍，尤其以排骨藕汤、牛肉萝卜汤、排骨冬瓜汤为代表。至于酒楼餐馆制作的各种汤品，那就更加五花八门、品种繁多了。

我国喝汤的历史悠久，从远古时代起，人们就知道食用汤菜了。到了元代，在《居家必用事类全集》《饮膳正要》等典籍中记载的汤菜，已经形成了系列，畜禽野味、菜蔬果实皆可入汤。及至清朝，根据《随园食单》《调鼎集》《养小录》这些书籍的记载，汤菜已经汇成了洋洋大观的菜系种类。从民国时期开始，全国各地的大城市里就有了专业煨汤的餐馆，能够专门以汤飨客了。武汉居民从什么时候开始煨汤，我手头上没有可供参考的材料，但这并不妨碍我从民间习俗开始，去探寻煨汤、喝汤的饮食方式与这座城市的关系。

先说汤与人的关系。汤作为我国菜肴的一个重要组成部分，从饮食健康的角度讲，具有非常独特的价值：饭前喝汤，可湿润口腔和食道，刺激胃口以增进食欲；饭后喝汤，可爽口润喉，有助于消化。传统中医学认为喝汤能健脾开胃、利咽润喉、温中散寒、补益强身。喝汤的好处，已经在人们的生活中无数次地得到验证了。

其次，喝汤在武汉居民的日常生活中，还是人与人之间维系情感关系的纽带。比如，在武汉，用排骨藕汤待客是主人给予客人的很高礼遇。武汉人之间的交往若是到了"铁哥们儿"的程度，对方就会在一个周末向你发出邀请："礼拜天莫安排别的事情了，我屋里（武汉方言，指妻子）煨了汤在，到我屋里（这里是家的意思）去喝汤。"是个武汉人就不会小看这一"喝汤"邀请，其中蕴含了人家待客的一片真心。在这里，喝汤成了检验交往深浅的方式。又比如，武汉有句俗语："毛脚女婿上门，丈母娘煨汤。"准女婿初次上门，不能不端着架子的丈母娘，不好意思用语言直接表明对未来女婿的态度，便改用行动表达。丈母娘将一碗汤盛给了准女婿，就是表示认可了。再比如，武汉人极其看重邻里关系，有"远亲不如近邻，近邻不如对门"之说。邻居们住在一起，总会有这样或那样的矛盾，楼低层的人家煮饭生炉子，烟会向上冒，飘进了楼上的住户屋里；高层的住户，在阳台上晾晒衣物时，若衣物没绞干水，水珠便会往下滴，给楼下住户带来不便，这就是所谓"楼下的烟子，楼上的水"。长此以往，邻里间难免产生矛盾，会处事的人家，便会适时地送上一碗汤，礼尚往来一番。一来二去，既化解了矛盾，又增加了双方情谊。所以也有"楼上水，楼下烟，一碗汤，笑容添"的俗语。以此来看，喝汤也能成为和谐邻里关系的润滑剂。

湖北人在餐馆请客吃饭不可缺汤，家中待客，饭桌上也不能没汤。不分老幼，不分性别，不分穷富，喝汤是湖北最广泛的饮馔方式之一。

以武汉为例为说。武汉人煨汤用的器皿被称为"铫子"，但凡是个"老武汉"，家里不会少了这个物件。这种铫子我在别的城市从没看到过。铫子一般都会挂在厨房的墙上。煨汤铫子是粗陶制品，由一种深灰色的粗砂（煤渣）制成，因为砂粒之间的缝隙较大，煨汤的时候可以把油脂吸走，这样，完成后剩在铫子里的肉食和勾头就不会腻人了。铫子使用久了，外表就成了黑色，油腻腻的，样式很难看。但越是有年头的铫子，煨出的汤才越鲜越香，武汉"土著"人家，若不是铫子裂了损了，实在不能再用，绝不会轻易去更换新铫子。用铫子煨汤，与之搭配最佳的是烧煤球和蜂窝煤的煤炉火。把铫子搁在煤炉上，不间断地煨上四五个小时，使肉类食材中的胶汁完全与水融和，才算煨出了汤浓汁酽的地道好汤。现在餐馆里煨汤，已经不是用铫子，而是用陶罐或瓷罐，甚至高压锅来煨汤，且多烧煤气、柴油等，用大火煨制，所以餐馆里煨出的汤与"老武汉"家庭煨出的汤，在口感上有本质上的差别，二者实在不能相提并论。

武汉人喜爱喝汤的习惯，催生了餐饮业中汤菜的发展。武汉汤馆的历史悠久，在二十世纪中期，就出现了专业的汤馆。中华老字号"小桃园"，始创于二十世纪三十年代或四十年代。"小桃园"的老厨师掌握了民间煨汤技术的精华，煨制的汤汁醇浓鲜美，鸡汤、鸭汤和八卦（乌龟）汤等，鲜香可口，久负盛名，深受食客喜爱。及至现在，专业汤馆也日见增多，像"阿二靓汤""和汤轩""望旺煨汤""大哥大瓦罐煨汤馆""袁森泰鲜汤馆"等专业汤馆，都走了专业烹饪汤品的路子，以汤立身，以汤扬名，是众多汤馆中的佼佼者。还有远城区的新洲汪集镇和江夏的贺胜桥镇两地，煨汤已然成为一个产业。以此两地的农家土鸡为主食材煨制的土鸡汤，已经成为响当当的地方品牌，并实现了流水线量化生产，制成了罐装的方便菜品，进入了超市货架，并随着销售渠道的不断拓展远销外地，使武汉的汤馔文化通过便于携带的罐装制品，传播得更远、更广。

湖北厨师的汤

湖北厨师行业一直流传着一句行话："唱戏的腔，厨师的汤。"我以为是把湖北厨师烹饪菜肴的诀窍诠释得透彻之至。

在烹饪湖北菜的技法中，最常见的有蒸、烧、煨几种，湖北厨师尤其擅长烧菜，因而湖北菜系中的烧菜尤其是烹烧淡水鱼菜，在中国各地方菜系中当属风味突出的一类，比如极具湖北味道的代表菜式"红烧武昌鱼"，在全国烹饪行业内有很高的知名度和认可度。

制作一款好的湖北烧菜，离不开两个要素：除了厨师要有掌控火候的本领外，还离不开一锅火候到位的高汤。

湖北烧菜一般有两种或两种以上烹饪食材，一主一辅，荤素搭配，菜肴成品的味道因食材的荤素搭配比例不同而有异。当然，也不乏单种食材烹烧成菜的例子，比如用动物食材烧制的菜肴，有"红烧东坡肉""红烧东坡肘子""红烧武昌鱼""红烧带鱼"等。用一种食材烧制的菜品，选用的食材则通常是植物性食材，如"红烧茄子""红烧冬瓜""红烧南瓜"等。如果把单种食材与两种或两种以上食材烹烧的菜式进行比较，无论是色香味等哪个方面，用单种食材烹烧的菜式都不占优势。

中国烹饪文化是中国文化的具象表现形式之一，中国烹饪文化处处体现出中国人追求中庸平衡的哲学思想。我们在解构厨师烧菜的过程中发现，所谓烧菜，其实就是把个性化、色彩浓重食材中的味道逼出来，使之渗进个性化、色彩平淡食材之中去的过程，是弱化具有较强个性食材的"个性"、强化具有平淡个性食材"个性"的过程。这个强化和弱化过程的结果，使得个性化、色彩浓重的食材与个性化、色彩平淡的食材交互相融，达到一种理想的平衡状态。

所谓个性化、色彩浓重的食材，是指鸡鸭鱼、猪牛羊之类，这些食材或腥或膻或臊，个性突出，对其他食材有较强的影响能力。所谓个性化、色彩平淡的食材，诸如海参、燕窝、银耳、豆腐之类，气味淡，对其他食材的影响能力较弱。所以厨师烧菜，说到底是通过火与水、油的综合作用，让两种或两种以上不同食材的个性得到改变，使之如人所愿达到平衡状态。达到这个平衡状态的过程，具体而言是在一定火候条件下，然后拜食材之间的介质——汤——所赐。因此，能很好地掌控烹饪火候和熬制一锅好汤，是一位湖北厨师具有超群技艺的标志。

所以说，"唱戏的腔，厨师的汤"，绝不是虚妄之言。

鉴于汤的重要性，没有一位湖北厨师尤其是老厨师不在制汤上下功夫的。一般来讲，湖北厨师常用的汤有清汤、高汤、奶汤之分。

所谓清汤，是只用一些动物食材而不加大料清炖出来的汤，汤体清澈透明如镜，几可照人，没有一点杂质，难见几点油星，常用于烹饪如"开水娃娃菜""冬菜腰片汤"等以汤为主的菜品。这类菜式以个性平和的食材烹成，清汤是主角，菜品味道能体现出厨师制汤的本事。炖制清汤的标准是汤体清澈见底，味浓而不单薄。制作清汤最难的是"扫汤"。所谓扫汤，是指汤熬到了一定时间后，对汤的杂质进行清除的收尾过程。扫汤的猪肉要用背柳肉，鸡肉要用鸡脯肉，均要捶剁成茸，将汤置于文火之上，慢炖文煮。火力稍大，则猪肉茸、鸡肉茸就会被冲散，汤中就会存有杂质，如用这样的清汤烹菜"吊鲜"，成菜肯定难出好的口感。所以，即使经验丰富的厨师，在扫汤时也不敢掉以轻心。

所谓高汤，是用大料、姜葱等佐料与一些动物食材一同炖制出来的汤。也有人说高汤就是冻起来会成膏的汤，这话也有道理。制作高汤，烹制各个地方菜系的厨师都有妙招，或者说各个地方菜系的形成，往往是从熬制高汤时就出现了风味的区别。一般而言，湖北厨师制作高汤，老母鸡、老鸭、猪排骨、火腿、棒子骨、甲鱼、盐、姜、葱、绍酒等常常是吊汤之料。据有经验的厨师说，炖高汤的时候，要用冷水，盖过里面的物料，加酒以去掉荤物的腥味。把水烧沸以后，撇去浮沫，就改用小火炖，一直炖到骨酥肉烂，一锅好汤才算完成。炖高汤一定要用文火，火大则汤不清、味不厚、味不醇，继而难以烧出入味醇厚、回味悠久的烧菜菜品。高汤的用途极为广泛，但凡厨师烧菜，无论荤素，加一勺高汤就能起到"吊鲜"入味之功效。

所谓奶汤是指汤色白如玉，似乳汁，似琼浆，味鲜而不油腻，汤体较为浓酽的高汤。确切地说，奶汤是在高汤基础上，添加了猪蹄、猪肚之类的食材，用文火久久熬制。当汤汁呈白色浓稠状、鲜香诱人时，一锅奶汤才算制成了。奶汤多用于营养丰富的奶汤菜式的制作，这种菜式所用的食材个性极弱，"奶汤素烩""奶汤鱼肚""奶汤白菜心"等菜式中的食材均是。

"厨师的汤"在湖北厨师事厨实践中的重要性，由上面所述内容可见一斑。

秋分节气一过，地处北纬三十度左右的武汉，几阵秋雨飘洒，冷空气"垂降"，秋风吹起，枯叶零落纷飞，夜间气寒凝露，有生活经验的"老武汉"住户，便忙着要煨那一铫养人的热汤，滋补一下熬过炎热夏季的身体，养心润肺，谓之"贴秋膘"。

受地理环境和饮食习俗的影响，武汉人十分讲究喝汤。因此，煨汤成为武汉饮食的一大特色。在武汉方言里，"请喝汤"就是"请客吃饭"的同义词，此间甚至有"无汤不成席""无汤不请客""无汤不恭敬"的礼俗讲究。由此可见，作为饮馔品种之一的汤，在武汉人日常生活中所占的地位，确实非同一般。喝汤的人文意义，最能体现在市民市井生活中的人际往来中，尤其是来了客人时，主人当然会用一碗热乎乎、香喷喷的排骨藕汤待客，以显示主人对客人的热情与尊重。

作为武汉饮食文化名片的煨汤，是与"两条鱼（武昌鱼、鮰鱼）、一棵菜（洪山菜薹）、一根卤鸭脖（精武鸭脖）、一只小龙虾"齐名的，是被全国各地饮食界广泛接受的著名菜式，为美食重镇的武汉赢得了荣耀。

那些被称为"老武汉"的人家，尤其是那些自信在煨汤手艺上还有"两把刷子"的人家，家里不可能没有煨汤的各式各样的铫子：有的是陶泥烧制的铫子，有的是没上釉色的铫子，最为典型的是用煤渣烧制、颇有年份的黝黑铫子。反过来说，有黝黑铫子的人家必定嗜好喝汤。这样的人家，隔不了个把星期一定会煨制一铫好汤，让全家人口腹之欲得到满足。往往在秋冬季节，他们以猪排骨为主食材，加进几块切成滚刀形状的莲藕或萝卜为"勾头"，煨一铫"排骨藕汤"或者"萝卜排骨汤"。也有不怕辣的人家，买上牛骨头和牛瓦沟为主食材，煨汤时撒一把艳红的尖辣椒，加上萝卜当"勾头"，煨成一铫辣乎乎的"瓦沟萝卜汤"。一碗辣得够劲、热得烫嘴的"瓦沟萝卜汤"下肚后，两颊红润，鼻尖潮红，额头冒汗，感觉四肢有力，周身通泰。

如果是烈日炎炎的盛夏，同样是以猪排骨为主食材，加一大把海带或冬瓜当"勾头"，做成"冬瓜排骨汤"或者"海带排骨汤"，这样的汤，菜含肉香、肉具菜香，喝起来不觉油腻，还能起到润心脾、降虚火之功效。

武汉人对煨汤下足了功夫，使得武汉汤品种类繁多，数不胜数。较为常见的有瓦罐鸡汤、排骨藕汤、甲鱼汤、鲫鱼汤、墨鱼汤、海带排骨汤、龟鹤延年汤……其中的每一款汤品，皆为汤中杰作，远近闻名。举凡筵宴，不管是家宴还是上餐馆请客，压轴菜必定是一罐鲜醇香美的汤。"无汤不成席"早已成为大武汉不成文的食俗。

话又说回来了，汤虽好喝，但煨制汤的方法却有颇多讲究，也不可能人人都会煨制一铫好汤。好喝汤却不会煨汤的人怎么办？会煨汤却没有大块时间花在煨汤上面的人又怎么办？好办！我的办法是忙里偷闲上煨汤馆喝汤去！比如去一家开在汉口发展大道离"大武汉1911"商圈不远的"望旺煨汤"去喝汤，就是一个不会让人失望的选项。

"望旺煨汤"有点来头，是武汉一家有故事、有传承的煨汤馆。

二十世纪三十年代，武汉诞生了一家著名的煨汤馆"小桃园"，这家煨汤馆培养了几代"煨汤牛人"。五十多年前，在武汉诞生了一位煨汤奇才，此人就是当时号称"武汉煨汤第一人"的"煨汤大王"喻凤山。喻老先生13岁便入厨谋生，加入武汉知名煨汤馆"小桃园"，然后成为"小桃园"的后厨顶梁柱和煨汤技艺传人，以其独具的鼻闻汤香断火候、判品质的绝技，在业界享有盛誉。

"煨汤大王"喻凤山唯一的嫡传弟子喻少林，乃喻老先生之子。作为"煨汤大王"的后人，喻少林子承父业，年少入门，在父亲的耳提面命之下，深刻领悟煨汤之精要，接过了祖传煨汤绝技的接力棒，续写了"煨汤世家"的光荣历史。1996年，喻家父子在汉口球场路开了间只有十五个台位的"望旺煨汤"。餐厅正墙面悬挂着精制的"煨汤大王"四个字，有喻凤山老先生为毛泽东等中外政要煨汤的简介。由于名厨主理，汤香味醇，煨汤馆生意火爆，几乎每天都要翻台数次。后来店面升级，"望旺煨汤"就搬到现在的发展大道经营至今。

"望旺煨汤"由喻少林亲自经营，经过时间的沉淀，"喻记"家传的煨汤绝技得以传承光大。

各种煨汤是"望旺煨汤"的主打品种。当然，如果要以我个人的喜好优中选优，我以为"望旺煨汤"的"小罐鸡汤"堪称最佳汤品。

事实上，来"望旺煨汤"喝汤的食客，十之六七是冲着"望旺煨汤"那一罐鸡汤来的。

上个月，我去"望旺煨汤"喝汤，最惬意的事也就是喝到了正宗土鸡汤并能到厨房观看煨汤的过程，尤为难得的是亲眼见到喻少林披挂上灶，看到他煨出一罐鸡汤的全过程。这个经历使我喝到的鸡汤平添了几分滋味。

把"望旺煨汤"的"小罐鸡汤"说成是镇店之宝亦不为过。主食材选用的是湖北省内黄陂、孝感地区产的黄色老母鸡（俗称黄孝鸡），将其宰杀去毛，去掉头、脚、内脏（只留胗、肝、心），用清水洗净，斩成长方型小块。将葱白洗净，姜块拍松。锅置旺火上，加熟猪油烧至八成热，放入葱白、姜块炒出香味，再放入鸡块、肫、肝、心、料酒、精盐爆炒至香气扑鼻且呈黄色时，盛入瓦罐中，一次加足清水，置旺火上煨开，再改用小火慢慢煨炖，待汤汁浓稠时即成。喻少林似乎在施展魔术，差不多两个小时，黑色的瓦罐里便盛着黄亮亮的鸡汤上桌飨客了。汤品上桌，我用汤匙慢慢地喝了一口，汤很鲜美，是土鸡的鲜香味，如果是用人工饲养的鸡，断然煨不出这种味道。喝上三五口，那滚烫鲜美的汤便安抚了舌头，暖了胃，口腹之欲一齐得到满足。

跨出"望旺煨汤"馆的大门，我想，幸亏大武汉有"望旺煨汤"这么一家煨汤馆，成功地继承了老字号汤馆"小桃园"的衣钵。喻家两代人奉伺着一罐一罐的汤品，成为江城有名的"煨汤世家"，让武汉这座以煨汤为饮食文化名片并以之为傲的美食之都，能有一个煨汤馆实实在在地予以诠释。不然，三镇好汤的盛名之下，遍地难寻一家汤品出众的煨汤馆，这让武汉情何以堪？

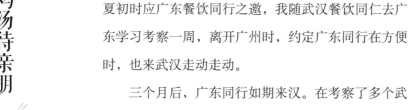

一罐鸡汤待亲朋

餐饮行业有句老话，"围裙一围，天下一家"，意思是餐饮同行之间关系天生就有几分亲近。上半年夏初时应广东餐饮同行之邀，我随武汉餐饮同仁去广东学习考察一周，离开广州时，约定广东同行在方便时，也来武汉走动走动。

三个月后，广东同行如期来汉。在考察了多个武汉特色餐馆后，广东同行想找一家有特色汤品的酒楼看看，欲把广东汤品与武汉汤品进行一番比较。

他们都是餐饮方家，对一款款湖北名菜都了然于胸，当然知道湖北名菜中特别有"一铫汤"和"一罐汤"名世。

所谓"一铫汤"是指"粗砂铫排骨藕煨汤"。"一罐汤"在过去则专指一家叫"小桃园"餐厅做的瓦罐鸡汤。湖北的排骨藕煨汤是地标美食，名气极大，但主要以家庭为主煨制。经营性的餐厅酒楼煨出的排骨藕汤，让打小就被排骨藕煨汤烙上家庭亲情记忆的武汉人，都伸出大拇指称赞者，三镇鲜见。而瓦罐鸡汤就不同了。虽然中华老字号名店"小桃园"因拆迁之故已关张，但经营瓦罐鸡汤的餐馆仍为数不少，中心城区的"望旺煨汤"就不说了，远城区江夏与咸宁接壤的贺胜桥镇，是因煨出了瓦罐鸡汤，才声名远扬；又如新洲的汪集镇，过去名不见经传，因近二十来年专司瓦罐鸡汤而被全省的好吃佬所熟知。

为满足广东同行的要求，考虑再三，我把他们带到远城区新洲汪集的美食街，这条街以汤食为特色，经营有鸡汤、鸭汤、鸽汤、鱼头汤、蹄花汤等二十多个品种，汤品不可谓不丰富。我选择落座于这条美食街上的"米筛湖"酒楼，因我熟知这家酒楼有两款招牌菜具有当地风味，一款是督军炒鸭，另一款是米筛湖鸡汤。

督军炒鸭我曾写过，这里不再赘述。只在此文说道说道选材地道、烹饪方法古拙、有故事有传说、让广东同行兴味盎然的米筛湖鸡汤。

当然，之所以敢把广东同行带到"米筛湖"酒楼寻汤，我也是打有准备之仗，我对该店的小瓦罐煨鸡汤知根知底，颇有信心：这间餐馆的鸡汤，食材选自汪集地区农家散养的黄孝鸡，使用柴火土灶，鸡块在大生铁锅里翻炒后，以土陶瓦罐为器皿，一个罐瓦煨一只鸡，加天然的深水井之水煨制，所以煨制的鸡汤，鸡肉鲜嫩，汤色有如泡出的铁观音茶般清亮润透。

有一段时间我因筹备一项烹饪比赛，去新洲区政府所在地——邾城——的频率不低。汪集离邾城不到十公里路程，每每午餐时，新洲的朋友便载着我们去汪集美食街上吃饭。在"米筛湖"酒楼落座，我们也不看菜谱，专挑新洲的特色菜式点：捶鱼面、陶河炒鸭（督军炒鸭）、袁林封肉、砂锅炖涨渡湖黄颡鱼、仓埠柴火豆腐，再配两盘青菜，最后上一罐鸡汤。一桌菜该有的鸡鸭鱼肉一应俱全，每次我们都吃得肚皮鼓胀还不肯停筷，尤其把装汤的陶罐翻个底朝天，只嫌陶罐太小，然后揉着肚子暗骂自己没出息，见了美食不知克制。

我对瓦罐煨鸡汤情有独钟自有道理。它是新洲腹地汪集地区的传统汤食，且滋补功效突出。这个地区水系发达，山清水秀，林茂草深，田畈连片，自古就是鱼米之乡。米筛湖是汪集境内的一个湖泊，湖边几乎每户农家都散养一种在武汉周边地区常见的黄孝鸡，这种鸡的肉质嫩滑，肥瘦兼具，鸡爪呈土黄色，鸡毛亦以黄色居多，所以也叫"黄孝黄鸡"。农家养鸡目的极其明确，一来鸡食随处可寻，饲养成本低，养鸡用于产蛋，可以增加家庭收入，有活钱可用；二来可为接待人客做准备，但凡不是年节而来客来人，杀鸡煨汤能显示主人的情到礼周。当地乡民深受儒家文化浸染，处事讲究传统礼仪，民风淳朴，待人热情，凡亲戚之间偶尔走动，或有贵客临门，不杀鸡宰鸭，不下湖捉鱼摸虾，不上街割肉买酒，似乎不足以显示主人热情的待客之道。

汪集地区的农家饲养黄孝鸡，是一种传统的农耕生活方式，我国是世界上最早养鸡的国家之一，也是最早发现鸡有多种药用价值的国家。古人称五禽，并以鸡为首屈一指的补元气的食品。用鸡做的菜，在滋补类菜肴中一向占首要地位。中国的鸡种上百，常见的有三黄鸡、狼山鸡、九斤黄、清远鸡、来航鸡、乌骨鸡、文昌鸡等，几乎全国每个地域都有适合当地地理条件、气候条件的鸡种。有资料统计，以鸡入馔，看馔之数可以千种计，且各具风味。鸡菜烹饪方法有烧、煮、煨、卤、酱、熏、烤等，但我个人认为，从尊重烹饪食材、品鉴菜肴的自然味道、保留食材营养成分而言，把鸡作为食材用来煨汤或者煲汤，最能体现鸡的滋补养生价值。

自古天下农民生活皆不易。一个农村家庭杀了鸡等于堵塞了一条来活钱的财路，所以煨制鸡汤是汪集当地农家待客的重头戏。一旦决定留客吃饭，主人便去禾场上抓鸡，把鸡杀了，烧开水拔毛，剖开鸡的胸腹部，剁块，然后点燃柴灶，滴少许本地榨房榨出的花生油或者菜籽油，下姜片爆香，然后下鸡块入锅，翻炒至鸡骨透香时，再装入泥土瓦罐，舀一瓢从井里挑回的水，撒上盐，将瓦罐用木盖盖上，放进灶膛，把烧过的柴草灰埋在瓦罐旁，让瓦罐中的鸡汤在炒菜大火、焖饭小火的自然转化间慢慢煨熟。

当着客人的面倒出香气四溢的瓦罐鸡汤，往往是一桌席面最后的上菜程序。主人用勺子给客人盛小半碗鸡汤，夹一根鸡腿，让客人吃鸡肉、喝鸡汤，再喝上两三杯水酒，把主人该做的事都做了，主人的高规格招待会让客人感觉颇有颜面。在农耕时代，一罐鸡汤往往成了诠释农村人际关系的事物，能衡量出人际关系的亲近与疏远，即使在现在的汪集乡下，这个习俗仍然顽强地存在。所以，城里人若有机会去武汉周边农村人家做客，千万不能轻视主人端出的一罐鸡汤。

"米筛湖土罐煨鸡汤"是地道的农家菜不假，它是一款湖北名馔也不假。它的出名，或许与北洋、民国时代的两个大佬有关。这两个北洋、民国时代的大佬，一个叫黎元洪，一个叫万耀煌。

曾两任中华民国大总统，有"共和磐石"之誉的黎元洪系黄陂人，本与米筛湖的瓦罐鸡汤没有关系，但历史上有一件事让他与米筛湖的这罐鸡汤有了缘分。当然，那是后话。而民国大佬、曾经的湖北省省长万耀煌与米筛湖鸡汤的关系就紧密得多。万耀煌出生在新洲米筛湖畔，兄弟姐妹七人，他排行第三。父亲万振中不善理财，致使家道中落，万家生活贫困。在窝在乡里、没有当兵，也没做官没发达时，他喜爱喝"瓦罐鸡汤"，却一年四季难得喝到口，童年的味觉记忆深深地嵌入他的脑海，让他对故乡的"瓦罐鸡汤"喜爱终生。

1911年武昌起义爆发后，万耀煌绕道上海回武昌参加革命，被任命为湖北军政府作战参谋和战时总司令部作战参谋，在汉阳前线参与指挥义军与清廷部队的战斗。起义军失利后从汉阳渡江撤回武昌，当时起义军的最高领导人黎元洪惊慌失措，离开武昌向东南方向撤退。后来清军在袁世凯的授意下与起义军达成停战协议，起义部队一方需要盖上义军领导人"黎大都督"的印章，而此时黎元洪已东去葛店，离开武昌十几公里，万耀煌跑了十几公里，终于在葛店追上了黎元洪一行，取到印章后在协议上盖章，从而使停战协议生效。黎元洪从葛店返回武昌，稳稳当当地做起了"大都

124

荆楚味道

一罐鸡汤待亲朋

一罐鸡汤待亲朋

孙德先

督"。后来国民党元老张知本曾撰文称万耀煌"葛店追黎有大功"。

情商极高的黎元洪从心里对万耀煌有感激之情，总想找个机会报答一下。某日，黎元洪给官阶不高的万耀煌下了份请帖，请万耀煌在都督府吃饭。宴席上山珍海味一应俱全，还专门上了一罐煨鸡汤，是黎都督在了解万耀煌对瓦罐鸡汤的偏爱后，专门差下属去了万耀煌的老家，找了当地的乡土厨子，在当地农家买了土鸡，并让乡土厨师带上煨汤的罐子乘专车回府，为万耀煌煨的一罐土鸡汤。

黎元洪的这一罐鸡汤让武昌官场中的人对万耀煌另眼相看，同时，全湖北的官场中的人都知道了万耀煌爱喝来自米筛湖老家的"瓦罐鸡汤"……

广州同行在听我讲完了黎元洪、万耀煌这些历史名人与瓦罐鸡汤的故事后，对已经上桌的米筛湖鸡汤表现出十二分的热情，每人面前的鸡汤都被喝得一干二净。离开酒店时，广东同行每人提上了一提罐头盒装的米筛湖鸡汤，准备带回广州给家人当礼物。

汪集当地人历来有用瓦罐鸡汤待客的习俗，我们也当一回汪集人，也借用瓦罐鸡汤表达对广州同行的热情。人类的情感总是相通的，我们去广州，广东同行来武汉，在有来有往之间，我们与他们的感情就亲如一家了。

瓦罐煨汤

　　我曾说过，湖北人喜汤嗜汤的程度，在全国即便不能排第一，大概也不会跌出前三名。在湖北城乡，不管是百姓的餐桌还餐厅酒楼的宴席，设席必有汤。

　　湖北人喜汤也善于调汤，举凡食材，不管是动物食材还是植物食材，皆可制成汤馔端上餐桌。湖北汤馔品种不可谓不多，林林总总数百款，但究其烹调方式，却不算繁杂，多为煨汤与汆汤两类。所谓"煨"，据辞书解释原意有二：一是把食物直接放在带火的灰里烧熟；二是把原料放在锅中，加较多的水，用文火慢煮。湖北煨汤之"煨"应取第二种意思。湖北使用煨的方法多见于制作浓汤，小火慢煮，水宽汤多，如排骨莲藕汤、萝卜牛肉汤、骨弯萝卜汤之类。所谓汆，据辞书解释，为把食物放到沸水中煮一下，随即取出。这是一种避免食物因高温烹调而流失营养，或防止食物本身变老、变黄的一种烹饪方法。湖北使用汆的方法多见于素汤或清汤，大火快汆，水多汤清，如番茄鸡蛋汤、紫菜蛋花汤、冬瓜肉片汤之类。汆汤在武汉的方言中也叫"打汤"。

　　这二十年来，有一种既不是煨，也不是汆的汤馔在湖北各个城市流行起来，这就是蒸汤，全称应该叫"江西瓦罐煨（蒸）汤"。

　　汉口中山公园马路对面有家叫作"大哥大瓦罐煨汤"的馆子，店门十分特别。两口直径在一米以上的黄釉鼓肚大瓦罐，左一口右一口墩实地立在店门两侧，缸肚绘有两条张牙舞爪的金黄色飞龙相向游弋，极其霸气地告诉南来北往的路人：本店出售的，是地道的"江西瓦罐煨汤"。

何谓"瓦罐煨汤"？是指有别于湖北煨汤风味、由江西起源的一种清汤，烹制此种汤时，把鸡、鸭、猪排骨、猪肚等动物食材与萝卜、莲藕等植物食材相搭配，以小瓦罐盛起，瓦罐中加些许黄芪、枸杞、沙参等滋补药材，然后一次性加足清水，在以大圆陶缸做成的灶具中沿缸壁整齐码好，缸中可烧煤也可烧柴。缸中的持续高温将小瓦罐中的各种食材慢慢烘烤至热、至熟，直至成为汤品。用这种方法烹饪出来的汤被江西人称为"瓦罐煨汤"或者"瓦罐蒸汤"，因为此种烹饪方法起源于江西，且在江西各地流行，饮食界便约定俗成地称这种汤馔为"江西蒸汤"或"瓦罐煨汤"。

严格地说，其实"瓦罐煨汤"的烹饪方式既不是"煨"也不是"蒸"，而是在封闭的大圆陶缸里，用高温对小瓦罐中的食材和配料进行"烘烤"，使食材与水糅合相融而成其为汤，似应叫"烘汤"更为准确。但"烘汤"叫起来颇让人费解，而叫"蒸汤"或者"煨汤"更让人清楚明了，便于接受。久而久之，百姓便把这种用大陶缸作灶具、小瓦罐作盛具，高温烘烤而成的汤品定名为"江西蒸汤"或"江西瓦罐煨汤"。

"江西瓦罐煨汤"的起源，鲜有文字记载。我去江西南昌出差，通过与当地"美食达人"聊天和民间探访，了解到该汤的起源故事，比较一致的说法是该汤为江西景德镇烧制陶瓷的窑工所创制。

景德镇为著名瓷都，宋真宗景德元年（公元 1004 年），因此地所产青白瓷质地优良，遂以皇帝年号为名置景德镇，并沿用至今。景德镇因烧制陶瓷出名，从古代起，景德镇就有一个以烧陶瓷为谋生手段的群体——烧窑工。古时烧造瓷器的方法非常原始，燃料主要是柴草，每烧一窑的过程都艰辛无比。窑工烧造的瓷器精美贵重，尤其是给皇家烧造的御窑出品的瓷器,放在现在来看,任一件都价值连城,可换来数辆豪车、几栋别墅。但当时窑工的收入却非常微薄,甚至难以养家糊口。因此,窑工上工时,便带上些许腌肉、腌菜、豆制品和粮米,上工后用瓦罐将米、菜分别盛起,在罐中加些水,沿窑边搁好。到午饭时,在窑边烘烤了几个小时的饭菜已然自熟,窑工们取出瓦罐,在窑口吃上了热菜热饭——这便是如今在餐饮业很有名的"窑工菜"的来历。肉汤、鸡汤、鸭汤等窑工汤馔,亦是如法炮制,均是把肉、鸡、鸭加水盛在瓦罐里,在烧瓷窑中烘烤而成,我们暂且称之为"窑工瓦罐汤"吧。

将"窑工瓦罐汤"商业化的城市是南昌。瓦罐汤品先是在酒楼饭店中开始售卖,继而通过快餐店售卖。经过多年的餐饮经营实践,已然做到了食材基本量化、烹汤过程规范化、汤品品质有保证。南昌人将来自景德镇的"窑工瓦罐汤"做了改进,并赋予其极强的形式感:用一口鼓肚大陶缸代替了烧瓷的瓷窑,缸口加一个活动的盖子,做成灶具;又在大陶缸上画龙画凤,平添了两分美感。陶瓷大缸要么摆在店内厅堂,要么摆在店门两侧,在众目睽睽之下展示烹汤技艺。待汤烹好,香气便从缸口溢出,向四处飘散,实在勾人食欲。曾有南昌美食家赋诗赞曰:"民间煨汤上千年,四海宾客常留连。千年奇鲜一罐收,品得此汤金不换。""江西瓦罐煨汤"能够风靡大江南北,不仅因汤品口味独特,还得益于其"接地气"、高性价比的快餐经营模式。于是,"江西瓦罐煨汤"由南昌出发,南进、北上,这二十年间在全国到处开花。"江西瓦罐煨汤"进入武汉餐饮市场,也是走的快餐路线,品种多样,由"蒸汤"与"蒸菜"两类组成:蒸汤多为排骨莲藕汤、排骨萝卜汤、猪手汤、猪肚汤、鸡汤、老鸭海带汤等;蒸菜则有豆豉蒸干子、粉蒸芋头、蒸水蛋、蒸豆角等。汤与菜的生产,全在一口大缸内搞定,干净卫生,简单便捷。像我这种经常进出"江

西瓦罐煨汤"店子的食客，心知肚明，别看店门口两口黄釉大缸气宇轩昂，这类店子做的却是花费三十元钱就能吃饱肚子的小菜、快餐营生。

　　我对瓦罐煨汤颇有兴趣，多次去过"大哥大瓦罐煨汤馆"喝汤，也去过不少路边的"江西瓦罐煨汤"馆。原因有三。一则瓦罐灶具特殊，瓦罐形似小坛，口阔、有把、底部较宽大，以泥陶烧制而成，以确保烹制出的汤品无金属异味，这叫灶具环保自然。二则食材选择宽泛，大多数动物食材、植物食材都可入汤，这叫食材可选择性高，汤品种类丰富。三则烹法回归自然，食材选定后，入缸慢火煨制七个小时左右，故而成汤，又有鲜美、清淡、鲜嫩、原味原汁、营养价值高、有滋养进补之功效等特点，有些长处是浓汤所不具备的，尤其适宜像我这般年岁的人饮用。至于喜欢喝浓汤的年轻人，若嫌喝"瓦罐煨汤"不太过瘾而不肯移尊进"江西瓦罐煨汤"馆，那我就不多嘴相劝了。

荆楚味道

瓦罐煨汤

无「圆」不成席

楚地自古有四大饮食习俗，曰："无鱼不成席、无汤不成席、'三蒸九扣八大碗，不上蒸笼不请客'、无'圆'不成席。"前三种饮食习俗我均有介绍，本文不再赘言，且只说道湖北人吃圆子。

湖北人与外地人打交道时，给人的普遍感觉是头脑反应快、办事机敏，所以世间一直有"天上九头鸟，地上湖北佬"之说。按照这个逻辑，我们就很好理解，为什么在饮食习俗上，湖北人会特别钟情于外表圆不溜秋，吃起来适口（不影响咀嚼、不刺痛口腔）的食物——丸子（湖北地区称"圆子"）了。乃至于在湖北的宴饮习俗中，席面上有无圆子或圆子做得如何，足以成为评判一桌席面好坏的标准，简言之便是"无'圆'不成席"。当然，在湖北地区，民间所说的圆子，通常专指以肉类制成的圆子，特别是肉圆子和鱼圆子。早年，寻常日子食鱼吃肉颇不容易，遂以鱼、肉圆子为尊，一来反映出生活不富裕的年代，鱼、肉食材在民众心中的地位；二来圆子的外表圆润、喜庆，吃圆子寓意诸事顺利圆满，这样的好彩头，颇能满足湖北人凡事追求圆满的心理。

一般而言，经简单加工后呈圆形的食物统称为"圆子"，圆子菜式在湖北菜系中必占有一席之地。湖北菜系有两三千道基本菜式，以不同食材（肉类、蔬菜类、粮食类、豆制品类）制成的圆子菜色，数量大约能占到湖北基本菜式的4%，也就是在80道至

120 道。往大了说，圆子菜在中餐三万道基本菜式中，所占比例也不小。2003 年，大连出版社出版了一本《中国丸子 500 种》，收集了各地的圆子菜式共 500 种，是迄今为止收集圆子菜品类最全的一本菜谱了。

　　以食材原料为依据，我们可以把湖北的圆子菜分为荤圆子、素圆子、荤素混合搭配的圆子三类。纯粹以肉类做成的圆子称为荤圆子，比如猪肉圆子、鱼圆子、牛肉圆子、羊肉圆子、墨鱼圆子、鸡肉圆子等。荤圆子有以单种食材制成的，也有以不同肉类混合制成的。事实上，许多品类的肉圆子，都会掺杂鱼红（湖北地区方言，指剔除了鱼皮、鱼骨的净鱼肉）。鱼圆子中也有掺杂肉糜的，比如江夏区金口街道一带的特色风味菜"生炸鱼丸"，食材构成就是鱼糜占七成，肉糜占三成。

　　纯粹以蔬菜类、豆制品类、粮食类食材为主要原料做成的圆子称为素圆子，比如白萝卜圆子、胡萝卜圆子、芹菜圆子、白菜圆子、荠菜圆子、莲藕圆子、苕粉圆子、萝卜菜圆子、香菜圆子、南瓜圆子、地瓜圆子、绿豆圆子、糯米圆子、豆腐圆子等。素圆子中也有将两种或以上的素菜混合成的圆子，比如有的萝卜圆子就是胡萝卜与白萝卜混合而成的。

　　既有肉类原料，也有蔬菜类、豆制品类、粮食类等原料，以此相搭配制成的圆子，则是荤素兼备的"混搭"圆子。比如糯米圆子是肉糜与糯米的搭配，荠菜圆子是肉糜与荠菜的搭配，荤萝卜圆子是肉糜与萝卜的结合……

　　湖北圆子菜多采用炸、蒸、煮氽的烹调方法，尤其以油炸居多。生炸圆子、干炸肉圆子、油炸萝卜圆子、油炸藕圆子、绿豆圆子等，都是经高温油炸而成。嘉鱼蒸鱼圆子、糯米圆子、豆腐圆子等，采用的方法是上笼屉蒸。而鱼圆子（也叫鱼氽）、氽汤肉圆子等都是用煮氽方法烹饪而成。即便同一种食材所做的圆子，因烹饪方法不同，成菜的味道也迥然有异。比如肉圆子，若以水氽，叫作氽汤圆子，吃起来汤鲜肉嫩。若以高温油炸，唤作油炸肉圆子，色泽橙黄，外酥里嫩，肉香浓郁。

在湖北本帮餐馆的餐桌和百姓居家的餐桌上，我们看到最多的圆子品种，当属肉圆子和鱼圆子。在湖北地区，鱼圆子似乎比肉圆子的历史更为久远，一来因湖北多湖泽而鱼多，二来制作鱼圆子的方法较肉圆子更为简单。所以，湖北人的餐桌上见到鱼圆子的概率比肉圆子更高。

相传，湖北鱼圆子起源于战国楚文王时代。楚文王嗜吃鱼，一次，他吃鱼时偶被鱼刺哽喉，当即怒杀了司宴官。从此后，楚文王每次吃鱼，厨师都按要求斩头去刺，剁细鱼肉。这种去刺吃鱼的方法流传下来，经过两千多年，发展成了湖北鱼圆子的基本制作方法。其方法如下。把活鱼劈成两半，将鱼头固定于案板，斜着刀刃顺着鱼肉纹理刮尽其肉（湖北方言称为"刮鱼红"），注意要剔去鱼刺，待鱼肉刮尽，只余一副鱼骨。再用刀背将鱼肉剁成鱼肉糜，取鸡蛋两只，弃去蛋黄，将蛋清拌入鱼肉糜，加入些微姜水、酒、细盐，然后用手顺时针搅拌鱼肉糜，直至鱼肉糜变得柔软劲道。烧一锅清水，以汤匙舀一匙鱼肉糜，单手团成鱼肉糜圆子，下进锅里，待水渐渐烧开，鱼圆子像乒乓球似的一个个浮于水面，即可捞出，并放入清水里。需要用鱼圆子做菜时，再从清水中取出鱼圆子，可烧，可蒸，可烩，可煮，用什么吃法，悉听尊便。

检验鱼圆子制作得是否成功，方法很简单：咬一口鱼圆子，如果鱼圆子上留下两颗门牙清晰的牙印，则表明鱼圆子做得软嫩适度，口感最佳。如果没留下牙印，则表明制作鱼圆时要么是鱼肉糜搅拌不到位，要么是姜水的量不对，要么是鸡蛋清与鱼肉糜的比例有问题，总之鱼圆子是制作失败了。

不管是肉圆子还是鱼圆子，上桌之后总是最受湖北本地食客喜欢的菜肴，一口一个，吃起来很是过瘾，用"大快朵颐"形容这一盛景，不算为过吧。

金口，泡酥酥的『生炸丸子』

因为湖北境内水阔鱼肥，所以在外地人心目中，咱们湖北人喜欢吃鱼菜是出了名的，特别喜欢吃以鱼为食材制成的鱼丸也是出了名的。

湖北人对鱼菜和鱼丸子的钟爱，也让湖北尤其擅长做鱼菜和鱼丸子的厨师出了大名。比如中国烹饪大师孙昌弼因擅长做鮰鱼菜，被厨界尊称为"鮰鱼大王"，中国烹饪大师卢永良因擅长做淡水鱼丸享誉神州。

与粤、川、鲁、淮扬四大传统名菜系的名头相比，湖北菜可谓是无名小卒。我说这话倒不是自谦，一个显而易见的事实是，湖北厨师的工价在全国各知名菜系的厨师工价中总体是偏低的。但湖北厨师有一样手艺让各个菜系的厨师都高看一眼：能把鱼丸做得花样百出，滋味鲜美。

不信你可以去查，无论哪一届国家级专业厨师的烹饪大赛，只要有湖北厨师参赛，最后赛事组委会颁奖，总有一块奖牌会挂在以鱼丸菜肴参赛的湖北厨师项上。

我个人对湖北传统鱼丸菜情有独钟，无论是采用汆、煮、炸、蒸等哪一种烹饪方法制作的鱼丸菜，我都百吃不厌，喜爱有加。

或可看成上天发给我的福利，在距我工作地点不过百米的地方，有一家在武汉因擅做长江鱼鲜而声名远扬的餐厅——"谢记老金口渔村"。因参加各种宴请的理由，隔三岔五，我都有抬脚出了办公室，走不了三两分钟就迈进"谢记老金口渔村"那扇古朴大门的机会。

把"谢记老金口渔村"说成是那些嗜吃长江鱼鲜的馋猫们的福地肯定不为过。来这里可以吃上越来越鲜见的长江野生胭脂鱼、江鳅、刨花鱼、大白刁、黄颡鱼、鲤鱼、江鳗等，把这些很少有人能够认全的江鲜或清蒸，或红烧，或氽汤成菜，总有一款美味的鱼菜能把馋猫们勾引得流连忘返。

但我与那些嗜吃江鱼的馋猫们有所不同。我时常惦记"谢记老金口渔村"的原因，只有我自己最清楚：吃长江鱼鲜算是顺便，我真正在意的，是这家餐厅的招牌菜——"生炸鱼丸"。倘若吃到的是店老板兼厨师长谢修文亲自烹制的菜肴，我这一餐饭便成了一次美食品鉴活动了。

我所了解的谢修文是一个土生土长的金口人，打小在长江边长大，对长江里的各种江鲜比常人有更多的了解和认识。年轻时在本埠和广东、四川等地做厨师的多年经历，让他对以不同流派的烹饪技法烹制长江鱼鲜特别有感悟。凭着一双巧手烹饪的长江鱼鲜，他征服了一大帮吃货们百般挑剔的味蕾。

"生炸鱼丸"在武汉餐饮市场上不算多见，它与湖北各地我们熟知的以清水氽熟的鱼丸完全不同。简单地说，"生炸鱼丸"是用植物油把生鱼丸炸制而成的。吃"生炸鱼丸"的习俗，不在武汉市各中心城区流行，而在离武汉中心城区较远的江夏区金口镇和咸宁市嘉鱼县簰洲湾一带流行。

武汉市江夏区的金口古镇，因金水河在此流入长江口岸而得名。金口在古代也叫涂口，春秋战国时集市已成雏形。从汉朝至隋朝，金口为郡县治地，也是古代商品的集散地和中转港口。上起川湘、下至江浙的商船，多来此地进行商品交易，于是金口素有"黄金口岸"和"小汉口"

之称。清人段灿撰文云："踞口比屋而居者，星布棋列如画，四方百货，日夕辐集，舳舻帆樯，络绎不绝。"直至现在，颇具江南水乡情调的金口小镇，古风犹存。

长江流至金口，因撩花石的阻挠，江水在这一带形成回流。长江在孕育了这个千年古镇的同时，也给古镇的世代居民提供了丰富多样的各种鱼虾。因此，长江鱼鲜以其鲜美绝伦的味道为金口居民所熟悉且终生迷恋。于是，居住于鱼米之乡的金口人家，随便哪家的主妇煮夫几乎都能烧出一手好鱼菜，尤其是逢年过节时炸制的"生炸鱼丸"，成为每家必备的待客佳肴。那些对厨艺有更深造诣的人家，做出一整桌江鲜宴席更不算奇事。

在金口古镇，"生炸鱼丸"是一款有故事的菜，相传它的源起与晋代名人、中国第一位田园诗人陶渊明有关。

东晋末年，写出了千古佳句"采菊东篱下，悠然见南山"的陶渊明乘舟回江陵，曾在涂口住宿，且留下诗篇《辛丑岁七月赴假还江陵夜行涂口》，其诗云："闲居三十载，遂与尘世冥。诗书敦夙好，园林无世情。如何舍此去，遥遥至南荆。"

相传陶渊明小住金口期间，早起看"孤帆远影碧空尽"的江景，夜晚赏"星垂平野阔，月涌大江流"的奇观。接近中午时分，他常去最具人间烟火味的集市转悠。细心的他观察到渔民每日从长江里捕捞了大量的鱼虾，送到集市摆摊出售。但鱼摊上的供求严重失衡，买鱼的人少，摊上堆放的鱼多。天气炎热，鱼摊上没卖完的鱼到了正午时便被鱼贩倒进垃圾堆弃掉。

金口镇的居民，一直依照传统的煮、烧、蒸之法烹烧鱼菜。陶渊明住宿的客栈，每日里供应的鱼菜，也是煮、烧、蒸之类。于是每日正餐陶渊明能吃到口的菜式，也就是那几样菜打转转，不免让见多识广、能吃会做的"资深吃货"陶渊明感觉乏味。

一日，他让店主把厨师找来，问他们："为什么每天就吃这几样鱼菜，难道就不能弄出点新样菜吗?"厨师答："我们这里只会这样做菜，客官如想吃新板眼的菜，那只能自己动手。"陶渊明说："好，那我来试试。"说着，接过厨师递过来的厨师行头、炒勺，在灶房里披挂上阵。他顺手捡了一条草鱼，将鱼肉剁成鱼肉糜；又顺手从案板上取了一块五花肉，也剁成了肉糜，然后以鱼肉糜五分之四、猪肉糜五分之一的比例将两者混合搅拌。

大诗人转眼成了大师傅，陶渊明把锅支在炉子上，倒进食用油，让油温慢慢上升。这时，他腾出手来，用手将鱼肉和猪肉剁成的肉糜团成一个个的球，又一个个地下入油锅中炸制。不一会儿，金黄色的肉丸变大了两三倍，一个个浮在油锅里，然后陶先生用竹筷将肉丸夹起，放在碗里。

厨师不解，问陶先生："这菜叫什么，能吃吗?"

陶渊明答："这个菜叫'生炸鱼丸'，好吃着呢!"

说着，陶渊明像师傅指挥徒弟般吩咐厨师拿来酱油、醋，切好姜丝、葱花，做成蘸料，每人一双长筷在手，夹起一个鱼丸，放入碗里蘸上调料，再拈起放进嘴里，鱼丸泡酥酥的，鱼肉肉质细腻滑嫩。炸制的鱼丸有一抹淡淡的油香，蘸上一点现制的姜丝醋调料，清口解油腻。一口一个鱼丸，鱼肉中有猪肉香，猪肉中有鱼肉味，客栈老板和厨师吃得根本不想停下口来。

厨师佩服得不得了，说："先生的厨艺神了，我愿意拜先生为师，不知先生愿不愿意收我为徒?"

陶渊明说："收徒就算了，但我可以教你做'生炸鱼丸'。"

陶渊明尽心尽责地教，客栈厨师巴心巴肝地学，待陶渊明离开金口时，客栈厨师已经把"生炸丸子"的手艺学得透熟。这个客栈厨师也是

荆楚味道

金口，泡酥酥的「生炸丸子」

古道热肠，但凡有当地居民求教于他，他便手把手地教，直到对方学会为止，且分文不取。久而久之，"生炸鱼丸"成了在金口镇普及率最高的鱼菜，逢年过节，或有红白喜事的宴席，"生炸鱼丸"是席面走菜的重头戏。

"生炸鱼丸"取材宽泛，各种鱼肉都能够制成鱼丸，只是不同的鱼有不同的口感而已。自从"生炸鱼丸"在金口流行，当地弃鱼的现象比过去少了许多。

一千多年过去了，金口古镇的变化可谓天翻地覆，有人从外地娶回妻子，有人从金口嫁往邻近的嘉鱼县簰洲湾或长江对岸的武汉市汉南区（过去属汉阳县）为人之妇，于是喜欢吃泡酥酥的"生炸鱼丸"的饮食习俗，随着金口镇的人口流动慢慢传播开去，在金口镇、簰洲湾等地区延续至今……

"谢记老金口渔村"的"生炸鱼丸"能让我上心，是有道理的。首先这道菜的选材严格。"谢记老金口渔村"的鱼丸用的是7斤以上草鱼的鱼肉和土猪五花肉制成。采购草鱼，不管冬夏，每天都由采购员在天刚麻麻亮时直接去渔民船上采买活蹦乱跳的鱼，以保证剁出的鱼肉糜滑嫩。草鱼肉剔下后，用刀背剁成泥待用。猪肉糜则选用通山县特产的土黑猪的五花肉剁成，以保证肉糜的鲜香味道。其次，严格遵守操作程序烹饪。鱼肉糜与肉糜之比为四比一，葱姜汁、蛋清等也按比例混合在鱼肉糜和肉糜里，在盛器中用手顺时针搅拌，使混合肉糜有劲道。油锅上火烧至四五成热时，将混合肉糜团成丸子下入油中，炸至表面呈金黄色时捞出，控净油，装盘。

"生炸鱼丸"的装盘也能让人眼睛一亮：精巧的柳条编织的筐，筐里垫一张隔油纸，泡酥酥的鱼丸子堆在筐内，泛着诱人食欲的金黄色。

随柳条筐一同上桌的，是一个小白瓷碗，碗内是用生抽、陈醋、姜丝配好的蘸料。"生炸鱼丸"有两种吃法：有蘸调料吃的，也有不蘸调料吃的。我个人不太喜欢蘸调料吃"生炸鱼丸"，原因是酱油、醋的调料味道，多多少少会掩盖鱼丸的本味，冲淡了鱼丸的肉香和鱼鲜味。但不管是蘸不蘸调料，"生炸鱼丸"吃进嘴里的泡酥酥的快感，绝对让人记忆深刻！

金口，泡酥酥的「生炸丸子」

张公圆子

西南一家美食媒体准备编发一期全国各地圆子菜的专栏，派我的一位编辑朋友来武汉组稿。他让我推荐一款最具武汉特色的肉圆子菜和一间以这道菜为招牌的餐厅。我的推荐，是去经营湖北本帮菜的"老村长"球场路店体验一下他们的招牌菜——黄焖圆子。

在我的心中，黄焖圆子算得上武汉最有代表性的圆子菜了。

我曾观察过，久居武汉的老居民，喜欢食肉圆者，十之五六，尤以小孩为甚。从古至今，武汉都有"无圆不成席"的饮食习俗，不管是百姓的日常餐桌，还是餐厅正式的席面，各色圆子菜，尤其是肉圆子都是桌上不可或缺的角色。

像我这般年龄的人，小时候是把吃肉圆子与过年画等号的。或更直接来说，在那个年代，能敞开肚皮吃圆子的日子，也只有过年这几天。

四十年前，一个普通的市民之家要想一日三餐都能吃上肉圆子，无异于痴人说梦。那时国家不富裕，老百姓的日子过得紧巴，柴米油盐酱醋茶这"开门七件事"，按计划凭票供应的多，不要票供应的少。人不分男女，也无分老幼，每人每月供应半斤猪肉，即使有吃得起肉的经济能力，没有肉票也是枉然。大多数武汉居民，四季荤腥难得，哪舍得把每人半斤肉的指标，换成一块五花肉，剁成肉糜，炸成肉圆子，只做成一盘肉菜吃啊！绝大多数的当家主妇，都会在心里掂斤掐两：用这半斤肉票，在菜场的肉摊上，精心挑了筒子骨、脊骨，再加点排骨，回家煨一铫子排骨藕汤或萝卜汤，汤汤水水，一大家人可以节省地喝上一两天。

城市居民之所以过年时能吃上肉圆子，也是因为每人过年时有多发的半斤肉票。到了腊月二十八、二十九这两天，步入了过大年的节奏，员工们白天象征性去单位点个卯，随即回家准备开油锅炸圆子。

各个当家主妇买回五花肉，充当大厨的男人便开始炸制肉圆子：把猪肉切成条形，再改刀成丁状，在砧板上将肉剁成肉糜，放进盆中；打鸡蛋，只取蛋清，混入肉糜里；把鲩鱼抠鳃去鳞，一剖两片，取鱼红，也混入肉糜中，再加入细盐、味精些许，点些清水，顺时针搅和肉糜，五六分钟后停止搅动；架锅，倒入食用油，待油锅起烟后，在手心团好的肉糜圆子就能下锅了；炸至八九成熟时捞出，滤油后摊开放好。以油炸肉圆做基础，可以早上下面"过早"，可以加小花菇、香菇红烧，也可以加黄花菜、木耳做成黄焖圆子。圆子若保鲜得当，炸一次可以吃上五六天。

若有客人串门拜年，黄焖圆子便是待客主菜。

何谓黄焖圆子？简单地说，是把炸至八九成熟的圆子和黄花菜、木耳等配料回锅焖烧的菜肴。其烹法大致是：置锅于炉火之上，倒入食用油滑锅，将圆子和泡好的黄花菜、木耳下锅略加翻炒，加入高汤、酱油，盖锅盖，中火烧开，大火收汁，再放黑胡椒和少许盐调味，加入水淀粉勾薄芡，出锅前撒上小葱花即可。

现在回头来看，烹饪黄焖圆子的优势，其实是能提前预制，成菜快速。过年用黄焖圆子待客，在当时食品贮存条件普遍不佳、市民经济条件相对不好的现实境况下，也算是百姓的最好选择了。

"老村长"是家地道的湖北餐馆，对烹饪黄焖圆子很是上心，花了几

荆楚味道

张公圆子

年时间，把它打造成了声名远播的招牌菜。当然，"老村长"对黄焖圆子情有独钟，不仅只是因为这道菜很受食客喜爱，还在于它是一道有传说的"故事菜"，有许多"老武汉"至今还是把黄焖圆子唤作"张公圆子"。

为什么黄焖圆子会被人叫作"张公圆子"？这与晚清的湖广总督张之洞有关。

武汉传闻，清光绪三十一年（1905年），张之洞调任湖广总督，为解除汉口居民长年所受的府河、后湖的水患之苦，也为汉口的未来发展拓展一个广阔的空间，张之洞秉持"主政一地，造福一方百姓"的为官理念，决计拨官款修一条东起汉口堤角、西至舵落口的长堤，以解除府河、后湖汛期洪水之忧，让汉口居民有一个安居乐业的空间。

张之洞当时计划修堤长度约二十公里，工程用度白银八十万两。建堤后，汉口与今天的东西湖（当时的东西湖是一望无际的湖水）分开，后湖等低洼地露出水面，可供百姓居住和耕作。后经东西湖柏泉籍人刘歆生（人称"汉口地皮大王"）筹巨资延长、加宽了堤坝。

筑堤人不舍昼夜奋战在筑堤工地上。

据传，某日张之洞视察堤防建设进度，亲眼看到劳动场面热烈，筑堤大军个个意气风发、精神抖擞，受大伙昂扬情绪的感染，他对筑堤民众动情地说："大堤完工之时，我给你们刻碑纪念，请你们会餐吃圆子。"

汉口百姓历时两年将堤筑成。堤成之后，庆典大会如期举行。庆典前夕，张之洞吩咐属下征调武昌、汉口餐馆酒楼的部分厨师，准备操办宴席。知人善任的张之洞委任一个武昌（今江夏）籍家传六世厨师的督府官厨统一指挥菜式烹饪，在城防部队的操场上支起棚子，架起油锅，按照武汉人过春节、办红喜事、给老人做寿吃黄焖圆子的传统制作方法，选肉糜、剁肉、开油锅炸圆子，将炸好的圆子装在簸箕中，按序一层一层摆好，等待明天开席回锅烩圆子。

庆典大会开得异常隆重热烈。对张之洞力主修筑长堤以绝水患的大善之举，汉口居民无不心存感激，坊间百姓便自发地称这条大堤为"张公堤"，相互之间还流传着"没有张公堤，难有大汉口"的话。

设在城防部队操场上的流水席，一连摆了三天，前客刚走，下一拨客人立刻入席就座。每席都有一盆个头如乒乓球大小的黄焖圆子。泡酥酥的黄焖圆子被吃席者含在嘴里，他们对总督张之洞的爱戴则深藏在心里。吃完酒席，回家后眉飞色舞地向街坊邻居讲述吃席盛况，将黄焖圆子说成了"张公圆子"，让那些没有参加庆功宴席的男女老少爷，羡慕得眼珠子都要掉下来了……

武汉人对圆子的感情也非同一般。所以，"老村长"以圆子为招牌的经营方向，不可不谓之眼光独到。我们一行十人鱼贯进店，分宾主在餐桌前坐定。上菜速度很快，凉菜上过，热菜黄焖圆子第一个登场，意料之中，喜欢吃黄焖圆子的人占了我们这拨食客的一多半。"老村长"今天的黄焖圆子，当得起我的推荐，亦没丢湖北厨师的脸。比乒乓球个子稍小的圆子，炸得泡酥酥、肉坨坨的，呈深重的橙色，酱汁油亮，喷香可口，明显吃得出农家土猪肉的香味。胡椒味道很浓，肉圆子裹着胡椒的浓香，对舌头和口腔形成了爆破般的冲击感，真是吃一个肉圆子，便唇齿留香了。看得出这盘黄焖圆子非常对编辑朋友的胃口，席间我讲的张之洞与黄焖圆子的故事也让他听得津津有味。我暗暗观察他，这一盘黄焖圆子，数他吃得最多，不多不少，吃下五个。他有些喜出望外。看着他吃肉圆子的样子，让我不由觉得，这就是"大快朵颐"之意了吧。

肉坨圆子有点『泡』

汉阳沌口经济开发区有家开了四五年专卖肉丸子的餐馆，店名起得简单直接——倪家老丸子。店老板倪守富与我的老师、著名作家彭建新有葭莩之亲，倪守富托彭老师邀我去店内小坐，于是我在吃了一餐以丸子为主题的大餐后，也就有了这篇与丸子相关的文章。

我所说的丸子，当然指的是猪肉丸子。我曾不止一次与朋友私下说过，如果要全国评选普及度最高的菜肴，炸肉丸子将不出意外地夺得桂冠。

肉丸子在各地叫法有别，形状也小有差异。淮扬菜里的红烧狮子头，北京菜里的四喜丸子、干炸小丸子，湖北菜中的黄焖圆子（武汉方言称丸子为"圆子"）等，都是丸子名菜。

生活中喜食肉丸者数量极多，据我了解，地无分南北，人无分老幼，一大半的中国人，几乎都喜欢吃丸子，小孩尤甚。

我们已然进入了一个物资供应非常充裕的时代，鱼肉等食材唾手可得，集贸市场或超市甚至有已经炸好的新鲜丸子出售，不管在家庭的餐桌上还是餐馆的宴席上，我们总能吃到各种不同的肉丸。

在过去那个物资匮乏的年月，购买任何日用品包括食品都是限量的，按人头凭票购买。我居住的城市居民每人每月只供半斤猪肉，一个月间只吃一次肉是常事，如果割回的肉炸了圆子，就不能煨汤，煨了汤就不能煅猪油，煅了猪油就别指望能吃到泡酥酥的炸肉圆子了。所以像我一般年岁的人，那时节能够饱饱地吃上几个油炸圆子的机会，一年没有几回，每吃上一次，都算是不小的美事。

小时候，我是把吃圆子与过年画等号的，过年就意味着能吃圆子，吃圆子就是过年。那时也不知道世上还有燕窝、鲍鱼、鱼翅、熊掌、鹅肝、鱼子酱等山珍海味，只知道一口一个的圆子吃起来令人满足而快乐，心里美翻了天。肉剁得松松软软的，捏成圆子，入油锅炸得像橘黄色乒乓球般，浮起捞出，外面略显焦脆，内里则酥嫩。一咬热得烫嘴的肉圆子，热香之气四溢，不须大嚼，没有吃鱼时细刺卡喉的顾虑，也没有吃红枣等果品那般吐核的麻烦，圆子吃起来干脆利落，满嘴生津，实在过瘾。

年底腊月间送灶王爷上天后，是武汉老城区居民最忙碌、最愉悦的日子，俗称"忙年"。居民们忙年中的一件大事，便是开油锅炸圆子。我家岁炒炸圆子的重任，从来都由父亲担当，而我主要负责运年货回家。从我十岁学会骑自行车开始，每到年末，我都要骑自行车从汉口去母亲供职的汉阳显正菜场，驮回过年的鱼肉菜蔬，一般要分几天才能运完。当父亲的班可以上得稍微松散些了，我们家就支开油锅炸肉圆子、翻徽、鱼块。父亲把猪肉在水中稍微洗洗，切成条形，再改刀成丁状，持两把菜刀，左右开弓，急急徐徐，在砧板上将肉剁成肉糜，放进盆中；打两个鸡蛋，只取蛋清混入肉糜里；把买回的鲩鱼抠鳃去鳞，一剖两片，取鱼红，在砧板上用刀背碾碎成糜，也混入肉糜中，再加入细盐、味精些许，点些清水，然后不紧不慢地开始顺时针搅动肉糜，五六分钟后停止搅动，抄起一团肉糜，向盆中摔去，一而再、再而三，反复数次。架锅在小煤球火炉上，倒入棉籽油（那时居民的食用油，多为棉籽油、菜籽油、花生油），待油锅冒烟后，父亲将在手心团好的肉圆子下锅油炸。我们兄妹三人就端着小碗候在油锅

肉坨圆子有点『泡』

边，看着圆子在油锅里翻滚着，颜色渐渐变黄，随后浮起，父亲便用火钳夹起肉圆子放在丝网上沥油，待肉圆子表面的油沥干，便把肉圆子夹入我们的碗中，每人分得几个。我们也不使筷子，用手抓起肉圆子便送入口中，又馋又急，肉坨泡酥的肉圆子吃得心满意足。父亲瞅着我们吃肉圆子的馋相，也不言语，眼睛笑意盈盈地眯成一条细缝。事隔五十年，我们三兄妹仍时常想起父亲过年炸肉圆子的温暖场景。

在我们的记忆中，父亲的肉圆子炸得好吃得不得了。现在回想起来，除了有亲情渲染的原因外，还因当时的猪肉都是农家土猪肉，吃起来肉香味嫩；肉糜是纯手工剁成，现炸现吃，其味鲜香无比，也在情理之中了。

1975 年初秋，我被下放到武昌县（今江夏区）安山公社安山大队林场当知青，每日在丘陵上挖树坑不止，虽不至于饿肚子，但每日只能吃青菜白米饭，缺油少腥，吃肉圆子更是奢望。雨雪天气时，知青们猫在宿舍不用出工，一无书看二无报读，日子过得无聊透顶，便靠回忆在武汉城里的生活点滴度日。想起在城里吃肉圆子的滋味，不觉已是垂涎三尺，馋虫钻心。1974 年，因李庆林给毛主席上书，反映下放知青生活的困苦，国家决定给下乡知青每月给予补贴，第一年每月补助 10 元，第二年每月补助 8 元，第三年每月补助 6 元。大概是每月 10 号，我们会去镇上的公社知青办领钱购米买油。1976 年的一个领取知青补贴款的日子，我们十来个知青去镇上领款准备买米，路上看到镇上新开了一家小餐馆，门边立了个木牌，毛笔写着：江城名厨主理，黄焖葵圆大王。我们几个男知青闻着餐馆里飘过的香味，不禁吞了吞口水，一致决定，米不买了，油不打了，集中这月的补贴，"打平伙"先"搓一顿"再说。

我们像是要把下农村以来一直没有吃肉圆子的亏损补回来似的，几个人一口气吃下了六盘黄焖圆子，每人都是一口吞一个圆子，吃相一个比一

倪家老丸子

个难看。而这家店子的圆子做得实在，个大溜圆，一口难以包下，我们怕圆子从嘴里掉落，便一个个仰起头来，用舌头拨动圆子，再嚼细咬碎咽下肚。每个人的嘴角都滴流着肉油，也顾不上揩擦干净，一幅"饿死鬼"的馋相。时隔四十年，无论什么时候想起这一次在安山公社镇上吃肉圆子的滋味，都有一种难言的苦涩之感。

1977年，国家恢复高考，我有幸一考回城。岁月飞逝，光阴如梭，我们从学校毕业，分配进了各厂矿机关工作，一晃间，便到了谈婚论嫁的年龄。隔三岔五，我都会接到请帖去参加同学、同事的婚礼。武汉民俗称参加婚宴叫作"吃圆子"，因为每逢婚宴，席间必上个大溜圆的圆子，寓意新郎新娘婚后生活圆圆满满、和和美美。当年汉口的"老会宾"酒楼，是武汉三镇首屈一指的大酒店，为百年老字号，是汉阳县（今蔡甸区）朱家台人朱荣臣、朱家祥、朱家泰三兄弟于1898年创立，辉煌百年。武汉市但凡有身份的人家，遇上男婚女嫁的大喜事，莫不以能在"老会宾"酒楼宴客为荣。"老会宾"的厨师多为汉阳县人，大圆子是飨客的招牌菜式。汉阳县的风俗是吃大个的肉圆子，其圆子大小甚至不输扬州的"狮子头"。汉阳县的婚宴习俗是吃结婚宴席时，入席者不当堂吃圆子，而是办喜事的人家发给入席者每人一方手帕，让其将圆子包在手帕里带回家中。这种习俗有两层含意，一来可作为吃了人家喜宴的佐证，二来可以将席上美味与家人共享。当年"老会宾"的喜宴仿汉阳人的习俗，上的肉圆子是双份，一份供入席者堂食，一份供入席者打包后带回家。"老会宾"的大圆子在武汉极为有名，很受市民喜爱，乃至当年还有吃"老会宾"大圆子的诀窍流传于坊间："肉肥圆子大，吃时莫讲话。"意思是吃"老会宾"大圆子时不能说话，否则容易呛了喉咙。

倪守富是吃汉阳肉圆子长大的"土著"，对汉阳老圆子一往情深，开间餐馆也以"汉阳老丸子"为招牌。"倪家老丸子"餐馆所在地汉阳沌口经济开发区，三十年前也属于汉阳县地界，这里的居民仍旧沿袭老汉阳县农村的饮食习俗，炸出的丸子比汉口这边个头稍大，所以才有"老丸子"一说。我在此间所吃的丸子有干炸丸子、红烧丸子、黄焖葵圆和蒸糯米丸子。虽都称丸子，烹饪之法却不大相同，味道各异，但都能吃出农家土猪肉的香味，丸子都炸得泡酥酥、肉坨坨的，味道可口。我应归为喜食丸子一族，每样吃了两个，直到撑得肚儿圆圆方才止箸。这一餐以品尝丸子菜为主题的雅集，我算得上大逞口腹之欲了。

荆楚味道

肉坨圆子有点「泡」

簇洲蒸鱼丸

暑意正浓的盛夏时节，应嘉鱼县旅游局之邀，我去了一趟嘉鱼，为该县旅游局举办的讲习班讲授湖北的特色餐饮。授课完毕，我们打算趁天尚未黑透时返回武汉，去江夏金口镇找一家有特色的餐馆吃饭。接待方说，客人从省城远道来嘉鱼传经送宝，我们嘉鱼有待客如待帝的习俗，哪有让客人空着肚子离开嘉鱼的道理？他们知道我们一行大多是餐饮行业的从业人员，从事的工作都与美食相关，于是，他们费了心思，选择了在当地做得比较有特色的一家酒店——"嘉鱼人家"，招待我们。

恭敬不如从命，我们便留在"嘉鱼人家"用晚餐。我们一行加县旅游局的工作人员正好坐满一桌。

负责接待我们的工作人员很会办事，为节省时间，在我们还在去"嘉鱼人家"的路上时，他们已经用电话把菜全部点好。我们一落座，服务员的凉菜、热菜就接二连三地端上了桌。看着服务员一盘一盘地上菜，我心想，这家酒店既然主打的是嘉鱼特色菜式，我们的这桌席面上，应该不会少了嘉鱼的地标美食——"簇洲蒸鱼丸"吧？

果然不出我之所料，服务员上的最后一道菜正是"簇洲蒸鱼丸"。

"簇洲蒸鱼丸"在湖北省内尤其在江汉平原名气很大，是嘉鱼名副其实的代表菜式之一。

簇洲湾是个镇，地处嘉鱼县北部，与武汉市江夏区的金口镇接壤。簰洲湾镇紧傍着长江生息，这方土地是长江孕育的一个富饶的鱼米之乡。

"滚滚长江东逝水，浪花淘尽英雄。"因为中国地势呈现西高东低的自然特征，长江发源于青藏高原格拉丹东雪山东西南侧的冰川，一路向东，最后流入东海。极为诡异的是，长江在进入簰洲湾约31公里的这一段流程后，居然鬼使神差地"开了一个小差"，改变了流向。在天朗气清的傍晚时分，人们站在大堤之上就可以清晰地看到，浩浩荡荡的长江之水向着正在缓缓西坠的夕阳奔腾而去！

真乃地理奇观也！由于地形特殊，长江在簰洲湾这里弯了一个弯，为下游不算远的大武汉形成了一道天然屏障，于是嘉鱼坊间素有"簰洲湾弯一弯，武汉水落三尺三"之说。也因长江在此西流之故，簰洲湾又被称为"西流湾"。

由于位于长江边上，为了防洪，簰洲湾镇被围在了一个环形的堤坝内，形如脚盆，这也是簰洲湾镇的一大特色。堤坝有多长，大概簰洲湾镇也就有多大。堤外，长江西流形成的回流湾，让湾内成为天然良港和鱼类聚集栖息的福地。簰洲湾出产的江鲜，一直是湖北厨师烹饪鱼菜时十分看重的上好食材。据《武汉饮食志》记载，有160年历史的全国闻名的中华餐饮老字号，因擅烹鮰鱼菜诞生了四代"鮰鱼大王"的"老大兴园"酒楼从清朝中期开张至今，一直把簰洲湾产的鮰鱼作为烹饪鮰鱼菜肴的首选食材。由于大自然的慷慨馈赠，世代居住在簰洲湾的居民，自古就形成了无鱼不成席的饮食习俗。

当然，西流湾的特产——装在竹蒸笼中蒸熟的"簰洲蒸鱼丸"，更是簰洲乃至嘉鱼县的饮食文化名片。

在簰洲湾乃至嘉鱼全境，"簰洲蒸鱼丸"是道有故事的菜式，相传它的起源与光大，与明朝第 12 位皇帝明世宗朱厚熜，即嘉靖皇帝有关。相传公元 1557 年，嘉靖皇帝乘船巡视江南途经簰洲湾，地方官员为讨皇帝欢心，在当地餐馆搞厨艺比赛征集菜肴以供奉嘉靖，并请跟随皇帝出巡的御厨充当裁判。比赛中，一位簰洲湾当地的厨师将草鱼剁成茸，加猪油、蛋清、虾米、葱、姜搅拌，用手将鱼茸团成圆子状；炉子烧旺火，将鱼丸放在竹蒸笼里蒸熟。成菜洁白如雪，吃鱼不见刺，且留鱼香，口感绵柔，回味悠长。

北方出生的御厨没见过这样的菜式，便问："这叫什么菜？"厨师回答说："是我们当地的菜，叫蒸鱼丸。"御厨裁定簰洲湾厨师制作的鱼丸当选为御膳品种。嘉靖皇帝吃后非常喜欢，便问随从："这是哪位厨师做的好菜？"随从回答说："是簰洲湾当地厨师做的。"嘉靖皇帝吩咐随从把做鱼丸的厨师找来，问厨师："愿不愿意进京给我当御厨？"厨师摇摇头说："不是我不愿意，而是我不能去。古人常说'父母在，不远游'，我的老母亲已经 70 多岁，一直有病在身，这些年都是靠我这个独子抚养照顾，才能活到古稀之年。如果我远去北京，就不能服侍母亲于病床之前，送汤喂饭，母亲不能得享天年，不能养老送终，那我不是个不孝之子吗？"

封建帝制时代，皇帝的话就是说一不二的圣旨，一言九鼎，臣民岂能违背？但厨师的答话拨动了嘉靖皇帝的心弦。他是个出了名的孝子，他的父亲朱祐杬从没坐过一天帝位，却硬是被嘉靖强行追封了一个"知天守道洪德渊仁宽穆纯圣恭俭敬文献皇帝"。也许真是被簰洲湾厨师的一片孝心打动了，嘉靖皇帝终归没有带走这位簰洲湾的厨师，而是赏给他银两若干，嘱咐他好好侍奉娘亲，拿赏银当投资的本钱，开间小店，以手艺立身、养家糊口。

嘉靖皇帝回京后，时常忆起簰州湾美味的蒸鱼丸，逢年过节时便差人索贡，于是"簰洲蒸鱼丸"成为贡品而声名大振。

450多年过去了，"簰洲蒸鱼丸"成了流行于嘉鱼、赤壁、汉阳（今武汉市蔡甸区）、天门、仙桃、汉川一带的特色佳肴，而天门、仙桃、潜江、汉川一带与嘉鱼将鱼丸单独做成菜式上桌不同，而是将鱼丸与肉、蔬菜等一齐上笼合蒸，成为"沔阳三蒸"的重要组成部分。至于嘉鱼当地人，则对"簰洲蒸鱼丸"的喜爱无以复加，每逢节令假日，民间的宴席之上必有"簰洲蒸鱼丸"，"无丸不成席"的饮食习俗一直流传至今……

我最早知道"簰洲蒸鱼丸"，是因为"九八抗洪"的伤痛标志——1998年簰洲湾那次著名的江堤溃口事件。1998年8月1日晚，簰洲湾江堤溃口，长江洪水奔腾涌入堤内，5万多簰洲湾人无家可归。汹涌的洪水致使赶赴簰洲湾江堤抗洪抢险的19位解放军战士把生命永远留在了簰洲湾。

两个月后，我与武汉的几位作家朋友结伴去簰洲湾，登上江堤实地察看江堤溃口的地方和战士们牺牲生命的地方，然后把带去的白酒洒进江里和大堤之上，"把酒酹滔滔，心潮逐浪高"，以表达我们对共和国年轻士兵为保护一方百姓的平安而失去生命的敬佩之情。

中午时，嘉鱼的作家朋友闻讯从县城赶来簰洲湾，找了一家规模不大的餐馆招待我们吃饭。席间，让我记忆最深的便是连蒸笼一起上桌的蒸鱼丸，是谓"簰洲蒸鱼丸"。鱼丸个大，形状不像我们在武汉通常吃到的鱼丸是以清水汆成，像圆不溜秋的小个乒乓球，而有点像北方人常吃的窝窝头，也有点像武汉人过早时吃的发糕。重要的是，"簰洲蒸鱼丸"不是用清水汆熟的，也不是用油炸熟的，而是上蒸笼蒸熟的。要说"簰洲蒸鱼丸"的口感，不像汆鱼丸似的滑嫩松软，也不似油炸鱼丸似的泡酥酥，而是绵柔中带点嚼劲，鱼丸内的水分似乎没有水汆鱼丸和炸鱼丸的水分足。

时隔 18 年后的今天，我又来嘉鱼吃"簰洲蒸鱼丸"。巧的是，我两次来嘉鱼都是长江发大水的洪灾之年，1998 年的洪灾大家早已熟知，今年（2016 年）我去嘉鱼时，长江的水势一点不弱于 1998 年，嘉鱼全县每天有 1500 人守在簰洲湾的大堤上。但是，由于现在有了三峡大坝的有效调控，洪水虽然还是那个洪水，但簰洲湾已经不是原来那个簰洲湾了，大水之下的簰洲湾依然一派祥和景象。否则，洪水在一旁虎视眈眈，危及百姓的安全，虽然今日吃到的"簰洲蒸鱼丸"与 18 年前吃到的"簰洲蒸鱼丸"一样味美，我们还能够吃得安心吗？

上梁子岛吃『饭蒸鱼』

白晃晃的太阳照得人睁不开眼，正是人一动就汗流浃背的三伏盛夏，我陪同广州《美食导报》的总编辑助理李朝晖去梁子湖湖心岛观光采访。

游船在偌大的湖面转了大半圈，一靠上梁子岛码头，我们立刻被眼前的景致吸引了——从码头到岛上有一段不算短的距离，沿途平缓的湖坡上，一个挨着一个的竹篾簸箕里晒着拃把长的刁子鱼，鱼鳞在阳光下反射着银白色的刺眼光亮，铺天盖地，阵势壮观。

我问岛上的居民："这是干吗?"居民回答说："做风干刁子鱼。"

梁子湖的风干刁子鱼在湖北"好吃佬"中很是有名。我不仅对其有过耳闻，而且还不止一次地在武汉、鄂州的餐厅酒楼吃过。做湖北本帮菜的酒楼通常把风干刁子鱼与黑豆豉、干辣椒一齐入甑蒸就，出甑时淋些许芝麻油即可上桌飨客。风干刁子鱼的味道明显与红烧鲜活刁子鱼有异，其鲜嫩劲虽不能与红烧刁子鱼比肩，但鱼味特别绵长，而且极易剔除细刺，入口顺滑。梁子湖湖区流行把风干刁子鱼放在米饭上合蒸，是谓"饭蒸鱼"。

风干刁子鱼好吃，如何制成我却没见过，总想找个机会识见识见。没想到"踏破铁鞋无觅处，得来全不费功夫"，这次观光梁子岛，我不仅吃到了梁子湖的"饭蒸鱼"，还亲眼见了梁子湖风干刁子鱼的制作流程，让我开眼界、长见识了。

论湖泊的水域面积，梁子湖在有"千湖之省"之称的湖北居于第二（第一大湖是洪湖），湖深水宽，鳊、鲤、鲩、鮰、鲭、鳜等鱼鲜出产很是富饶，尤其是所产团头鲂（鳊鱼）名满天下。常言说"靠山吃山，靠水吃水"，梁子湖自然形成了独特的水乡饮食文化，当地民众对于什么季节该吃什么鱼鲜也就特别了解，乃至于有一首"四季食鱼谣"在湖区流传：

春食鳊（团头鲂，俗称武昌鱼），

夏鳝（鳝鱼）白（白鱼，即翘嘴鲌）；

秋鲩（草鱼）鲤（鲤鱼），

冬鮰（鮰鱼）鳜（亦称桂鱼）。

鱼鲜菜馔，总归以吃活、吃鲜为妙。但早年渔民下湖捕鱼的收获，常常超过家庭一日三餐以鱼菜下饭的实际需要，一家人一时半会吃不完捕获的鱼鲜，鱼鲜的交易也没有一个可靠的固定渠道，于是，渔民家庭不得不采用有效的方法处理吃不完的渔获。古时水产保鲜存贮的技术很不发达，人们在长期的生活实践中发明了以盐腌制、以太阳暴晒的处理方式，将鱼鲜制成可以存放相当一段时间的腌鱼和风干鱼，以便在非捕捞时节，也能有鱼馔下饭。湖乡食俗，较大个头的鱼（鲭、鲤、鲩等）适宜于腌制，尤其在腊月时腌制腊鱼较为普遍。较小个头的鱼则适合盐渍风干，在夏季酷热时，将鱼先以盐渍，然后置于太阳下暴晒，再移至通风处阴干。从理论上讲，各种淡水鱼都可制成风干鱼，但以风干鱼的口感论，尤以个子不大的刁子鱼味道最佳。

梁子湖水连通长江，活水长流，湖水澄碧，盛产对水质有较高要求的刁子鱼。

刁子鱼又名翘嘴鲌、白鱼，体细长，侧扁，呈柳叶形，属中、上层大型淡水经济鱼类，在湖北各水域广泛分布。其行动迅猛，善于跳跃，性情暴躁，容易受惊。在武汉方言里，刁子鱼也称"参子鱼"。在武汉方言中，如果武汉说某人像个"参子鱼"，则是形容其人具有语速快、行动节奏快、个子偏瘦、性子急的特征，这个准确传神的形容，熟悉的人一听便知晓其意。

刁子鱼常在湖水中上层游弋，极易被渔民捕捞。如果是秋冬季，渔民捕捞了整舱拃把长的刁子鱼，回去后最好的处理方法，便是把刁子鱼以风干的形式制成半成品鱼菜——风干鱼。按梁子湖居民传统的制法，先把刁子鱼从背脊处剖开，掏出内脏，抠除鱼鳃，在鱼肉两面抹上细盐，重要的是要抹上菜油（湖区居民的经验，如此处理可以避免苍蝇的叮食），再摊放在竹篾簸箕里，于秋冬暖阳之下翻晒三五日，待鱼的水分渐干时以线绳串起，然后成串吊在通风阴凉处。秋冬季节制成的风干刁子鱼，鱼味醇正，鱼肉软硬适中，口感最佳。渔民若在夏季捕获了刁子鱼，制作风干刁子鱼的方法也是将鱼的背脊剖开，去掉鱼鳃内脏，在鱼正反两面抹盐、菜籽油，然后以簸箕盛放，置于烈日下暴晒——正是我们在梁子岛上所看到的那一场景。由于彼时太阳烈、气温高，用不了三两日，鱼便被晒干了水分，然后以线绳串起，挂于阴凉通风处，风干刁子鱼乃成。夏季制成的风干刁子鱼味道较秋冬季节制成的，味道相去甚远，但事出无奈，如此制作风干刁子鱼已是最好的选择了。

风干刁子鱼是早年渔民下湖劳作最常携带的半成品菜肴。渔民下湖捕鱼，水路遥远，如果中午赶回家中吃饭，费时费力，劳而无功。渔民们便选择在船上将就解决午饭。早上出湖前，带上大米、猪油、咸菜、辣酱、风干刁子鱼，中午饭点一到，便在木船的舱板上垫一块石板，用三块红砖垒灶，

上梁子岛吃『饭蒸鱼』

架上铸铁鼎锅，点火烧灶，淘米煮饭。米饭将熟时，把风干刁子鱼放进鼎锅，与米饭一齐焖熟。盛饭前，趁热在米饭中放进猪油，待猪油融化，便用筷子顺时针搅拌，使鱼刺与鱼肉分离，然后夹出鱼刺，就着辣酱和咸菜大口大口地吃起风干刁子鱼拌饭。一餐饭罢，仅费时十来分钟，倒也方便迅速、干净利落。梁子岛渔民把拌着饭吃的风干刁子鱼习称为“饭蒸鱼”。

梁子岛本来面积不大，也没有什么景点，上岛的游客都是冲着吃梁子湖的鱼菜而来，所以岛上的餐馆一家挨着一家，每家都以梁子湖鱼菜为招牌。

我们在湖上游了一个上午，肚子也饿了。到了中午饭点，我们随招待我们的鄂州朋友进入选定的餐馆。菜是提前预订的，我们甫一坐定，菜肴就源源不断从后厨端出。果真是“靠水吃水”，一大桌菜式除了一客东坡肉、一钵上汤苋菜外，其余俱为梁子湖当地鱼菜：清蒸武昌鱼、滑鱼块、糍粑鱼块、金汤鳜鱼、湖水煮鱼圆、鱼子烧豆腐……我心里惦记着梁子湖风干刁子鱼，便接过菜牌加点了“饭蒸鱼”——顺道把主食也点下了。不一会儿，服务员端出一个小高压锅，用筷子从高压锅中搛出风干刁子鱼，并把沾在鱼上的饭粒摘拣干净，将鱼装盘，然后淋上小麻油，说：“‘饭蒸鱼’可以吃了。”我伸箸拈起一条拃把长的风干刁子鱼，一股混合着芝麻油、鱼肉和大米饭香气的复合香味直往鼻孔里钻。我深吸一口香气，微闭着眼陶醉在这香气里。鱼肉软硬、干湿程度恰到好处，提筷轻抖，整条鱼都在颤动——到底是以活鱼制成的风干刁子鱼呢！稍用筷子一划拉，大小鱼刺皆与鱼肉剥离，鱼肉则蒜瓣似的，一瓣挤着一瓣。伸箸一尝，有鱼肉本色的鲜甜和些许的咸味，正好佐酒。酒足后来碗米饭，米饭里有浓重的风干刁子鱼味，鲜香气十足。我看李朝晖已吃下两碗米饭，明知故问地问他吃“饭蒸鱼”有何感受？他用广东话回了我一句：“好嘢！”

土家大菜「抬格子」

正是"秋空秋日秋气爽，秋风秋雨秋意浓"的一年金秋季，我受湖北省烹饪酒店行业协会之邀，前往宜昌市参加第 28 届中国厨师节活动。四天会期安排得很紧凑，高峰论坛、食材展示、烹饪比赛、农餐对接等活动多多，让人眼花缭乱。但最受大家期待的，恐怕是设在"桃花岭宾馆"的"中国盛宴，滋味宜昌"主题晚宴——由宜昌餐饮行业集合本地最具代表性的主食、菜品或小吃，通过一桌席面向全国同行展示宜昌一城的厨艺水准和饮食文化风貌。

我对这次盛宴亦期待殷殷，甚或可以说，我来参会的原因，除了想在宜昌近距离感受三峡大坝的伟岸雄浑、领略三峡群峦在晨昏不同光线下沉静隽秀的容颜外，就是来品鉴这桌席面。我之所以看重这桌席面，既有"上不了台面"的满足自身口腹之欲的原因，还有更多"上得了台面"的理由：一可以考察当地宴席菜肴及服务水平；二来可以了解宜昌这些年饮食消费风格的演变。

显然，这顿主题晚宴达成了我的愿望。我的结论是：食材虽谈不上珍稀高端，客单价亦能让大众普遍接受，但却显示了较高的宴席组合水准。菜品设计丰富而不零乱，长江肥鱼、土家"抬格子"、夷陵土鸡汤、原味腊蹄火锅、香辣刁子鱼、清江芋头、远安泥鳅火锅、宜昌扣肉、土家炕土豆、石磨懒豆花，"宜昌十大名菜"悉数亮相。主食繁多却味型各异，从宜昌众多小吃中脱颖而出的"宜昌十大名小吃":萝卜饺子、"三峡奇石"、宜昌凉虾、五彩糯米粽、蒿子粑粑、宜昌老面饼、远安豆饼、清江野鱼、桂花米酒小汤圆、三峡苕酥一一登场。从现场近千名餐饮同行对这次席面主食、菜品、小吃品种和服务的评价来看,赞誉者十有七八,足以见得宜昌餐饮行业经过许多年的不懈努力,成效卓越。

作为一个以美食评论为职业的人,我从这桌丰盛的宴席里,品出了宜昌饮食文化作为湖北风味荆南支系(荆州、宜昌、荆门一线)重要组成部分所体现的特色,与湖北其他区域的风味特色差异明显,其品种海纳百川,质地粗朴淡然,融乡土菜、水产菜、素食菜、药膳菜于一炉,自成一脉。这其中,我尤其被一道食材粗朴自然、烹饪方式传统、装盘气势霸道的土家大菜"抬格子"所深深吸引,并对它的"前世今生"产生了浓厚的探究兴趣。

把一款蒸肉菜起名为"抬格子",着实让人丈二和尚——摸不着头脑。

何为"抬格子"?

"抬格子"是一道具有浓郁土家族风情的蒸肉菜色。在湖北恩施地区和宜昌的五峰、长阳等土家族聚居的地区,乡下杀年猪时,会将鲜猪肉、老南瓜、萝卜、土豆等拌以玉米面,用大蒸笼蒸熟后,以蒸笼当盛器抬上餐桌,招待乡邻亲朋。因竹木蒸笼在当地方言中称"格子",抬着一蒸笼的蒸肉上桌飨客,便称"抬格子"。

现在宜昌、恩施的有些餐厅酒楼,也会模仿烹制土家菜"抬格子"。用同样食材组合、蒸制方法,以竹甑当盛器,有意凸显土家族文化元素,体现出独特的地域饮食文化特色。"抬格子"走菜时,有两名或四名女子着土家传统服饰:上衣矮领右衽,领上镶嵌三条花边,襟边及袖口贴三条小花边;下穿裙褶多而直的"八幅罗裙"、裤脚上镶三条彩色花边的大筒裤;

头发绾成髻，戴耳环、项圈、手镯、足圈等白银饰物，如抬花轿般地将装满蒸肉的蒸笼抬入堂来，其间，音箱里播放土家音乐"龙船调"。这道"抬格子"因肉、蔬、杂粮搭配合理，采用了传统技法蒸制，做到了"有味使其出，无味使其入"，色香味俱佳，装盘大气，形式感极强，更因为上菜时的动静大、仪式感强，容易吸引食客眼球，于是被众多嗜食肉者称为"土家第一大菜"。

依据湖北饮食文化学者的主流观点，在湖北饮食风味区域的划分上，宜昌被划为荆南风味区（荆州、宜昌、荆门一带）。宜昌历史上为楚之西塞，宋之后为荆南小邑，因处于武陵山脉的尾端而呈现出舒缓平和的地貌，是谓"陵到此处平"，这便是宜昌古称"夷陵"的由来。本来，荆南风味区一向以烹饪荆江中个体较小的水产见长，以汉族的饮食习俗为主流，但宜昌市辖有五峰、长阳两个土家族自治县，土家族人是这两县的主要居民。土家族是个有悠久历史的少数民族，自称"毕兹卡"，意为"土生土长的人"。2000多年前，他们开始定居今天的湘西、鄂西一带。宋代以后，土家族被称为"土丁""土民"等。1949年中华人民共和国成立后，国家根据土家族人民的意愿，正式将其定名为"土家族"。

长阳、五峰土家族人沿清江聚居，这里山峦连绵，林木葱茏，静水深流，物产丰饶，因地理位置与恩施土家族苗族自治州山连水重，又同有土家族人，故而饮食习俗相近：食材禽畜与鸟兽并重，主粮与杂粮同烹，烹制手法较为粗放，嗜酸香，又嗜辣，早年甚至有"辣椒当盐"之说。在烹饪菜馔和主食时，多用原生态的烹饪方法，所以饮食文化学者将长阳、五峰划分在恩施土家族苗族自治州风味片区。但长阳、五峰两县为宜昌市所辖，两地土家族人受汉族饮食习俗影响很深，他们的饮食习俗被融入宜昌饮食文化体系就成了必然的结果。反过来说，长阳、五峰土家族饮食文化的融入，也让五方杂处的宜昌饮食文化有了多姿多彩的风韵，使得宜昌菜系在水产菜（以大江大河为依托，发挥野生鱼和小水产品的资源优势，突出食材特色，口味清鲜淡雅）、素食菜（以佛教信徒为消费主体，利用面筋和豆制品做出与荤菜形似、料别、名同、味近的各类素馔）、药膳菜（力求医食同源，以滋养为目的，食中有医，医中有食，追求佳肴良药相辅相成的效果）之外，还多了个"尚滋味，好辛辣"的乡土菜，即以土家族饮食风味为主体，集农家菜和土家菜为一体，突出乡情、土味，食材多山野腊货，讲究季节时令，口味麻辣鲜香。

我以为，色香味俱佳，形式感、仪式感极强的土家大菜"抬格子"，完全可以为宜昌乡土菜代言。

长阳、五峰土家族人极重传统年节，过年更是土家族人一年中最隆重、最盛大的节日。而最能体现土家人对过年重视程度的，是各家各户年底的"杀年猪"。杀年猪时，尤重乡情的土家族人会情到礼周地请客人乡邻吃"蒸肉"和"血蕨子"。这一风俗直接与祭祀、狂欢相结合，导致土家人在年底杀年猪时，为表达对天、对地、对人的感恩之情，便以"抬格子"为主菜，请乡邻亲朋来一次吃大肉、喝大酒的村寨狂欢。

土家寨子地道的"抬格子"，就是"蒸肉"和"血蕨子"两道菜式的组合。

土家人杀了年猪，制作"蒸肉"和"血蕨子"，则须请寨子里公认烹调手艺出众的"老把式"出马，多位妇女烧火帮工。"蒸肉"的制法：先将鲜肉切成大片，与腌辣椒末、姜蒜末、花椒粉、料酒等一起拌匀；待肉入味后，拌以苞谷面和匀；将大格子（也叫抬格、蒸笼、笼屉，多为竹木结构）洗干净，格子内垫上新鲜的芭蕉叶或细纱布；老南瓜或土豆去皮，切成 3～4 厘米高的方块，或是萝卜切成丝，拌上苞谷面；将老南瓜、土豆或萝卜丝垫在格子里，上面再码上大块入过味的猪肉；把格子一格一格地码上，上盖，以木柴大火猛蒸约一小时即成。

何为"血蕻子"？即由新鲜猪血凝固后爆炒而成的菜肴。

杀猪时，先在木盆中放上辣椒、花椒、姜末、蒜末、盐等佐料，待猪血流入盆中后拌匀。至猪血凝固，用刀划成普通白豆腐般的大块，在沸水锅中煮熟。吃时再切成小块，以葱、蒜等佐料爆炒而成。

土家族村寨"杀年猪"的高潮，是众位乡邻、亲朋入席喜气洋洋地吃"抬格子"。在众人期待的眼光下，厨师先将炒熟的"血蕻子"放在"格子"的蒸肉中间，两个壮汉合力将其抬上餐桌，"抬格子"便充作主菜，再炒上几盘几碗主人自家栽种的小菜、自己磨浆制成的豆腐或干子，倒上土家族人自酿的"苞谷烧"，辛苦劳作一年的人们，此时心情欢快地边吃、边喝、边聊，气氛融洽，场面非常热闹、生动。

在"中国盛宴，滋味宜昌"主题晚宴上，"抬格子"是作为压轴菜上席的。其时，晚宴已进行了一小时左右，我的肚子已感饱胀，但实在经不住蒸笼里一阵阵涌过来的土猪肉拌着老南瓜、玉米面的香味的"勾引"，忙不迭地举箸拈起一块拃把长、寸把宽的猪肉片。油汪汪的肉片在筷头颤动却不断裂，一口下去能咬掉半片。奇怪，看似肥腻的大块猪肉，入口却并不感油腻，那是因为在大火猛蒸时，拌在猪肉片上的玉米面和垫在蒸肉下面的老南瓜已将猪肉溢出的肥油吸收了，剩下的，是农家土猪肉的肉香。这种熟悉又遥远的香味，勾起了我童年过年吃猪肉时的那种美妙的感受——呵呵，打住，我还是不说了吧！

宜昌『凉虾』有点甜

直到现在，我都不好定义一款在宜昌很有名的小吃——"凉虾"，它到底应该算饮品还是小吃？

从官方资料来看，宜昌所有关于"凉虾"的介绍，都把"凉虾"归于小吃的类别。最近宜昌的烹饪专家、媒体、市民代表共同评选出的"宜昌十大名小吃"，"凉虾"亦赫然在列；且从宜昌市民日常吃"凉虾"的习惯看，无论是"过早"还是吃正餐，市民们都接受把"凉虾"划入小吃的分类，从未有过什么异议。但以我的看法，似乎把"凉虾"归为饮品要比归于小吃更为准确。一者，但凡吃过宜昌"凉虾"的人都知道，此物确实不能充作果腹的吃食，它的身份，充其量也只能是搭配其他主食的配角，单独吃"凉虾"，如同吃橘子罐头、喝橘子甜水或喝冷饮，不能充饥；二者，虽然"凉虾"的成品主体呈晶体粉块状，但水多而粉少，"凉虾"的入口方式，虽说是"吃"，但实际上是"喝"——这与饮料没有差别。

算了，尽管我有不同看法，但我还是遵从约定俗成的原则，将"凉虾"当作小吃来介绍，以示我对宜昌传统饮食习俗的尊重。

说了这么多，到底何为"凉虾"？

"凉虾"不是湖北各地江河湖塘里常见的水产米虾，而是夏天流行于宜昌地区的以大米为原料制成的冰粉。冰粉外形莹白剔透，形体如透明小米虾，口感顺爽溜滑，味道绵糯可口，糖水蜜甜，又售价低廉，是宜昌居民消夏解暑之佳品。因为待食的"凉虾"，常常是用冷水冰镇着，食之凉爽宜人，故这种形如小米虾的冰粉，在宜昌地区被称为"凉虾"。

客观地说，"凉虾"的"今生"虽为宜昌小吃，且位列当地名小吃之列，但"前世"的它，却不生于宜昌而在四川。

众所周知，川渝地区，百姓喜香嗜辣，尤爱吃火锅。川渝火锅麻辣鲜香，辣椒红、花椒青，热汤红油，久吃上瘾，是中国最具地方特色且影响最广大的饮食品种之一。火锅的长项很突出，但短板亦很明显：厚油、高温、重味，多食容易上火。聪敏的川人为了解决这一问题，在大多数火锅店里，都会将一种以大米为原料（也有用豌豆做的）制成的粉块，以冰镇之，加冰凉老红糖水，与火锅搭配而售。食火锅吃冰粉，以糖水解辣，以凉粉解热，均衡凉热，中和甜辣，相得益彰。久而久之流传开来，麻辣火锅配绵甜冰粉，遂成川人饮食习俗之一绝。

相传，四川冰粉创始人为清初彭山县人王味缘，所以四川冰粉又叫"味缘冰粉"。起初"味缘冰粉"只在彭山县境内售卖，后来逐渐传到周边市县，到了清朝中期，已传遍整个四川。冰粉在川渝大受欢迎，与川渝火锅的长盛不衰脱不了干系。冰粉与川渝火锅结伴而行，相辅相成，省内开花，省外"攻城略地"，甚至远渡重洋，名播海外。

宜昌市位于湖北省西南部，地处长江上游与中游的结合部，鄂西武陵山脉和秦岭、大巴山山脉向江汉平原的过渡地带，"上控巴蜀，下引荆襄"，东邻荆州市和荆门市，南抵湖南省石门县，西接恩施土家族苗族自治州，北靠神农架林区和襄阳市。宜昌的地理位置，决定了其饮食文化既受荆襄饮食文化的滋养，又受巴蜀饮食文化的影响。所以宜昌人的饮食口味，与湖北中东部地区民众口味大为不同，如当地人嗜吃折耳根（即鱼腥草），喜欢山胡椒腥鲜、辛香的浓厚滋味，此与川渝地区人们的饮食口味十分相似。这也是宜昌饮食文化深受川渝饮食文化影响的有力证明。

如此说来，四川的冰粉能够在宜昌生根发芽、开花结果，确有其必然性。宜昌继 1861 年汉口开埠后，于清光绪二年（公元 1876 年）亦被辟为中国最早的通商口岸之一。1877 年清朝政府在宜昌设置海关，英、日、美、德、意、法等国也相继在此间设立领事馆和商行。宜昌商埠一开，促进了贸易的繁荣、货物的快速流通和人口的频繁流动，四川冰粉随着川人走出峡江而落户宜昌。直至今天，四川冰粉完全融入了宜昌百姓的饮食生活，成为宜昌著名的小吃品种。宜昌有一个叫"郑信记'凉虾'"的店子，历经三代人的传承，将四川冰粉发扬光大，已被评为宜昌市非物质文化遗产。

今年十月，我应邀去宜昌参加第 28 届中国厨师节活动，宜昌的朋友知我对各地特色小吃颇有兴趣，便带我去宜昌老字号——"郑信记'凉虾'"专卖店吃冰粉与冰糕。

"郑信记'凉虾'"的创始人是一对袁姓夫妇。1996 年，丈夫从工厂下岗，迫于生计，夫妇俩以妻子母亲郑氏祖传的"凉虾"制作手艺制作冰粉，开始在街角路边摆摊售卖"凉虾"。袁氏夫妇既入被称作"勤行"的餐饮业谋生，断不敢有丝毫懈怠，勤扒苦做，每天起早贪黑，坚持纯手工制作冰粉"凉虾"。

按照"郑信记'凉虾'"的出品标准，一碗口味纯正的"凉虾"，必须做好两个关键工序：一是要制好粉，二是要熬好糖。"郑信记'凉虾'"的出彩，得益于在制粉、熬糖两大工序上确实怀揣绝技，否则宜昌市级非物质文化遗产"凉虾"项目的桂冠，怎么会花落其家？

制粉方面，为了保证冰粉的清爽口感，"郑信记'凉虾'"坚持现做现卖，每隔两小时就要打米、熬浆。制浆大米必须选用四川早稻米，石灰一定选纯净的石灰石泡水。磨浆时，米磨得愈细，制成的"凉虾"便愈滑溜。

宜昌『凉虾』有点甜

然后把米浆与石灰水一齐熬成糯糊，再用漏勺漏入凉水盆中成形。冰粉形状头大尾细，颇似游动的米虾，又似小蝌蚪嬉戏游水，憨态可掬，看了让人顿生喜爱。石灰是一味中药，《神农本草经》说它"味辛，温"。用石灰与大米搭配制成的吃食，是夏季解渴降温的佳品。

红糖则选用广西出产的蔗糖，小火慢熬，当糖里透出些许焦苦味道时，再用白开水稀释成红糖水。把制成的"凉虾"盛在糖水碗里，将"凉虾"与红糖水一同放入冰箱冰镇。有烹饪专家做过测试，但凡甜品或者凉拌菜，其温度保持在4℃左右时，口感最佳。

我平素并不喜冷食，到了"郑信记'凉虾'"店，便入乡随俗，点了一客传统的红糖"凉虾"。"凉虾"卧在赭色的糖水中，颇有动感，像是在悠游嬉戏。舀一小勺"凉虾"在灯下观看，其身如白玉，晶莹通透。送一勺"凉虾"入口，冰凉绵甜，爽滑软嫩；喝一口冰糖甜水，凉意霎时从心底里漫延开来，令人神清气爽、心旷神怡……

哦，可饮可食的宜昌"凉虾"，你的晶莹剔透，你的浓甜蜜意，你的冰凉清爽，你的不凡气质，我算是领教了，也记住了。

厉害了，宜城板鸭

不知有多少年了，每年立冬节气一到，朔风凛冽，薄薄的棉衣加身，我就惦记着，该找机会去湖北的宜城走一趟了。

我心心念念惦记着要去宜城，是要干吗？说出来也不怕人笑话，我去宜城不作它念，只是好吃那宜城特产——状为扇形或琵琶形的宜城板鸭——而已。

宜城板鸭确实值得人惦记。

宜城板鸭又名宜城酱板鸭，因形状扁平如木板而得名，是宜城久负盛名的特产之一。据《宜城县志》记载，清代道光年间，宜城出产的板鸭无论是佐酒还是下饭，都已为好食。其色泽油亮，肥而不腻，肉质细嫩，香味扑鼻。湖北的襄阳、随县、仙桃、洪湖和河南省的南阳、宝丰等外地的客商纷纷来到宜城收购板鸭，然后运到汉口、郑州等地的大码头、大集市售卖，四季不绝。200余年后的2006年，原国家质检总局批准对宜城板鸭实施地理标志产品保护。作为地标美食，宜城板鸭不辱使命地为有3000多年悠久历史的宜城代言，成为宜城的饮食文化名片而名扬天下。

我们知道，只要被称为地标美食，都有这样一些特点：食材好、加工方法独特、历史传承久远、营养结构出类拔萃、口感独特，诸多要素缺一不可。而宜城板鸭在麻鸭（食材）养殖、腌制加工方法、历史传承、出类拔萃的营养结构和味美绝伦的独到口感诸方面，无一不符。

为什么地理位置偏处湖北之北、邻近北方省份河南的宜城，能够产出独特的美味食品宜城板鸭呢？常识不是告诉我们，鸭子的养殖总是与江南那些江河湖塘、沟渠水田等丰富的水体联系紧密吗？

如果对宜城的地理环境认真进行一番考察就会发现，宜城板鸭能够在这方土地上成气候，与宜城特殊的地理条件有关，与宜城当地养殖的数量巨大的麻鸭有关，与宜城独特的加工腌制方法有关，亦与其久远的历史传承有关。

宜城距湖北省会城市武汉 300 多公里，位于湖北省西北部、汉江中游，东接随州、枣阳，南接钟祥、荆门，西邻南漳，长江最大的支流——汉江水道穿境而过，就是把宜城说成是汉江的馈赠亦不为过。这里属亚热带季风气候，四季分明，冬冷夏热，平均每年日照时数为 1900 小时。优越的地理条件有利于生物的生长繁殖，所以宜城生物种类较多，生物资源非常丰富。

宜城的七月有独特的一景。此时，大江南北骄阳似火，正是网络语言所说"躺下就是铁板烧"的酷热时节，而在宜城市的郑集镇、流水镇、孔湾镇、小河镇、鄢城等地（也是现在实施地理标志产品保护的地区），一种被当地民众俗称为"麻鸭"的鸭子，一群群悠游在汉江的江滩和各个大小水库、池塘、稻田的水草繁盛处，戏水觅食，好不自在。宜城浅水轻流的江滩、波光潋滟的水库、星罗棋布的沟渠池塘、稻禾翻滚的青绿秧田，无处不是水丰草盛，鱼虾丰饶，田螺众多，正是放养数百万只宜城麻鸭的天堂。换句话说，宜城麻鸭的生长，对温度、水、光照、土壤等环境条件都有特定的要求，唯有在适宜的生态环境下才能培育出独具特色的优质麻鸭，宜城的地理和气候条件优越，恰恰是优质麻鸭的上佳产地。

在过去食品贮存保鲜手段远不如今天这般先进的漫长岁月，到了收获数量巨大麻鸭的季节，人们不可能在鸭肉不变质的短时间内消化掉所有上天对宜城人的慷慨馈赠，于是极富智慧的当地人无师自通地采用了用盐来防止有害的细菌和霉菌入侵鸭肉的腌制技艺。腌制技艺的使用，使人们能够把当年收获的麻鸭保存到来年甚至更长的时间来继续享用。经过岁月的不断淘洗，人们逐步完善并固化了把麻鸭腌制成板鸭的全部流程。

事实上，宜城板鸭选料极为考究，加工甚为精细。对制作板鸭颇有心得的宜城农家，每年农历九月即开始腌制板鸭，到翌年农历二月二日才告结束，历时小半年，尤以立冬到冬至期间用传统方法腌制的板鸭品质最佳，口感最好。农家腌制的板鸭，除了以备过年之需，还留作来年春夏之季来客的招待之用。从原鸭到成品板鸭，传统的工序有十几道，经过宰杀、放血、褪毛等程序之后，最重要的是腌制环节。宜城板鸭的腌制要求极其严格，鸭身被撒满细盐，需要人工反复擦拭 50 ～ 60 次，使鸭身盐渍均匀，然后再放入缸内，并用石头将鸭身压紧。腌制时间也不好把握，有经验的人会依据天气阴晴、气温的高低决定其腌制时间的长短。腌好的板鸭从缸中取出后，要放入温水中翻动漂洗。然后将板鸭挂上竹竿晾晒，一般需要晾晒六七天。如此这般，一只形如芭蕉或者蒲扇、营养丰富、味美可口，含有铜、锌、铁、钙等十多种人体必需微量元素的宜城板鸭才算大功告成。

烹制宜城板鸭也有秘技。板鸭须用温水洗净表面皮层，在温水中浸泡 3 小时以上，目的是稀释鸭身上的盐分，随后即可入锅煮熟。板鸭熟后停火再焖 10 ～ 20 分钟，然后加入佐料，即可起锅。煮熟的板鸭，冷却后可直接当作凉菜食用，也可以再次加热、蘸酱食之，还可以把板鸭以砂锅为器皿盛之，点火加热，做成干锅板鸭飨客……

屈指算来，我与美味的宜城板鸭结缘有很多年了。

二十余年前，我在一家新闻出版单位供职，湖北省的襄樊（现已改名为襄阳）是我的工作地之一，每年我都会去襄樊所有县市跑上一两趟。某年的立冬前后，我与省电视台的几名记者一齐去宜城采写"秋播"的新闻稿件，到宜城正好是中午饭点，按当时各县市的接待惯例，与各级新闻单位对口的当地宣传部新闻科做东请我们在市委招待所吃饭。

大概是宜城地理位置距河南南阳不算太远之故，宜城待人接物的风俗有浓重的河南印记，自古民风淳朴，酒风甚是强悍。宜城人历来好客，留客吃饭，必有酒，素有"怪酒不怪菜"之说，叫作"有酒无菜，客人不怪；有菜无酒，站起来就走"，意在强调酒的重要性，但并非上酒时不备菜饭。宜城人在席上必强劝酒，似乎让客人喝好、喝醉才算情到礼周。饮馔品种中，凉菜是一大亮点，事实上，宜城板鸭多数情况下正是以凉菜的形式出现在餐桌上的。

我们宾主一行来到餐馆，刚刚坐定，服务员就上了第一道当地的特产凉菜——宜城板鸭。好客的主人热情地为我们每人夹上一块油汪汪的板鸭，我们还没品出它的子丑寅卯来呢，酒就下去了三杯，不觉酒劲已经上头。待客的主人不失时机地开始了极其自豪的宜城板鸭介绍。做新闻工作的人，能说会道是基本功，难得这位仁兄口才真是一等一的好，围绕着宜城板鸭的长篇大论，似决堤的洪水滔滔不绝、一泻千里，没有能让人插上半句话的间隙。

一顿大酒喝下来，一堂关于宜城板鸭的生动课程听下来，让我这个外地人觉得：如果你到现在还不了解令全体宜城人民骄傲的宜城板鸭，你都不好意思再在宜城待下去。

待我后来深入地了解了宜城板鸭后，才知道宜城板鸭确有其过人之处：宜城板鸭不仅好吃、营养丰富，而且还有一段流传了 2000 多年的传说故事，故事的起承转合，皆与东汉王朝的开国皇帝——光武皇帝刘秀——有关。

相传，元始三年（公元 3 年），因当县令的父亲刘钦离世，年仅 9 岁的刘秀和兄妹成了孤儿，生活无依，只好从出生地陈留郡济阳县（今河南兰考）回到老家枣阳的白水村，投靠叔父刘良。刘秀从县令的儿子变成了平民。

同村有一个玩伴叫董石头，董石头其实也不是白水村人，他生在离枣阳上百公里的宜城董家村，6 岁时父母双亡，孤身一人，举目无亲，生活无着，投奔白水村的娘舅家，靠帮人放牛生活。董石头的娘舅膝下无子，为人善良，视董石头如己出，百般呵护，给了幼小的孤儿董石头许多家庭的温暖。

大概刘秀与董石头皆有年少丧父、生活维艰的经历，两个小伙伴相处融洽，十分投契。新朝天凤年间（公元 14 年至 19 年），成年的刘秀去长安学习《尚书》，略通家国大义。长成大小伙的董石头返回宜城，娘舅托人帮忙，让董石头在亲戚开的小饭馆当学徒谋生。这间小饭馆的招牌菜便是后来鼎鼎大名的宜城板鸭。这是后话，暂且不提。

地皇三年（公元 22 年）十一月，篡汉的王莽施行暴政，民不聊生，加之水、旱等天灾不断，广袤中原赤地千里，哀鸿遍野。终于，冲天大火燃起，赤眉、绿林、铜马等数十股大小农民军纷纷揭竿而起，大批豪强、地主也乘势开始倒莽。顿时，海内分崩，天下大乱。一时间不知有多少支农民起义军掀起了一波又一波的反抗狂潮。处事极为谨慎、为人"多权略"的刘秀经过了深思熟虑，见天下确已大乱，方才决定从宛城（今河南省南阳市宛城区）回到舂陵乡（今湖北省枣阳市），会同大哥刘演打着"复高祖之业，定万世之秋"的旗号于舂陵正式起兵反莽，登高一呼，从之者众。

董石头从来店里吃饭的客人口中听说刘秀已经起兵造反，来不及细问，丢下锅铲把便投奔刘秀的起义军而去。刘秀见董石头前来投军，满心欢喜，但加入了义军队伍的董石头并不喜欢舞枪弄棒，倒是愿意与锅碗瓢盆为伍，知人善任的刘秀便让他在后勤队伍中当了炊事总管。

因为刘演、刘秀兄弟是在舂陵乡起兵，故史称刘秀兄弟的兵马为舂陵军。舂陵军的主力多为南阳的刘氏宗室和枣阳、宜城一带的豪杰，兵少将寡，装备很差，甚至在起义初期，刘秀打仗是骑牛上阵的，这也成了后世演义中的一段佳话，称刘秀为"牛背上的开国皇帝"。

刘秀屯兵河南新野时，听闻新野豪门望族的千金阴丽华美貌庄重。一个月朗风清的静寂之夜，这位未来东汉王朝的开国皇帝，此时兵少将寡不知前路如何的起义军首领，仰天望月，对浩瀚穹宇庄重地许下了"娶妻当得阴丽华"的愿望。日后，"娶妻当得阴丽华"也成了一段流传2000多年的英雄与美人的佳话。

更始元年（公元23年），西汉宗室一个叫刘玄的起义军首领被绿林军的主要将领拥立为皇帝，是为更始帝。刘演、刘秀兄弟都在更始帝刘玄的朝中居要职。

同年，发生了新汉两军大决战，一方是以刘秀为首的绿林军等农民起义部队，一方是王莽的号称百万大军的官军，双方大战于昆阳（今河南叶县一带）。经过艰苦卓绝的战斗，刘秀的部队以少胜多，王莽的百万大军覆灭于昆阳城下，三辅震动，新莽政权立即土崩瓦解。九月，绿林军攻入长安，王莽死于混战之中，新朝覆灭。

在昆阳之战中立下不世之功的刘秀则马不停蹄地南下攻城略地，此时，刘秀的长兄大司马刘演被更始帝所杀。哥哥无故被杀，对刘秀来说，无疑是一个莫大的打击。但是刘秀韬光养晦，忍辱负重，为了不受多疑成性的更始帝的猜忌，他急忙返回宛城向刘玄谢罪，不与大哥刘演昔日的部将私下接触。虽然昆阳之功首推刘秀，但他不表昆阳之功，反而处处揖让、谨小慎微。更始帝见刘秀如此谦恭，遂将刘秀封为武信侯。

次年，刘秀实现了当年月下许下的"娶妻当得阴丽华"的愿望，隆重迎娶了他思慕多年的新野豪门千金、貌美庄重的阴丽华（后成为刘秀的第二任皇后）。举办婚礼时，刘秀将婚宴等一干事务交由董石头打理。董石头接到指示后，随即马不停蹄地赶回宜城老家，通知老东家的小饭馆招收人手赶紧腌制成堆的板鸭，以便在刘秀结婚的盛宴上使用。

刘秀与阴丽华的大婚如期举行。武信侯府内张灯结彩，披红挂绿，喜气盈门，上百桌筵席铺排开来。大英雄、绝世美人的世纪婚礼，阵仗确实气派非凡。酒宴上的第一道菜便是色泽油亮的板鸭。被请来吃席的客人，都是跟随刘秀在血与火的战场上拼杀出来的将校，大多数是枣阳、宜城一带与刘秀一起起义的故里乡亲，他们过的是把脑袋别在裤腰带上搏命的日子，平时哪里有机会吃到家乡美味的板鸭呢？长时间缺荤少腥的将校，哪里还经得起眼前这般家乡味道的诱惑？于是，还没等后面的菜端上餐桌呢，板鸭早被人风卷残云般扫荡干净，有的人嫌使筷子碍事，干脆就用手抓起板鸭就啃。

董石头见此情景，命后厨赶紧给每张桌子上再上一盘板鸭。不久，板鸭又被客人吃光，然后董石头又吩咐厨子再上一盘。新郎刘秀挨桌给客人敬酒，见到吃酒客人对板鸭如此喜爱，脸上洋溢着喜悦。刘秀在心里将董石头会办事、能办事的能力和忠心耿耿的品质牢记于心。

更始三年（公元25年），已经"跨州据土，带甲百万"的刘秀在众将拥戴下，于河北鄗城（今河北省邢台市柏乡县固城店镇）的千秋亭坐上皇帝大位，年号为建武。刘秀荡平群雄，终于开创了东汉王朝的基业。

有人评价一代帝王刘秀：对妻子，他是一个好丈夫；对子女，他是慈爱的父亲；对兄长，他是重情重义的弟弟；对亲戚，他恩深义重；对故乡，他满怀深情。可以说，刘秀是一个重情重义之人，他以情待周围的人，同时也赢得了他人的尊重。刘秀鼎定天下、定都洛阳后，对随他征战多年的文官武将开始按功行赏。极重情意的刘秀有意给少时的玩伴、与他一齐打天下的董石头封个大官，好让他封妻荫子、光宗耀祖。一天，刘秀把董石头招至宫殿，将自己的打算告诉董石头。刘秀原以为董石头会对他的封赏按规制下跪谢恩，没想到董石头跪是跪下了，却坚决不接刘秀的官爵封赏，而且准备辞去职务，归返故里。刘秀大惑不解，忙问："这是为何？"董石头叩了叩首说："皇上知我自小父母双亡，孤苦伶仃，白水村的娘舅收我养我，待我恩重如山，我也视娘舅夫妇为亲生父母。前年舅母已经病故，当时部队战事吃紧，皇上背负的责任重大，变幻莫测的战局使皇上殚精竭虑，茶饭不思，这些，我们下人都看在眼里。我个人的这点小事，也就不敢向皇上声张。自古忠孝不能两全，我这个不孝之子也就没有奔丧回家，只能在夜深人静之时，朝着枣阳白水村的方向跪下，给舅母老大人磕了三个响头。三日前，我接到一封家信，信中说我的娘舅在地里干活时，突然发病，身体左边再不能动弹，生活已不能自理。皇上知道，我娘舅无儿无女，舅母已经离世，眼下娘舅一口热汤热饭都吃不到嘴里，这样下去，他不病死也会饿死。"

刘秀虽再三劝说，董石头却执意要回到故乡。无奈之下，刘秀准了董石头离京返乡，念及其随驾征战经年，没有功劳也有苦劳，便赏了董石头一大笔钱财，嘱咐他回去好好照料娘舅。

荆楚味道

厉害了，宜城板鸭

董石头磕头谢恩后，离开洛阳去了白水村，把娘舅接到宜城，并用皇帝的赏钱建起了住家的屋舍，开了家饭馆。董石头虽不是当官的料，开饭馆做板鸭却是一把好手。三五载以后，董石头的饭馆生意便已十分火爆，做出的板鸭远近闻名。

董石头常念刘秀的恩。每年冬至时节，董石头都会把腌制好的板鸭装箱封口，亲自押车赶去洛阳皇宫，交御膳房的御厨烹制，让皇帝、皇后品尝自己亲自腌制的板鸭。多年过后，董石头腌制的板鸭被刘秀钦点成为贡品，专供御膳房。

皇帝刘秀与皇后阴丽华每每尝到董石头亲手腌制的板鸭都会赞不绝口。有感于董石头辞官不做而侍奉养父的一片孝心，有感于董石头对自己的耿耿忠心，刘秀提起御笔为宜城板鸭赐名——贡品酱板鸭。

"大江东去，浪淘尽，千古英雄。"朝代更迭，沧桑巨变，豪杰辈出。董石头没有当上豪杰，却创造了造福于宜城民众的腌制板鸭的独特工艺，再经过不知多少代人的传承，成就了声名远扬的宜城板鸭……

当我知道了有关宜城板鸭一波三折的传奇故事，再一次品尝了味道醇厚的宜城板鸭时，心里的感叹便奔涌而出：厉害了，宜城板鸭！

晨曦中闻酒香，你早沙市

直到现在，我都不好定义湖北荆州沙市区的一种吃早餐时喝酒的饮食方式，这到底算"过早"还是吃正餐？

湖北人把维持生命之需的一日三餐区别得很清楚：中午和傍晚的两餐称为吃饭（中餐、晚餐），早餐不叫吃饭而叫"过早"。湖北方言中的"过早"，除沙市等江汉平原地区以外，大多指早餐时吃如热干面、米粉、豆皮、包子、油条之类的米面小食，少有早晨起床第一餐就喝酒的。在武汉地区，早餐就着米面等小食喝酒的人，也有，但那是被他人称之为"酒麻木"的嗜酒一族。武汉人称某人为"酒麻木"时，多少含有鄙夷之意。

但沙市却有许多人每日的"过早"，除了吃小吃，还要喝点白酒或者啤酒，沙市人谓这种习俗为"喝早酒"。

沙市人"喝早酒"的饮食习俗，颠覆了一般人对"过早"概念的认知。在沙市人看来，"过早"喝"早酒"，稀松平常，不会被人称为"酒麻木"而遭人鄙视。在我的朋友中，也有老家是沙市的，他们非常享受"喝早酒"的乐趣，每隔个把月都会找出各种理由往沙市跑，还故意不开车而是坐动车回去，目的是第二天一大早能去沙市回民街上美美地喝上一顿"早酒"，然后再带着愉悦的心情坐动车返汉。

我对沙市人热衷于"喝早酒"的习惯颇有兴趣。

我虽不是"酒麻木"，每去一次沙市，次日早晨"过早"，却也像许多"老沙市"一样，坐在"早堂面"馆，要上一碗面，加点臊子，买一瓶酒，慢慢喝、细细抿，耗上个把小时，享受一把沙市人"慢生活"的闲适之趣。

归纳起来，沙市人的"早酒"大致有以下两种下酒之法。一种是以"早堂面"中的臊子（沙市人称码子）下酒。"早堂面"与武汉人过早吃的"汤面"相似，只不过武汉"汤面"的横截面是韭菜叶状，"早堂面"的横截面则为圆形，与重庆小面相同。武汉"汤面"也有加臊子的，但臊子品种较少，大体只有三鲜、卤鸡蛋、卤干子、榨菜肉丝、牛肉、牛杂几种。而沙市"早堂面"中的臊子品种那叫一个丰富多样：牛肉、牛杂、鳝鱼丝、卤干子、卤鸡蛋、榨菜肉丝、肉片鹌鹑蛋木耳黄花菜合而为一的"三鲜"、猪蹄、肥肠……在各家"早堂面"馆喝"早酒"，均以臊子下酒。二是在排档摊上，点上牛肉、牛三鲜、牛杂等锅子，待锅中的肉类吃得差不多了，再下配菜——这与吃正餐时喝酒的程式一样，喝完酒后，再要一碗热干面，就着火锅中的汤汁煮了，把面吃尽。现在常去沙市回民街上"喝早酒"者多属此类。

这种与武汉地区"过早"相迥异的"喝早酒"习俗，在沙市的历史传承可以上溯百年。

按沙市坊间流传的说法，"喝早酒"起源于早年码头工人特殊的生活习惯。

沙市原本是长江之滨的一个地级城市，20世纪90年代，沙市与荆州地区合并为荆沙市，后又改名为荆州市，沙市现为荆州中心城区。沙市自1895年开埠，成为长江中游一个重要的商埠码头、辐射整个江汉平原的货物集散地。1949年中华人民共和国成立后，沙市一度成为湖北最重要的轻工业城市之一，商业发达，贸易往来频繁。

早年沙市没通铁路，公路运输业亦不算发达，从沙市进出的货物，大多靠长江上的船运。船运离不开码头，那时，码头作业的机械化程度极其低下，从码头到货船，从货船到码头，全靠人力肩挑背驮。于是一个以出卖力气搬运货物为生的群体——码头工人——在沙市应运而生，而且人数可观。码头工人的劳作夜以继日，抢船期赶工加点稀松平常。"扛码头"是个出大力、流大汗的苦活，非身大力不亏者不能为之。沙市码头附近有几家面馆，他们根据码头工人搬运劳动量超大的状况，观察到他们喜欢吃油水厚、盐分重的食物，尤其是对肉类的需要很大，便在供应面条的同时，还提供肥油厚、味荤汤水荤的不同"码子"和散装的烧酒。这也就是现今"早堂面"的前身了。

为什么在"过早"时面馆老板还供应烧酒？

因为到了秋冬，江边异常寒冷，空气中的热量被流动的江水带走，江风吹在人的脸上，如针扎般刺痛。码头工人在日出时上工，上工之前，就着一大海碗面条和猪肉、牛肉等做成的大荤大油"码子"，喝几口白酒，暖和肠胃，抵御寒风，然后开始劳作。

这也就是沙市"喝早酒"习俗的由来。

当然，加有各种"码子"的荤面，价格远比一碗素面高，但用"码子"下酒，却比再炒几个小炒下酒合算。以当时码头工人的薪资，尚能维持其每日"喝早酒"的花费，这也是码头工人"喝早酒"习惯能够形成并延续的原因之一。

"喝早酒"的习惯先是经码头工人的传播，逐渐从江边传到城区中心；然后更多的人将这种饮食习惯从沙市市区带到周边的县、乡，乃至现在长江边上的公安县、石首市、监利县、洪湖市等市、乡、镇，都接受了"喝早酒"的饮食方式。只不过，这些乡镇"喝早酒"的方式，不是等天亮"过

荆楚味道

晨曦中闻酒香，你早沙市

早"时吃"早堂面"以臊子下酒，而是午夜一过，次日凌晨来临时，第一拨人即喝开"早酒"了。由鱼肚白到日出红，天渐渐地亮了，第一拨人拍拍吃得圆鼓鼓的肚子离座。第二拨、第三拨"喝早酒"的人又陆续走到夜市店铺或大排档摊子上落座，开始了第二轮、第三轮的"喝早酒"接力。

以我这些年的经历，发现越是生活节奏缓慢的地方，"喝早酒"的人数越多，"喝早酒"的场面越壮观。人们不分社会身份，不分贫富，不分老少，都乐于加入其中。这些地方的"男将"，每日起床梳洗后的第一件事，便是去靠杯摊上"晕"二两小酒，然后再论其他……

前段时日，我因公又去了荆州沙市。像往常一样，次日的早餐选在"早堂面"馆喝"早酒"。因为着急赶回武汉，吃早餐时还是凌晨五点，早酒早酒，这回喝的真是"早酒"了。晨曦初露，我已是一碗面入口，一小杯酒落肚，我呼出一口酒气，起身准备离去，并向沙市致意：你早，沙市！

珍馐美馔义河蚶

今年初春的武汉，久雨不晴，天气湿冷。前两日见到了久违的蓝天，我便赶紧放下手头事务，去了"蒸菜之乡"——天门，访友寻味。

天门名厨、天门市"聚樽苑宴宾楼"的老板梁少红，几次三番邀我前往天门一游，但不是阴差就是阳错，我总归没能去成。故我此番前往天门可以"一搭两就"：一则兑现了访友诺言，二则可以再品尝当地特色美味"义河蚶"。我已十多年没尝义河蚶之味了，还怪想它的。因为我知道，此时想吃义河蚶，尚能赶个尾子，等过了这个村，就再没那个店。时节转眼即逝，若再想吃到义河蚶，只能等到年末岁尾的腊月间了。

我在这里说得热闹，或许有人会听得云里雾里：义河蚶为何物？

简单地说，义河蚶是天门市出产的一种水生野生稀有物种——橄榄蛏蚌（现在已经可以人工养殖）。义河蚶入菜可氽汤亦可红烧，皆鲜美可口。天门义河蚶绝对是小众美食，作为食材，其年产量还不足100吨，且季节性强，除了天门人外，其他地方的人知其名者甚少，顶多十有其一吧。

在我看来，义河蚶虽为小众珍馐，但确实值得说道一番。

义河蚶在天门的历史悠久。晚唐文学家皮日休在《送从弟皮崇归复州》一诗中说：

美尔优游正少年，竟陵烟月似吴天。

车螯近岸无妨取，艒艒随风不费牵。

处处路傍千顷稻，家家门外一渠莲。

殷勤莫笑襄阳住，为爱南溪缩项鳊。

"竟陵烟月似吴天"中的"竟陵"就是今天的天门市，皮日休为竟陵人。天门，古代属风国，春秋时属郧国，战国时为楚竟陵邑。秦朝设置竟陵县（取"竟陵者，陵之竟也"之意，即山陵至此终止），属南郡。"车螯近岸无妨取"中的"车螯"，便是本文所说的天门义河蚶。由此可见，一千余年前，义河蚶已是湖北省天门市特有的水产名品了。

义河蚶古称车螯，亦作硨螯，学名橄榄蛏蚌。蚶为淡水蛤属，具金黄色卵圆形外壳两瓣，长相酷似海鲜蛏子，全国分布较少。中国水产科学研究院专家在天门考察义河蚶后，将其鉴定为全国稀有濒临灭绝的淡水贝类，亦是国家地理标志产品。在天门一带主要出产于天门河小板至截河河段（此河段亦即"茶圣"陆羽所赞誉的"西江"河段，现名为"义河"），故有义河蚶之名。

将车螯称作义河蚶，始于宋代，且与宋太祖赵匡胤有关。传说，宋太祖赵匡胤微服遇到追杀，过竟陵县河，舟子不收渡费。他登基后，诏封天门县河小板至截河河段为"义河"，并免除渔课。该河段所产蚶蛎，特冠以"义河"二字。所以义河蚶是天门颇具传奇色彩的河鲜。

义河蚶的生长对于水体质量要求极高，换句话说，只有绝少污染的河水才能繁育义河蚶。义河水质明净，流速缓慢，两岸林木葱郁，河床主要成分为黏土砾石，天然饵料丰富，最适于蚶子穴居繁衍，故义河所产蚶子最佳。每年冬季与孟春是食蚶季节，此时的义河蚶肉味鲜美无比，是天门著名的宴席用菜，被视为席上珍馐。

十多年前，我的一位学友在天门投资办工厂，是年腊月间的一个周末，一众朋友受邀去天门参观。中午在天门的一家宾馆吃饭，席间上了一道红烧义河蚶，此菜长相和味道都与海产蛏子有些相似，鲜甜可口，佐酒很是适宜。

好东西自然受欢迎。一桌人你一筷子我一筷子，一盘红烧义河蚶顷刻间便见了盘底，我吵吵着要再上一盘"蛏子"——当时我不认识此为何物，甚至都没听说过义河蚶的大名，直把它当成"蛏子"看待了。我那学友说："看看，外行了吧，这不是海鲜蛏子，是我们天门的特产义河蚶。"

我闹了个大红脸。义河蚶以这样的方式与我结缘，当然令我印象深刻。

此番寻味蒸菜之乡天门，确有所得。梁少红招待我们一行在"聚樽苑宴宾楼"吃饭，我点名要吃义河蚶。梁少红亲自司厨掌灶，烹制了爆炒财鱼片、泡蒸鳝鱼、汤汆鱼丸、扣蒸豆腐丸、茼蒿糊蒸肉、扣蒸猪肚、五彩义河蚶等一桌天门特色菜肴，以显示他的待客热情。席中的蒸菜确有特色，证明了天门的蒸菜之乡名副其实，这里就不多说了。尤值一提的是五彩义河蚶。主料是义河蚶（泥蚶），辅料有胡萝卜丝、大葱丝、粉丝、肥肉丝、莴苣丝，目的是用这些食材的不同颜色使成菜的色彩更加鲜艳丰富。主要方法是把义河蚶与辅料以高汤汆成。果然，菜式端上桌，其汤色金黄，辅料汆熟后色呈五彩，十分诱人。汤汁热气袅袅，鲜香之气一阵阵扑鼻而来。拣蚶子肉入口，仔细品尝，肉质鲜嫩，微有淡淡的甜味。舀一勺蚶汤入口，鲜润之感立时充盈唇舌，久久不肯散去。义河蚶的鲜甜与海鲜蛏子的鲜甜味道近似，但不似蛏子那般鲜甜中略有腥气，而是稍显收敛柔和。义河蚶的味道鲜得有些独特，在湖鲜、河鲜中恐怕还难得再找出一个种类与之媲美。

一菜难忘，珍馐美馔义河蚶再一次让我留下了深刻印象，也给我再次去天门留下一份念想。

珍馐美馔义河蚶

没上蒸笼莫请客

很难想象，荆楚菜系如果没有在广袤肥沃的江汉平原，尤其是在天门、沔阳（今仙桃）、潜江、汉川一带大受欢迎的蒸菜加入，还能够形成今天楚菜"善于淡水烹饪，蒸菜制作称道"的显著特点吗？在中国地方特色菜系的大家庭里，楚菜还能够拥有现今的江湖地位吗？

源自江汉平原的荆楚蒸菜，在丰富湖北饮食文化一事上功不可没，确实值得称道。

有资料说，广泛流行于江汉平原的蒸菜，已有近五千年的历史，最早可以上溯到石家河文化时期。几千年的沿袭传承，荆楚蒸菜因其厚重的历史文化积淀，凭借着完整、成熟、独特的传统技术体系，鲜明的风味个性和百姓的广泛喜爱，成为中国传统名菜、荆楚菜系中重要的支菜系之一。

自古至今，江汉平原尤其是天门、沔阳、潜江、汉川等地区，在饮食习俗中素有"三蒸九扣十大碗，不上蒸笼不请客""无蒸不成宴"之说，充分说明花样百出的蒸菜在这些地方饮食文化中的突出地位。

所谓荆楚传统烹饪技法之一的"蒸"，是以水蒸气作为传热媒介，将经过加工整理的烹调食材调味或添加辅料后盛装起来，入笼、入屉，密封加热，使其成熟软嫩、入味成菜的一种烹调方法。蒸菜口味鲜香，嫩烂清爽，形美色亮。蒸菜的最大优点是还原食材的原汁原味，因而非常符合现代人追求饮食清淡的健康

188

理念。

湖北省江汉平原诸多县市，因地理条件几乎相同、物产相似、风俗相近,蒸菜之法在这些地方广为流行。当然,各个地方的蒸菜味道也略有差异,不完全相同,这正体现了"十里不同风""一方水土养一方人"的饮食文化规律。

相较于江汉平原各个地方的蒸菜，从选用食材的广泛性、烹饪技法的多样性、成菜后的色香味和食客的接受程度与广泛性等诸多方面考量，我个人认为蒸菜尤以沔阳、天门两地做得最好、最具代表性。

蒸菜是沔阳的传统菜，吃蒸菜已成为沔阳人经年不变的饮食习俗，在沔阳人自家或各个餐馆酒楼的蒸笼里，真可谓无菜不蒸。沔阳蒸菜中尤以"三蒸"最为著名,即传统的粉蒸肉、蒸白丸、蒸珍珠丸子三款。沔阳"三蒸"也有蒸鱼、蒸肉、蒸蔬菜三款之说。沔阳蒸菜因滋味鲜美、香烂适口、糯嫩柔润、油而不腻而大受食客欢迎。从民国时起，沔阳蒸菜就代表了湖北蒸菜的最高水平，走出湖北，进入了包括北京在内的北方餐饮市场。

学界也有一种意见认为，"沔阳三蒸"的"三"，其实不是具体指某三款蒸菜品种，而是个概数，表达的是"多"的意思。正如老子所著《道德经》中说:"道生一，一生二，二生三，三生万物。"这里的"三"是多的意思，而更多则由"三"生。沔阳"三蒸"的"三"与老子"三生万物"中的"三"，表达的概念相同。事实上，沔阳蒸菜，无菜不入蒸笼，蒸菜品种何止三十样之多？我个人比较认同"沔阳三蒸"中的"三"，是代表"多"的说法。

沔阳蒸菜源于何时尚无定论，但肯定与沔阳的地理环境有关。据资料记载，早年沔阳是"一年雨水鱼当粮，螺虾蚌蛤填肚肠","沙湖沔阳洲，十年九不收，一朝丰收了，狗子不吃锅巴粥"的水袋子。常处于水患之灾中的百姓，吃不起粒粒如珠玑的大米，只有用少许杂粮磨粉，拌合鱼虾、野菜、藕块投箪而蒸，以此充饥度日。沔阳湖宽多水，土地肥沃，物产丰富，鱼类有鲫鱼、鳊鱼、草鱼、鳝鱼等，肉类有猪肉、牛肉、羊肉等，素菜中的茼蒿、萝卜、莲藕、南瓜、土豆等，都可以做成蒸菜。正因为沔阳蒸菜取材容易、制作方便、口味独特，人们长期生活在无菜不蒸的饮食文化环境之下，久而久之，"沔阳三蒸"成了驰名湖北的传统名菜，实为蒸菜不断演变传承的必然结果。

如果从蒸菜烹饪方法的多样性考量，我们可以说天门蒸菜冠绝天下。天门蒸菜的方法繁多，一般有粉蒸、清蒸、泡蒸、扣蒸、包蒸、酿蒸、干蒸、花样造型蒸、封蒸等十多种烹制技法，其中粉蒸、清蒸、泡蒸三种蒸法影响最广，亦为湖北各地厨师使用最多。

所谓粉蒸，就是将要蒸制的食物原料和米粉或其他谷物类的原料拌在一起进行蒸制。粉蒸由于使用了米粉类的原料，荤素皆宜。

所谓清蒸，是把食物放入调好调料的汤或汁中，再入笼进行蒸制。动物食材比较宜于清蒸。

所谓泡蒸，是将动物性食材经过初步加工后，放入各种调味品，进行初步处理，再上笼蒸制；菜式完全蒸熟后，将蒸菜扣入盘内，淋上温度很高的食用油，舀一勺白醋，撒上香料即成。其中最具代表性的是"泡蒸鳝鱼"，用滚烫的食油处理鳝鱼的表皮，使其表皮形成泡状，并发出泡泡爆炸的"扑扑"声响，泡蒸之名由此而来。

所谓扣蒸，是将原料调味后，造型装入扣碗，蒸熟后翻扣入盘（碗），然后淋上芡汁上桌。在荆州及江汉平原一带广为流行的"八宝饭"和"扣蒸肉"即是扣蒸的代表菜式。

所谓包蒸，是将食材用猪网油、蛋皮、荷叶等包裹蒸熟的方法。

所谓酿蒸，是将食材包裹在番茄、苹果、青椒中，一齐上笼蒸熟的方法。

所谓干蒸，是以豆、薯、蛋、瓜类和肉、鱼、禽的腊制品为原料，清洗后直接入笼蒸制的方法。

所谓花样造型蒸，是使各种造型的花色菜蒸熟后形成预期形状的蒸制方法。

所谓封蒸，是指蒸诸如腊肉、腊鱼、腊鸡等，利用有盖可盛的容器，用荷叶、锡纸或牛皮纸封口，盖紧进行蒸制的方法。

天门蒸菜尤其值一提的是泡蒸之法，这是天门厨师近三十年来创造的烹饪方法，以此方法蒸出的菜馔有"稀、滚、烂、淡"的特色，咸酸味型，成为天门泡蒸之法的代表菜品，影响非常广泛。

总而言之，由于天门蒸菜不仅拥有完整、成熟、独特的蒸菜传统技术体系，还有久远的历史、深厚的文化积淀和具有浓厚的地方特色，2010 年4 月 28 日，在首届中国（天门）蒸菜美食文化节开幕式上，中国烹饪协会授予天门"中国蒸菜之乡"的称号，从此"全国蒸菜看湖北，湖北蒸菜看天门"之说不胫而走。

餐饮界长期流行一个说法：烹饪高手在民间，美味珍馐藏民间。以蒸菜在天门极高的普及程度，以天门"没上蒸笼莫请客"的饮食习俗，以天门百姓可支配收入越来越高的现实情势，天门势必还将创造更多、更好的蒸菜。

没上蒸笼莫请客

秋风萧瑟板栗香

闲读南宋林洪《山家清供》，书中记有一则《雷公栗》曰："夜读书倦，每欲煨栗，必虑其烧毡之患。一日，马北廛（逢辰）曰：'只用一栗蘸油，一栗蘸水，置铁铫内，以四十七栗密覆其上，用炭火燃之，候雷声为度。'偶一日同饮，试之果然，且胜于沙炒者，虽不及数亦可矣。"这让我颇有感触，宋人远比我们活得有趣，就吃板栗这么一件寻常事，也被他们演绎得情趣盎然，吃出了文化的意味，让人心向往之。

中国是板栗的故乡，全国各地分布广泛。板栗素有"干果之王"的美誉，多生于低山丘原的缓坡及河滩地带。板栗通称为栗，各地的叫法不同：河北称"魁栗"，河南称"毛栗"，广东称"风栗"，国外还称板栗为"人参果"。

中国人食栗的历史悠久。关于板栗的记载最早见于《诗经》，西晋陆机为《诗经》作注说："栗，五方皆有……惟渔阳范阳栗甜美长味，他方者悉不及也。"可知板栗的栽培在我国至少已有两千五百年。板栗与我们祖先的生活联系紧密，无论生吃还是熟食，皆有极佳的食疗作用。中医认为，栗有补肾健脾、强身健体、益胃平肝等功效，因而也称它为"肾之果"。

古代人大多食栗，这也反映在了历代文人墨客的诗文中，他们留下了大量有关板栗的作品，形成了源远流长的食栗文化。西汉司马迁在《史记·货殖列传》中说："燕，秦千树栗……此其人皆与千户侯等。"

南宋诗人陆游在《夜食炒栗有感》诗中写道:"齿根浮动叹吾衰,山栗炮燔疗夜肌。唤起少年京辇梦,和宁门外早朝来。"文坛上还有一个广为流传的趣事,说北宋文豪苏东坡因"乌台诗案"获罪,谪住黄州,与佛印和尚交好。一次,东坡亲自炒好板栗来招待佛印和尚。那炒过的板栗从栗壳的裂缝露出了黄黄的栗仁,阵阵栗香惹得佛印和尚眼都直了,只想一尝为快。苏东坡却提出两人要对对子,赢家才能吃板栗。苏东坡吟出一上联:"栗破凤凰(缝黄)现。"佛印和尚应声续了下联:"藕断鹭鸶(露丝)飞。"两人相视一笑,尽兴地品起了炒栗。

相比之下,我们今人吃板栗,则大多只停留于享受口腹之欲。当然,话又说回来,虽然古人的高情雅趣我们比不了,但我们的食栗之好却也不是情趣全无,总之,俗有俗的味道,也值得一记。

砂炒板栗、糖炒板栗、仔鸡烧板栗……板栗是武汉人秋风萧瑟之时不可或缺的传统节令吃食。

月圆中秋,秋风荡漾,斯时,从鄂东罗田、英山、麻城等位于大别山区的各县出产的板栗,便源源不断地运抵武汉。于是,在中秋至重阳的这段时日,武汉居民的饮馔生活就有了一抹别具一格的秋色:或制作成零食,或烹调成各色菜肴的板栗。

武汉人爱吃板栗是有原因的。武汉人常吃的罗田板栗,私以为是天底下最好的板栗品种之一,糯性强,口感好,营养极其丰富。2007年9月,原国家质检总局批准对罗田板栗实施地理标志产品保护。大别山盛产板栗,其品质尤以湖北省内的罗田县为最佳。罗田位于大别山南麓,大别山主峰位于该县境内,森林茂密,极适宜栽种板栗,"蚕吐丝、蜂酿蜜、树结油、山产栗",这是上天赐予罗田民众的"福利"。罗田板栗有"桂花香"、"六月曝"羊毛栗、大果中迟栗、红光油栗、"九月寒"等多个品种。板栗一般为一球三果，两边均为半圆形，中果为扁圆形；果色多为褐色、红色、红褐色；果壳薄，果仁外观多呈金黄色，色泽亮丽；果肉雅白，脆爽粉嫩，香甜可口，并具有自然的桂花香味。在罗田多个板栗品种中，尤以"桂花香"品种香味最为浓郁，口感最佳。

俗话说靠山吃山，靠水吃水。绵延起伏的大别山最远处距武汉两百多公里，近处只有几十公里，而且道宽路平，交通便利。武汉人口众多、城市规模庞大，是罗田板栗的最佳市场。所以每到秋季，罗田板栗甫一下栗树（板栗不易贮存），几乎同天的武汉街头便有糖炒罗田板栗可吃。这就叫"近水楼台先得月"吧。

在武汉，无论是家庭的餐桌还是餐厅的宴席，以板栗担当主角的最有名的菜式，是仔鸡烧板栗。这道菜是将七个月左右的母仔鸡与煮熟的板栗一齐焖烧而制成。先把板栗去壳、煮熟待用。仔鸡去毛，剁鸡成块。锅中给油，下鸡块，切一块姜片搁进锅里，加料酒，加水，然后放煮熟了的板栗，加些许酱油，大火煮沸，盖上锅盖，中小火焖烧，至鸡块肉酥香飘、板栗色呈油黄时，一碗原汁原味的仔鸡烧板栗便告烹成。这碗时令菜色传承久远，历代食客百食不厌。

当然，武汉人当季吃板栗，更多是吃当作零嘴的砂炒或糖炒板栗。不知何时，市内各个售卖炒板栗的专营店里，都挂上了售卖"罗田板栗"和"长城野生板栗"的牌子。各个居民小区的农贸市场里，都可见炒板栗（卖家一律声称是"罗田板栗"）的炉子冒着袅袅烟雾：一辆手推平板车上，搁有一个烧煤（或煤气）的铁桶状炉具，炉子上架一口直径约一米的大锅，锅里有炒成煤块一般黑亮的碎砂石，与一颗颗板栗混杂在一起。砂石里还搁了白糖，"和以濡糖，藉以粗砂"，炒栗人执一把士兵挖堑壕常用的小锹当锅铲，在锅中不停地翻炒，锅中袅袅地冒着青烟，翻炒至板栗的厚皮爆裂，绽出嫩黄的栗仁，栗香四溢时，便用铁纱网滤掉砂石，捡出板栗，装进纸袋售卖。刚出锅的栗子香飘在街上吸引着路人，不论男女，无分老幼，人人都爱好这一口零嘴。

我当归于好食栗者一族。每当秋后的第一颗糖炒板栗吃到口中，总觉得其粉糯绵甜之口感，美妙无比，余香满口，回味无穷……

秋风萧瑟板栗香

应城酥蒸『八大碗』

农历丁酉年岁尾,我受邀参加中国烹饪大师孙昌弼师门组织的迎春活动:去应城市汤池泡温泉和考察应城地方美食。于我而言,对吃应城当地美食的兴趣显然要比泡汤池温泉的兴趣高。原因无他,每到冬季,我去咸宁洗浴温泉的次数不少,而去应城吃颇具当地特色的"全席大餐"——酥蒸"八大碗"的机会,则不算太多。

我一直有个遗憾,在目前各大城市尤其是超大城市,各种餐饮门类十分齐全,亦可谓市场繁荣,但鲜见极具地方色彩的乡土美食。如果真想尝尝原味原汁的乡土菜色,只能去县城或县以下的乡镇才能得偿所愿。一些县或乡镇的地方美食在没进入大城市以前,或许风味独到,一旦进入大城市的餐饮市场,想在彼地站稳脚跟,则不得不按照大城市居民的口味习惯,对原有的地方风味加以改造,其结果往往是在大城市站稳了脚跟,风味特点却随之褪去,逐渐与其他都市菜色大同小异。

因此,对于还保持着浓郁的地方特色的应城酥蒸"八大碗",我便兴趣盎然。

有资料记载,应城位于湖北省中部偏东,地处鄂中丘陵与江汉平原的过渡地带,以低冈为主,兼有平原,整个地势自西北向东南倾斜;属亚热带季风气候,四季变化显著,雨热高峰同季出现,日照充足,雨水充沛,无霜期长,所以应城物产丰饶,自古就是鱼米之乡。应城方言属于湖北境内的江淮官话，方言区内部差异小，与京山市、天门市、汉川市、安陆市、云梦县交界的地区，语音上带有临近地区方言的部分特点。以前我曾说过，方言与地方饮食有某种天然的联系，方言相近的地区，饮食习俗亦大体相近，饮食基本味道相同。应城与江汉平原的几个县为邻，在饮食习俗上难免会受影响。江汉平原的天门市、仙桃市（沔阳）、潜江市的饮食习俗中有"三蒸九扣八大碗，不上蒸笼莫请客"之说。在应城饮食习俗中，蒸菜的分量也颇重，城乡居民但凡家有婚丧嫁娶、子女升学、盖屋上梁等大事，必摆桌宴饮亲朋，逢宴必上"八大碗"蒸菜。当然，如果要找出应城蒸菜与天（门）沔（阳）潜（江）地区蒸菜的差别，也不难。天（门）沔（阳）潜（江）流行用清蒸、粉蒸、泡蒸方法制作蒸菜，而应城的"八大碗"蒸菜，其烹饪的方式多为"酥蒸"：举凡肉类食材入甑蒸制之前，都会挂浆入旺火油锅中酥炸，继而上笼上屉，蒸熟后上桌。

在应城市餐饮行业协会的安排下，我们此次在应城粮食宾馆吃到的宴席，可算体会到了应城原汁原味的地方饮宴习俗，享受了早年应城富户设宴才有的待遇，吃的是"八大碗"全席大餐。席面菜色共有"八大、四小、十围碟"。按宴席上菜顺序，先上"四小"。所谓"四小"是指四道开味小碟：店家自制的霉腐乳、豆豉、甜荞头、辣椒酱。其功用是开味，增进食欲。再上"十围碟"。所谓"十围碟"，是指油炸花生米、炒韭菜、凉拌海带丝、凉拌胡萝卜丝、咸腌白花菜、炒干丁、炒白菜等，其功用在于佐酒和下饭。应城过去的大席面有"十二围碟"之规，现行习俗则进行了改良，围碟数可根据席面人数调整，不必一定为十二个围碟。最后上"八大碗"：蒸酥肉、蒸酥鱼、蒸走油丸子、泡蒸鳝鱼、蒸腊鱼、蒸酥鸡块、蒸豆腐泡等八客蒸菜，荤素兼备。最后再加一盆排骨藕汤。与过去应城"八大碗"用土钵盛菜不同，此番上桌的盛器，清一色都是青花瓷圆盘，秀美雅致，席面"土中见洋"，真个是"传统不守旧，创新不忘本"了。其中鳝鱼为泡蒸（与天门市、汉川市流行的泡蒸鳝鱼类似）之法制成，先把米粉与鳝鱼合蒸，蒸熟后从蒸笼中端出，再淋香醋上桌，味道微酸，在整席菜色中起到中和味道的作用。味碟和围碟均用小瓷盘、小瓷碟，围于大圆桌边，如同众星捧月拱卫着中间的主菜。桌子中间是蒸菜八大盘，细看席面，盛器有大盘小碟之别，菜有凉热之分、送酒下饭之用，一桌席面安排得主次有度、有章有法，让人印象深刻。

每样蒸菜我都伸箸一一尝遍，体会到应城酥蒸的明显特点：鱼、肉等肉类蒸菜，在入甑之前都经过了"走油"程序，外表黄亮，表皮酥泡，里面柔嫩，吃起来酥嫩有别，鲜香可口而不腻。且可以事先预制，制菜时，只需将已走油炸酥的鱼、肉等半成品放入笼屉，旺火蒸个上十分钟，从笼屉中取出倒扣于盘，即可上桌，无须让入席者久等。但凡事皆有两面，正由于鱼、肉等食材入甑之前都经过高温油炸，难免会褪去食材本味，让不同的食材味道趋同，这算酥蒸之一弊也。

为什么应城酥蒸菜色统称"八大碗"，而不是"九大碗""十大碗"？因四十多年前，每户应城居民的堂屋里，都会摆放一张正方形的"八仙桌"，桌的四面分别配上两个方木椅或一条木凳。而正规席面上每方只坐两位，一桌共坐八人，是谓"八仙"。"八仙桌"桌面一米二见方，摆上几个开味小碟和围碟后，再摆上八道主菜，整桌席就显得丰富而热闹，颇能体现出设宴请客者的好客之心。应城酥蒸虽只称"八大碗"，但蒸菜的品种远不只八样，但凡肉类、蔬菜类、豆制品类，几乎无菜不入蒸笼。又因在应城方言中，数字"8"的发音与发财的"发"相似，此地民间素有"要想发，不离八"之说，应城的酥蒸全席取名"八大碗"，确有讨个好彩头的意思。

中华人民共和国成立之前，应城富户吃全席"八大碗"时已经是菜色丰富、食材讲究，全在于他们收入富足、生活优渥。离应城二十几公里的长江埠，以产碱、石膏、盐闻名，开碱、石膏、盐矿者众多，所产矿物，经涢水运至长江，送达长江沿线各个城市，往往是"汽笛一响，黄金万两"，应城的矿主们因而赚得盆满钵盈。富裕的矿主们在应城城里起楼建屋，吃喝玩乐，"食不厌精，脍不厌细"，使得应城"八大、四小、十二围碟"的全席宴，在孝感地区声名卓著，影响颇大。他们无意中将"八大碗"推广开来，让我们今天还能够品尝和享用到"八大碗"全席宴，也算是做了件好事吧。

应城酥蒸「八大碗」

在应城『过早』

我曾说过，一座城市，无论大小，但凡"过早"（湖北方言，意即吃早餐）品种丰富，味型多样，售卖吃食的摊点或者小店随处可见且供应时间长的城市，就是幸福指数高的城市。反之，就算楼房盖得再高，马路修得再宽，绿化再好，空气质量绝佳，要是"过早"品种单一，且摊点或吃食店打着灯笼都难找寻，居民肚子饿了却难觅吃食，这种地方不免让人有淡漠寡情之感，何来幸福可言？

因这想法，我非常喜欢去与武汉相距一百公里左右的一座小城——孝感市辖的县级城市——应城。在过去的三十年间，我因公因私去应城的次数不下三十次，且春、夏、秋、冬四个季节我都在该市待过，有时待的时间还不短，算是对应城当地民风民俗略有了解了。像我这样一个对美食素有喜好的人，自然而然地喜欢在应城"过早"——繁多的过早品类、"过早"摊点上漾出的热气腾腾的人间烟火气息，这样一幅安宁祥和的世俗生活图景，令人身心舒畅。"一日之计在于晨"，应城人坚持"早上要吃好"的说法，所谓"早上要吃得像皇帝，中午吃得像民工，晚上吃得像乞丐"。我甚至执拗地认为：应城人日复一日闲适的生活，正是从"过早"摊点上吃上一碗牛肉面、一块绿豆糍粑、一块砂子馍等百味皆具的小吃开始的。所以，当应城市烹饪协会邀请我随湖北餐饮业的数位名家一起去该市调研当地特色饮食时，我当即放下手头上的工作答应前往，简单打点行装，喜滋滋地奔应城而去。

我喜欢在应城"过早"，甚至认为在应城"过早"称得上是一桩美事。当然，之所以称其为美事，真得感谢上天对应城百姓的厚爱，予应城以极优越的地理环境，使这方土地历来五谷丰登，少饥馑之灾。优越的自然环境，使得应城物产丰饶，鱼米之乡的美名从古至今广为传扬，也为应城居民能够烹制出品种繁多的食物奠定了物质基础。再加上应城人热情好客，勤劳肯干，善于动脑筋，应城"过早"口味多样、花样繁多，也就顺理成章了。

应城的小吃可谓一张亮丽的地方文化名片。依我看，应城小吃之所以出彩，首先在于应城小吃节令感强，会随着季节的变化而应时更换品种。每到春暖花开、百花竞芳的季节，春卷、元宵、汤圆、糍粑、油香、年糕等深受居民喜爱的各色小吃，便在各个小吃门店或摊点占据了主角的位置；当烈焰烘烤、暑热蒸腾的盛夏，各种冰糕、凉面、冰镇沐汁酒（米酒）、什锦豆腐脑、八宝稀饭、绿豆稀饭、冰糖莲子、冰豆浆等解热降温的吃食便隆重登场；在云淡天高、丹桂飘香的金秋时节，蟹黄汤包、蜜汁莲藕、红苕面窝、桂花糍粑等吃食则在各个小吃门店或摊点"一展芳容"；在暗香浮动、蜡梅吐艳、朔风怒号的隆冬，热气腾腾的小罐鸡汤、排骨藕汤、山药泥等时令食品则可以让居民驱寒暖胃。

其次，应城小吃品类繁多，百味兼有，食客的选择面相当广泛。比如面条，有热干面、炸酱面、凉面、汤面、手工面等，所有面条可荤可素，荤素不同则风味大相迥异；比如米粉，有宽粉、细粉、粉丝、手工粉、糊汤粉、苕粉、鳝鱼粉等，荤素随意，红油白汤任选；比如面点一类，有猪肉包子、小笼包、汤包、蒸饺、烧卖、煎包、汽水包子等，既可当早点，也可以当正餐果腹。应城人勤劳朴实，脑筋灵活，将大米等主食深加工成各种小吃，几乎将主食可食用的方式开发到了极致：豆面窝、豆皮、酥饺、米酒、豆丝、甑仁糕、发糕、麻糕、炒米、水汽粑、糯叶粑、月半粑、绿豆糍粑、辣椒粑、藕渣粑、发米粑粑、糊米羹等，硬是把各种主食变成了花样百出的小吃，而且这些主食制成的小吃不仅能"过早"，也能做正餐的主食。早年应城的穷苦人家，便是把米粑当成下饭菜，与米饭同吃，所以过去应城乡下有"吃米饭，咽米粑，下田带上壳子粑"的民谣，以描绘穷苦人家的困顿生活。还有腊肉面、肥肠面、牛肚面、面筋煲、三鲜面、财鱼面、鸭血汤、砂子馍、猪油饼子、"草鞋板子"、汽水包子、炸油饼、锅块包油条等。毫不夸张地说，应城"过早"的品种，完全可以每天不重样地吃上两个月。

这次我在应城待了两三天时间，"过早"所吃有牛肉面、绿豆糍粑、油香、粮食宾馆的猪油饼、汽水包子、"草鞋板子"、砂子馍等，尤其值得说道的是当地特色小吃砂子馍。

砂子馍是一道类似薄烤饼的面食，从石烹饼演变而来，有黄河流域的"石烹"遗风。坊间传闻，砂子馍起源于应城的一个著名小镇长江埠，后传到应城城关，继而流传到孝感市和武汉，甚至湖南和江西。其制作方法不算复杂：将面粉加水揉匀，揉匀后抹上应城本地出产的芝麻油，再次揉匀，如此反复五六次，面团揉好后切成段，加入葱、蒜、盐、辣椒、鸡蛋、猪油等不同辅料，然后将面团擀成圆形薄饼待用。

在河边捡拾板栗般大小的鹅卵石（当地人称砂子）若干，冲洗干净，晾干。铁锅烧热后倒入食用油，待锅内食用油烧热，将鹅卵石倒入铁锅内翻炒，使鹅卵石均匀升温。待鹅卵石在锅内冒烟发烫时，铲出一半放入另一口锅中备用。将擀成的面饼摊盖在锅中热烫的鹅卵石上，再用另一锅中的热烫鹅卵石把面饼完全覆盖，利用上下两层热烫鹅卵石将面饼烙熟。

砂子馍的口感与武汉街头巷尾随处可见的烧饼相似，但比烧饼的味道丰富，味咸、微辣，又有葱、蒜等香味。砂子馍虽没有烧饼泡酥，但也酥得颇有层次感。掰开砂子馍，起酥的饼层一层层叠加，有五六层之多，咬上一口，口感筋道、酥脆，面粉的清香与调料香味混为一体，别是一番滋味。

喝鸡蛋冲浠汁酒与吃砂子馍是绝配。砂子馍以面粉为食材，用了烙烤方法，使面饼失去大部分水分而变得酥泡，食之难免口干舌燥，吞咽不畅，此时来一碗微甜的鸡蛋浠汁酒，不仅以甜味中和了砂子馍微咸微辣之味，还滋润了口舌。这顿花费不到10元的早餐给了我一次绝佳的美食体验，也吸引着我再来应城。

恋上恩施小土豆

大概是因为土豆在我们日常饮食中太过常见，所谓"熟视而无睹"，所以没在恩施邂逅当地特产小土豆之前，我委实想象不出样貌粗朴的土豆会有什么非凡之处，有什么理由会让我心心念念地挂记。

二十余年前的一个深秋，武汉一家报社组织给该报副刊写稿的作者去恩施采风，我忝列其中。那是我第一次去恩施。那时，武汉到恩施的交通很不方便，火车未通，机场未建，往返全靠汽车。路窄，且保养不善，车不能开快，单程一趟下来，怎么也得耗上十个小时。

旅游大巴一路摇摇晃晃到了恩施，暮色已经深重。午餐是在公路边一个卫生状态差强人意的夫妻小店解决的，胡乱对付着吃了两口说不清是什么滋味的饭菜。汽车一路颠簸到这会儿，大家早已是饥肠辘辘，腹鸣响鼓，都热切地巴望着能吃上一顿热气腾腾的饭菜，以弥补这一路坐车的辛苦，填塞胃腹的空虚。

我们被带到一家土家特色的餐馆里用餐。菜式上桌，我们顿时食指大动。菜品丰富且尽显恩施当地特色：凉拌鱼腥草、煮合渣、鲊广椒、扣蒸肉、拌莼菜、腊猪蹄炖小土豆……服务员一一报上菜名，我傻了眼，除了扣蒸肉我认识外，其他菜色我闻所未闻。除了鱼腥草的味道实在不能接受，其余所有菜式，无一不让我胃口大开。这餐饭让我大快朵颐，直呼吃得过瘾。古人说"食无定味，适口者珍"，

205

这话我深信不疑。此境，此情，此菜，此饭，恩施特色美食让我吃出了人生的幸福感和满足感，让我的生命有了如此惬意的体验：啊，俗世生活还可以如此美好呀！

这餐饭上，我最大的意外收获是：这里的特色——恩施土豆，无论从形状到口味都超出了我对土豆的已有认知。我们通常在菜市场看到的土豆，小的大概半两，大的可以比肩红薯，二三两者亦为常见，且一律长得"五大三粗""皮糙肉厚"，味道淡淡的，有脆有粉，也说不上有什么奇特之处。城市居民餐桌上常见的土豆做法，一是炒酸辣土豆丝，二是土豆烧牛肉。现在，日常生活中见得更多的是快餐店里的炸薯条，蘸上酸酸甜甜的番茄酱当零食吃，是许多小孩的最爱。至于我本人，则谈不上喜欢或不喜欢。而恩施土豆，长得"秀眉秀眼"，个子大的像炸得泡酥的肉丸子，个子小的像氽得溜圆的鱼丸，且一律灿黄亮眼，皮薄诱人。更令我惊异的是口感，因与腊猪蹄一齐炖煨，咸鲜腊味浸到土豆芯里，口感粉糯绵软，微甜有回甘，嗅着有一种淡淡的奇异香味，与我们经常吃到的土豆口感完全不一样。如此，不免让我生疑："这是土豆吗？"接待我们的恩施朋友回答说："是了，我们恩施小土豆生长环境之好恐怕在中国无出其右了，土地好，土豆当然也就好了。"

于是乎，恩施小土豆的好，让我对土豆这个物种，尤其对恩施小土豆的"前世今生"产生了浓厚的探究兴趣。

在我国，土豆学名为马铃薯。马铃薯因酷似马铃铛而得名，各地所起的俗名还有山药蛋、洋芋、地蛋、薯仔、荷兰薯、番仔、洋番芋等，属茄科一年生草本植物，块茎可供食用，是全球第四大重要的粮食作物，产量仅次于小麦、稻谷和玉米。

土豆原产地在南美洲安第斯山区，人工栽培的历史最早可追溯到约公元前 8000 年至公元前 5000 年的秘鲁南部地区。通常认为土豆是在 16 世纪时传入中国的，随后很快在内蒙古、河北、山西、陕西北部大范围栽种。现在，土豆的主要生产国有中国、俄罗斯、印度、乌克兰、美国等，中国是世界上土豆总产量最高的国家。总体而言，土豆非常适合在我国的高寒地区生长，而且这些地区原来的粮食产量极低，只能生长莜麦，土豆的种植也大大改善了人们的生活条件。作为一种粮食作物，土豆在我国各地均有栽种，对维持明末、清朝、民国时代的人口数量，起到了重要作用。又因我国各地土壤、气候条件不同，出产的土豆品质各异，做成的菜肴也是风味各不相同。

恩施属亚热带季风气候，四季分明，雨热同期，海拔高度在 420 米左右，其地理条件极适宜种植土豆。恩施还有个独一无二的特点，即石煤贮存量极为丰富，因此土壤硒含量较高，恩施因而被誉为"硒都"。而包括小土豆在内的恩施农产品均富含有机硒。现代医学研究表明，硒是人体必需的微量元素之一，能调节人体维生素的吸收、提高免疫力、防癌抗癌、防治心脑血管疾病、保护肝脏、抗氧化、延缓衰老，还能解毒防毒、抗污染等。恩施土壤富含硒的先天条件，让小土豆的生长赢在了"起跑线"上，也为其能在全国各地众多的土豆品种中脱颖而出起到了重要的作用。

2017 年 11 月，原国家质量监督检验检疫总局批准恩施马铃薯成为"国家地理标志保护产品"，也为恩施小土豆贴上了一个不同凡响的"典型"标签。

在以前相当长的一段历史时期，土豆与苞谷、高粱是恩施土家人的主食，直到改革开放后才有所改变。懂得小土豆独特之处的恩施人，开发出了小土豆的花样吃法：土豆饭、炕土豆、炸薯条、炸土豆、腊猪蹄炖土豆……在我看来，以小土豆烹成的诸多菜品中，尤以腊猪蹄炖土豆最具代表性，而土豆制成的零食，则以炕土豆最有魅力。炕土豆做法与烤红薯完全相同，将小土豆放进烤炉里，烤至表皮酥枯、内里成滚烫滑腻的溏心时取出，此时吃来，口感脆酥绵糯兼得，且有一股清香充盈口腔，食后齿颊留香，久久不散。

我尤其喜欢恩施人把土豆焖或炕成零食的吃法。焖土豆要选用全身有五六个"坑洼麻眼"的小个子土豆（依据当地人的生活经验，土豆的"坑洼麻眼"太多，则土豆不太粉糯，有五六个"坑洼麻眼"的小土豆口感最佳），煮熟，放少油开小火，加佐料，盖上木盖，焖上二三十分钟，待土豆被焖得绵软入味时，撒上辣椒、葱花、芝麻，当零食吃，一口一个，口感柔糯，吃起来很是过瘾。

这二十年间，我去恩施次数不少，每次去，必吃恩施小土豆：或吃炕土豆，或吃炸土豆，或吃腊猪蹄炖土豆……总之，我对吃恩施小土豆，乐此不疲，百吃不厌。

至于现在，恩施小土豆的多种吃法，已经流传至我居住的这座都市。所以，我无论什么时候想念起恩施小土豆的味道，不需要大老远去恩施，只要就近择一家"恩施土菜馆"（现在恩施菜馆三镇都有），点上一钵腊猪蹄炖土豆，喝一杯恩施苞谷酒，就能抚慰那一份对恩施小土豆的眷恋之情了。

恩施土家社饭

武昌石牌岭开了家恩施土菜馆，因食材俱选自恩施，菜式出品保留了浓郁的恩施特色，因而在三镇颇有声名。去年这间老店因市政建设拆迁，迁至徐东大街的"东湖丽景酒店"内经营。该店的总经理与我相识，她盛情邀我在新店开张时前往品评赏鉴，于是在武汉最炎热的季节，我与几个做美食自媒体的朋友一同前往该店，吃了一桌恩施特色饭菜。

此次飨客的菜品很丰富，林林总总一大桌，其间腊猪蹄炖小土豆、土家粉肠、鲊广椒、煮合渣、扣蒸肉等恩施名菜悉数登场，有些菜式，我曾在其他恩施风味餐馆中吃过，且多数业已成文，略去不提。只有席间当作主食上桌的恩施土家社饭，与我在恩施当地吃过的土家社饭风味小有差别，尤让我兴味盎然。

社饭在今天的城市餐厅中并不常见，大多数城里人对社饭也不甚了解。从了解社饭到品味社饭，我走了一条"先理论，后实践"的路线，即先从书本上了解社饭为何物，然后才在湖南湘西、湖北恩施等地的餐桌上品尝，客观地说，我对社饭的美妙之处也算是略知一二吧。

多年前，我读南北朝宗懔《荆楚岁时记》，上有"秋分以牲祠社，其供帐盛于仲春之月。社之余胙，悉贡馈乡里，周于族"的记载，知道古代有过秋社的习俗，但不知道社饭是怎样的。读孟元老《东京梦华录》，中有《秋社》一章曰："八月秋社，各以社糕、社酒相赉送贵戚。宫院以猪羊肉、腰子、奶房、肚肺、鸭饼、瓜姜之属，切成棋子片样，滋味调和，铺于饭上，谓之'社饭'。"由孟元老笔下，我知道社饭为何物了。

简而言之，社饭是古时专为春分之日和八月秋社之日社祭所准备的食物。

何谓秋社呢？据文献记载，自汉代始，人们将立秋后第五个戊日（约在新谷收成的八月）定为祭祀土地神的日子，称为秋社。秋社之日简称社日。社日是古代农民祭祀土地神的节日，戊日属土，所以选择这天来祭祀土地菩萨，并举行祭祀活动以祈祷年景顺利，五谷丰登，家庭祥和，岁月平安。

汉代以前只有春社，汉代以后开始有秋社，后来汉族对过秋社的重视程度超过了过春社，民间习惯将秋社活动称为"过社""拦社"等。

过社也是历代文人墨客喜欢着墨歌咏的题材，唐代诗人王驾有《社日》一诗，曰："鹅湖山下稻粱肥，豚栅鸡栖半掩扉。桑柘影斜春社散，家家扶得醉人归。"宋人王安石在《后元丰行》中说："百钱可得酒斗许，虽非社日长闻鼓。"这些诗文，能让我们穿越历史，清晰地看到先民们"过社"的生动场景。

社饭其实不唯汉民族所有，自古也是土家、苗、侗族等少数民族祭祀的节令食品。与汉族不同的是，土家族等少数民族更注重过春社而不是秋社，春社为立春后的第五个戊日（通常在春分前后）。他们将历经几千年的古老的社饭传统继承下来，制作社饭往往就地取材，因地制宜。当然，土家族等少数民族在春节过后不久的季节过春社，其实还颇有现实意义：春节过后，春荒就要开始，所谓"青黄不接"，粮食愈见紧张，而此时一年一度的春耕却需要农人具有足够的体力才能支撑。于是土家人便把糯米掺在野菜里做成社饭，既可祭祀，又可饱腹。再者这个时节，草长莺飞，

作为社饭重要食材的春蒿疯长，取材容易，成本几乎可以忽略不计，清明节一过，蒿草老去，便不能再食。所以土家族选择过春社，其原因与时令和农耕生产联系紧密。清代《潭阳竹枝词》所记"五戊经过春日长，治聋酒好漫沽长。万家年后炊烟起，白米青蒿社饭香"，就是土家人春季"过社"的真实写照。

三年前的夏初，我去湘西凤凰县沈从文先生的老家旅游，在当地几家小餐馆都吃过湘西土家社饭，这些餐馆制作社饭的方法也大致相同：将田园、溪边、山坡上的鲜嫩社蒿（或称香蒿、青蒿）采撷回家，洗净剁碎，揉尽苦水，焙干，加入野蒜（胡葱）、地米菜、腊豆干、腊肉干等辅料，再掺些糯米（也掺有部分黏米）蒸或焖制而成。饭菜合一，味道鲜美，芳香扑鼻，松软可口，老少咸宜。

据我所知，不管是湘西土家族人还是恩施土家族人，都极重礼仪，做社饭不光是自家人吃，还把它作为馈赠亲友的佳品。恩施当地甚至有"送完了自家的，吃不完别家的"民谚广为流传，充分显示出土家人淳朴、亲和的民风。

恩施土家族苗族自治州是湖北土家族人聚居的地区，这里属亚热带季风性气候，冬少严寒，夏无酷暑，雨量充沛，四季分明，海拔落差大。由于土家族人所居之处多为崇山峻岭，山多而地少，旧时大米等细粮产量十分少，土家族人主要以杂粮如苞谷、小米、荞麦、红苕等为主食，吃大米较少。因此土家族人每年对春社吃米饭的看重程度，几乎能与过年相比。春季"过社"是他们对秋天丰收的憧憬，是对衣食无忧小康生活的向往，也是对现世安稳的祈祷！

至于现在，恩施土家族人早已不愁吃穿，社饭不止专在过春社时享用，一年四季都可吃到。只是在野生蒿子不当季时，做社饭只能用别的食材或大棚种植的蒿子替代。

我去恩施吃过数次当地的社饭，因而能对武汉"东湖丽景酒店"的恩施土家菜馆的社饭烹法地道与否有基本的判断。我认为不管是从外表还是口味，都可看出他们的社饭坚持了恩施当地土家族人的传统制法。全部食材选自恩施，将恩施田边地头、溪边河畔、山丘坡冈上的鲜嫩社蒿采撷后运到武汉制作而成，方法如下。洗净社蒿，揉尽苦水，剁碎备用，将野韭菜去根须、洗净、切碎备用；将恩施产的糯米、黏米淘洗干净，糯米用水浸泡，黏米先放入沸水中稍煮片刻捞出，滤去米汤备用。将来自恩施的熏豆腐、煮熟的土猪腊肉切丁备用；将糯米滤去水分后与煮过的黏米混合，放入腊肉丁、野韭菜、社蒿、盐、味精拌匀，放入木甑内，用大火蒸熟即成。

我要了一小碗社饭品尝。一端上来，社蒿、野韭菜特有的清香，大米的米香，腊肉、熏豆腐的浓郁之香，一齐扑鼻而来。社蒿像黑芝麻似的散在莹白的大米饭中，黑白分明。每一粒细长的大米饭经过猪油的浸润，显得圆融饱满，在暖色射灯映照下，光泽莹莹。腊肉丁红白相间，油光晶亮，土猪肉的腊香和米饭的清香飘散，实在馋人。每一粒米饭都松软可口，吃一口社饭，浓郁的香气便在口腔里翻跟头。这样的美食，让我真切地体会了什么叫作"口齿留香"，也知道了恩施土家社饭为什么能在恩施等地长久流传不衰了。

荆楚味道

恩施土家社饭

二月三，蒿粑香

一到树绿草深、春夏交替的农历三月，恩施土家族人就忙不迭地掐了蒿草，将草汁同糯米、籼米磨粉混合蒸熟，应景地做成传统吃食——蒿子粑粑（也叫蒿粑）。

在恩施土家族人的传统习俗中，是什么节气就该吃什么食物，食物总与传统节令和农事耕作有关。比如，农历二月二俗称"龙抬头"，土家族人要过春社，要吃以糯米拌社蒿（即蒿草）混合做成的社饭。这既是对传统节日的庆贺，也是因为一年一度的春耕农忙就要开始了，以能饱肚经饿的糯米吃食来保证下田耕地的农人有足够的体力来支撑繁重的农活。而农历三月三是土家族传统的"上巳节"，土家族人吃蒿子粑粑，一来祭祀先人的亡灵；二是此时正处在农事紧要的当口，为节省时间，外出劳作时捎上蒿子粑粑作干粮，中午在田间地头就能快速饱肚充饥。

为什么恩施土家族人的吃食会与节气挂上钩？为什么会把青蒿之类的野蔬与主食合烹呢？我的看法是，这主要与当地的自然条件、农耕文明传统的形成与延续有关。

如今的"硒都"恩施是个享誉全国的旅游胜地，这里山披绿、水吐秀，吸引了无数在城市的"建筑森林"里憋闷得身心疲乏的都市游客，因而旅游业在恩施经济中所占的比例越来越大。正所谓靠山吃山，靠水吃水，现在，大自然的恩赐给恩施民众带来了福祉。但从农业发展的角度来考量恩施的地理条件，其实并不理想，甚至可以称得上恶劣了：山峦连绵，树茂林深，田少水乏，地力贫瘠。稻谷、麦子收成欠佳，大米、面粉遂成为稀罕之物，当地所产者以苞谷、小米、荞麦、红薯等杂粮为多，此地土家族人的吃食，自然也多为杂粮。为了最大限度地从自然界获取食物，漫山遍野取之不尽的野蔬如青蒿之类，便进入了土家族人的视野，它们是上天丰厚的馈赠，得来全不费功夫。以野蔬入馔，或将野蔬与主食、杂粮合烹，以补粮食之匮乏，是土家族人不得已而为之的生存办法。久而久之，恩施一带的土家族人，便形成了带有浓厚山区特色的饮食风俗：将野蔬与主食、杂粮合烹。

这种说法立得住脚吗？我以为是有道理的。比如，土家族人过春社所吃的社饭，是糯米与社蒿的结合；农历三月三"上巳节"所吃的蒿粑，也是把青蒿与糯米、籼米磨粉后混合蒸制的产物。社饭与蒿粑，正是对恩施土家族人将野蔬与主食、杂粮合烹饮食习俗的证明。

其实，农历三月初三的上巳节，也是汉族及多个少数民族的传统节日。但在汉族的传统中，三月三相传是黄帝的诞辰，自古有"二月二，龙抬头；三月三，生轩辕"的说法。魏晋以后，上巳节固定为三月三，历代沿袭，遂逐渐演变成汉族出外春游、水边饮宴的节日。江淮一带的汉族三月三也吃蒿子粑粑，主要食材有青蒿、糯米、腊肉、蒿叶。不仅是江淮一带脍炙人口的民间美食，还承载了久远的历史文化。土家族人三月三上巳节吃的蒿粑，食材没有江淮地区蒿粑那般多样，主要食材为青蒿、糯米和籼米。另外，由于糯米和籼米得来不易，恩施土家族人吃蒿粑的时间也就相对固定，一般只在上巳节、清明节、端午节等重大节日或来了尊贵客人时，才会做蒿粑吃。

　　我曾在湖南湘西、湖北恩施及宜昌五峰地区吃过数次蒿子粑粑。在湘西新化、凤凰所吃的蒿粑与在湖北恩施、五峰所吃的，风味没有明显的差异。对我这个生于江南城市、长在江南城市的人而言，糯米、籼米饭是天天"照面"的，但在糯米或籼米中加入野蔬青蒿，就让我有了不同寻常的美食体验，印象深刻。

　　大概是热爱大自然的天性使然，我非常喜欢蒿粑散发出的蒿草的清香气味。

　　蒿草俗语也叫蒿子，草本植物，全国各地的乡野坡冈均能觅其踪迹。土家族人称其为粑蒿、社蒿、青蒿或蒿子。青蒿叶面呈绿色，叶底微白带茸毛。青蒿药用价值很高，中国药学家屠呦呦在 1972 年成功地从青蒿中提取到了一种分子式为 $C_{15}H_{22}O_5$ 的无色结晶体，命名为青蒿素，可以用来治疗疟疾。2011 年 9 月，因为发现青蒿素，挽救了全球特别是发展中国家数百万人的生命，屠呦呦获得拉斯克临床医学奖。2015 年 10 月，屠呦呦获得诺贝尔生理学或医学奖，成为获得科学类诺贝尔奖的中国第一人。

　　把青蒿与主粮合烹的方法，是土家族先民生活智慧的结晶。四季轮回，大地从冬入春，青蒿蓬勃生长于高冈低坡、田边地角，土家族人采摘后将其捣碎、浸泡、去汁、揪干，然后按 1：1 的比例加入糯米和籼米所磨成的粉，加水拌和，团成圆粑粑。将圆粑粑放进蒸笼里用大火蒸熟，既可热吃，也可冷食。蒿粑不仅味道出色，而且很有观赏性：绿黑的蒿子像天上散落的星星，不规则地洒在浅黄色的粑粑上，令人产生无限的遐想。蒿粑散发出青草似的清苦香味，非常好闻，吃来满口生香。如果非要给蒿粑定个性，那它一定是符合现代饮食绿色、健康理念的地方特色食品。

　　上个月我在宜昌开会，会议期间受邀去宜昌"聚翁大酒店"吃饭，席上的主食便是蒿粑。按说十一月下旬已是深冬，野蒿早成枯草，此时我们却能在酒店吃上蒿粑，很显然，其蒿草不是来自山野，当为人工栽种。事实上青蒿在恩施、宜昌等地的人工栽种已成规模，可以反季出产，所以，原本只在春季才能吃到的蒿粑，我们得以在深冬时享用。蒿粑上桌，我迫不及待地抓起一个粑粑，却不忙进口，先在鼻前嗅嗅，闻到了久违的蒿粑弥散出来的蒿草的清香，不过这清香的浓度比我在春季去恩施吃到过的蒿粑淡了许多。这可以理解，今日的蒿子毕竟是人工种植、反季出产的。人心总难满足，得陇望蜀，这次冬时在宜昌吃蒿粑没能过足嘴瘾，我自然就回想起在恩施吃蒿粑时的惬意，当时就在心里想定：明年农历三月间，一定设法去一趟恩施。不为别的，就为吃一个散发着蒿草清香的蒿子粑粑。更何况，恩施三月三的蒿粑，清甜甘香，软糯可口，对于像我这般年岁的"喜软怕硬"的牙口，正好受用呢。

荆楚味道

三月三，蒿粑香

烘鱼腊肉滋味长

对于一年一度的腊月，对于中国人喜气盈盈的农历新年，直至现在，我都固执地以汉口街头巷尾的居民在老旧屋檐下和窄巷两边屋子的窗台间横起一根根竹竿、挂上几条烘鱼和几块腊肉为判断腊月到来和衡量过年氛围浓厚的第一要件。

小时候，我有过一段不算短的在汉口腹地巷子里生活的经历。那时，一看到小巷人家把腊肉腊鱼、腊鸡腊鸭拿出来晾晒，就知道进入了过年倒计时，用现在流行的话说，是进入了过年的"节奏"。每到这时，人们心里总是喜滋滋的，因为烘鱼腊肉等腊货上场后，就离放鞭炮、得红包、有新衣服穿的春节不会太远了。

我不只喜欢过年，还很喜欢一年岁尾的腊月。虽然我很讨厌武汉湿冷难挨的冬天，但冬至一过，就能够吃到百吃不厌的烘鱼和腊肉，这让我对武汉湿冷冬天的厌烦情绪有所和缓。

腊肉就是冬天尤其是冬至时节腌制的猪肉，也有称咸肉的。但说到烘鱼，外地人可能不懂。烘鱼是武汉的方言说法，说成普通话就是腊鱼——冬至时节腌制的咸鱼，也有叫干鱼的。

把新鲜猪肉和活鲜水产制成腊味，是中国人生活智慧的结晶。湖北人把新鲜猪肉和淡水鱼鲜，用盐腌制成具有湖北地域特色的腊肉、烘鱼，则体现了湖北当地特有的饮食文化特色。

盐字的本义是含盐的水，故在器皿中煮。《广韵》

中说："天生曰卤，人造曰盐。"中国人大约在炎帝与黄帝时期开始煮盐，盐的使用对人类的繁衍生息做出了了不起的贡献。

湖北的烘鱼与腊肉，正是以盐为介质延长动物食物有效储存时间的典范，是被时间二次制造出来的特殊食物，经过盐腌处理，在保鲜之余，让我们享受到与鲜食截然不同，甚至更加醇厚鲜美的味道。

从农耕文明的角度看湖北，上苍赋予这个省份的地理优势，好到让人忌妒：湖北全省"六山一水三分田"，粮食作物主要有水稻、小麦、红薯、玉米、高粱、黄豆、蚕豆、豌豆、绿豆等，山珍有猴头菇、木耳、香菇、冬笋等，牲畜如猪、牛、羊等，家禽如鸡、鸭、鹅、豚等，禽蛋品种多且齐全，蔬菜品种有近百种之多。

尤其值得大书一笔的，是湖北的淡水鱼。鳜鱼、鲭鱼、草鱼、鲩鱼、鲤鱼、鲫鱼、鳊鱼等常见品种达 50 余种，产量之大、食用之广都位列全国各省之首。湖北素有"千湖之省"的美誉（现约有 800 个湖泊），省内江河纵横交错，湖库星罗棋布，以长江、汉江、洪湖、梁子湖、三峡库区、丹江口库区等为代表的"两江""两湖""两库"湖北水系，馈赠给我们丰富的食材，尤其以淡水鱼类数量最多，产量居全国第一，以至于"无鱼不成席"成为湖北饮食的一个特点。

美味总是与食材的新鲜嫩脆程度相关联，这恐怕是美食常识。受上苍的眷顾，物产丰富使得湖北人饮食资源取之不竭，新鲜的猪肉和鱼类菜肴成为湖北人餐桌上司空见惯的主角。从烹饪角度讲，新鲜的猪肉、水产采用湖北人惯常的煎、炒、煨、炸的烹饪技法都能做成好菜。古时候，猪肉、鲜鱼多了，又没有像现今这么发达的低温保鲜技术，食材不易存放，我们智慧的先祖就发明了一种将盐均匀撒在猪肉和鱼身上进行腌制，然后再将其晾晒风干的处理方法，做成被湖北人喜爱的烘鱼和腊肉，使得食材能够

烘鱼腊肉滋味长

妥善保存。在此基础上，再以其他烹饪方法做出菜品，以满足湖北人的一日三餐之需。

有学者说，人类的历史都是在嗅着盐的味道前行。湖北人腌制烘鱼与腊肉的漫长历史，能够为学者的结论提供实证：2014年，湖北荆州市荆州区郢城镇夏家台墓地258号古墓中，曾出土了13条"腊鱼"，虽距今2400多年，但仍保存完好，表明湖北人用盐腌制咸鱼有非常久远的历史。

对于吃惯了湖北风味的烘鱼和腊肉的湖北人来说，烘鱼和腊肉，不仅仅是一种食物，更是被保存在岁月之中的生活和记忆，永远也难以忘怀。

直至现在，每当农历冬至时节，无论城乡，湖北人都会腌制烘鱼与腊肉。

城里人家，尤其是家有退休老人掌家的人家，主妇们会分别去菜市场的土猪肉铺和卖鱼的水泥池前割肉买鱼，准备一年一度的烘鱼和腊肉的制作。

腌制传统湖北风味腊肉步骤如下。第一，选购五花肉。内行的主妇专捡瘦肉少、肉膘厚的五花肉，经验告诉她们，腊肉味美的关键就在厚厚的肉膘。瘦肉太多的五花肉，经盐一腌，然后在檐下清冷的阳光里晒上两日，口感会过于紧实，吃到口里甚至有发柴之感。肉买回家后，用干净的布揩净猪肉上的水分，置入缸盆待用。第二，用盐。讲究的人家先将粗盐粒碾细，在铁锅烧热后，再把盐倒入锅中，小火不停翻炒，以熟盐腌肉。也有图方便的人家，直接使用从超市买来的细盐腌制。还有用粗盐粒草草将猪肉抹过，使咸盐迅速入味，只腌一日即起缸晾晒的。第三，腌肉。将盐均匀地抹在五花肉上，反复多抹几次，特别是肉皮部分，让肉充分吸收盐分。将抹好盐的肉装入大盆或者缸中，加盖腌制三天。如果腌的肉太多，中间得

翻面几次,还要把上下的肉位置调换一下,让肉腌制得更加均匀入味。第四,晾晒风干。将腌了三四天的肉取出,用刀扎一个眼后拴上绳子,悬挂在阳台或者空旷通风处晾晒风干。风干的时间在四天左右,风干到肉还保留一定弹性和水分即可。

如果是乡里人家,也不用去集镇上买肉,只需将养了一年的猪杀了,取肥厚的五花肉进行腌制,腌制的方法与上述方法相同。乡里人家比城里人家腌制腊肉更有乐趣,杀年猪时,猪的号叫声仿佛是一声向新年进发的号角。年猪一杀,小孩们就知道,让人心花怒放的春节一天天近了。

腊肉腌好后,通常的吃法有"腊肉炒菜薹""大蒜炒腊肉""蒜薹炒腊肉""泥蒿炒腊肉""清蒸腊肉""烘鱼腊肉合蒸"等。也可以用腊肉与排骨一起作煨汤的主料,用来煨藕、萝卜、海带、山药,能使汤味醇厚,汤色奶白、浓稠,味道更为鲜美。其中"腊肉炒菜薹""泥蒿炒腊肉"是楚地名菜,最为湖北人称道。

烘鱼的腌制方法与腊肉的腌制方法相近,总结起来为一洗、二抹、三腌、四压、五吹(晾)。

所谓一洗是买回鲜鱼回后,无须去鳞(也有去鳞的),要用温水清洗,然后用干净的布擦干。

所谓二抹是用小火炒盐,趁热或直接将炒好的细盐均匀地抹在鱼肉上。

所谓三腌是指将抹好盐后的鱼晾七个小时左右。

所谓四压是将鱼放到较大的容器里,用重物(以石头最佳)压着,每天把腌鱼上下翻面,使其均匀入味。

所谓五吹(晾)是腌制三天后,将鱼取出,挂在通风处晾晒风干,每天直接日照两小时左右,风干到鱼肉尚有一定弹性和水分即可。

烘鱼腌好后,通常有蒸着吃、烧着吃、炖着吃几种吃法。

腊鱼味道偏咸，食用时须提前浸泡，让鱼肉变软，去掉多余的咸味后将鱼剁成块，沥干水分待用。如果吃清蒸腊鱼，只需将鱼块直接装盘，煮饭时与饭合蒸，饭好鱼熟后，米的香味融进了腊鱼中，这盘腊鱼也就成了佐酒下饭的好菜。如果是红烧腊鱼，则辅以肥肉丁，加水烧熟，起锅时添加些许老抽和醋，再加适量白糖，其味甚浓。

早年，由于物资匮乏，腌制烘鱼和腊肉的目的远比今天复杂，除了享受美食、迎接新年以外，还有为不太久远的未来日子做好待客准备的目的。但凡会持家的农村主妇，都会适时做好湖北特色的家常腌制品：烘鱼、腌菜和腊肉。所以江汉平原流传着一句俗话："家有烘鱼、腌菜和腊肉，来人来客也不怕。"意思是"非年非节"的普通日子，冷不防地有三亲四戚来家做客，只要有烘鱼、腊肉作主菜待客，即使没去镇上割肉买菜，主人也不会"掉底子"。因此，到了冬至时节，一个农村家庭腌制烘鱼和腊肉的水准高低、数量多少，不仅能够直观地体现一个家庭的经济状况，还能够说明家庭主妇或煮夫心灵手巧的程度及待人接物之道。从更大的方面讲，以盐腌制烘鱼和腊肉，尤能体现荆楚本地菜式的"咸鲜"风味特点和湖北人的生活智慧。

现在湖北人腌鱼腌肉的方法，受四川人做腊味的方法影响甚重：腌制腊味，除盐之外，还添加料酒、花椒、白醋、白糖。还有以诸如梨树、桃树、松树、柏树等枝叶燃烟，进行熏制的。这些具有复合性味道的腊货，已经与只有咸鲜的传统的烘鱼和腊肉的味道相去甚远了。

刻在我们记忆深处的烘鱼和腊肉的味道，是盐的味道、风的味道、阳光的味道，也是时间的味道。一代又一代的湖北人，被这种源远流长的味道滋润着，已经分不清它到底是一种美食的滋味，还是一种故乡的情愫了。

荆楚卤菜

一说到在全国有影响的荆楚菜式，就少不了要说到两条鱼（清蒸武昌鱼、红烧鮰鱼），一棵菜（腊肉炒洪山菜薹），一铫汤（排骨藕煨汤），一根精武卤鸭脖，一只小龙虾（油焖大虾）。

从烹饪技法上讲，清蒸武昌鱼用的技法是蒸，红烧鮰鱼用的技法是烧，油焖大虾用的技法是焖，腊肉炒洪山菜薹用的技法是炒，而精武卤鸭脖用的技法是卤。

蒸、烧、焖、炒是烹饪荆楚菜用得最多的技法，其实，卤也是烹饪楚菜使用频率较高的烹饪技法之一。用卤的烹饪技法烹制的荆楚卤菜，也是一张能够体现荆楚饮食文化特色的名片，荆楚卤菜中，被全国美食爱好者普遍接受的典型食品，便是大名鼎鼎的"武汉精武"卤鸭脖和"周黑鸭"。

那么，我们就有必要弄清楚：什么是卤菜？什么是荆楚卤菜？荆楚卤菜具有什么样的风味特点？

按照辞典的定义，卤的本义一般指制盐时剩下的黑色汁液，味苦有毒，亦称"盐卤""苦汁"。天然生盐也被称为"卤"。

在饮食业界，卤是厨师常用的一种烹饪技法，本质上比较接近于"煮"。通常，卤会与水合在一起使用，称为"卤水"，是一种以多种香料混合煮成的酱汤。

以卤水（酱汤）卤制出来的荤素菜式，统称为卤菜。

卤菜的历史非常久远，先秦时期的《礼记》记载的"生渍牛肉"，就是一款卤菜："取牛肉，必新杀者。薄切之，必绝其理，湛诸美酒，期朝而食之。以醯若醢醷。"用现在的语言表述，"以醯若醢醷"即以酱和醋、梅浆调味食之，这其实也就接近于现在的卤菜的方式了。

相传，在古代，秦国的李冰率万余民工修建都江堰水利工程后，又生产出了井盐，为卤菜提供了卤料。晋人常璩所著的《华阳国志》在记述当时饮食习俗时就有"尚滋味，好辛香"及"鱼盐、茶蜜、丹椒"的记载，从中可以看到，当时的人们已经学会使用盐和花椒制造卤水了。西汉人扬雄在《蜀都赋》中就有"调夫五味，甘甜之和……五肉七菜，朦厌腥臊，可以练神养血者，莫不毕陈"的记载，"调夫五味"讲的就是卤料的调味方式。唐代的文人骚客都喜欢在写诗时饮酒，而饮酒又少不了上乘佳肴来佐酒，于是，便于携带的卤菜在唐代得到了进一步的发展。到了明代，人们非常注重食疗养身，《饮膳正要》和《本草纲目》中记载的药料中有些既能治病，又能食用，还能调和五味，所以其中的部分药料，经过配伍，被当作卤菜的调料，用于卤制菜品了。

卤菜在全国各个菜系中都占有一席位置，而且，各个菜系中的卤菜与其菜系的整体风味、特征是相吻合的。因此可以说，地域不同、菜系不同，各地的卤菜风味也存在着差异。

全国各大菜系何以这么钟情于卤菜？原因在于卤菜是一种烹饪方法的直接产品，是将食材经初步加工和焯水处理后放在配好的卤汁中煮制而成的菜肴，具有容易把控成菜质量、可批量生产、容易复制、可提前定制和节省人工等优势。

有专家大致把卤菜分为红白卤水两大类型，这也不算错。若把全国的卤菜进行细分，大致可以分为红卤、黄卤、白卤、药卤、酱卤五大类型。

从全国餐饮市场上看，卤菜品种中以四川卤菜、广东卤菜和湖南卤菜较为著名，尤以四川卤菜在全国各地最为常见，且多以红卤为主。

为什么叫红卤？因为卤出的菜品表面呈现出艳丽的肉红色（尤其是畜禽类的卤品更甚），餐饮业内把这种能使卤品呈现出红色的卤制方法称为红卤。卤菜呈现出红色，是因为卤水中添加了含硝的物质，在卤水中硝与畜禽类食材发生深层接触，卤熟后的畜禽卤品就呈现出红色，而且硝还有为卤制畜禽菜品增鲜、增香的功效。比如全国市场上声名较大的"紫燕百味鸡""廖记棒棒鸡"等品牌都算红卤的代表，湖北武汉的"精武鸭脖"等也是红卤的代表。

广东卤菜又称烧腊，烧腊其实应分为"烧"和"腊"两种，但现在人们总是将"烧腊"连在一起叫，已经不太在乎两者细微的种类区别了。广东卤菜多以黄卤和白卤为主，这两种卤菜的卤水不添加硝，也不添加改变食材颜色的其他色素，其卤品还原食材本来的颜色。著名的潮州卤水拼盘，荤素皆有，可谓广东用黄、白卤方法卤制菜品的代表。

湖南岳阳和"中国卤菜之都"湖南邵阳武冈的卤菜，采用二十多味名贵药材，用卤鼎熬制成卤水，将食材反复浸煮，属于药卤的类型。

所谓酱卤，即是在卤水中添加酱油。无论是添加生抽还是添加老抽，这种用添加了酱油的卤水卤制菜品的方法均称为酱卤。使用酱卤的地方不多，荆楚的厨师习惯在制作卤菜时，在卤水中添加老抽或者生抽（老抽和生抽的差别，主要在于老抽中添加了焦糖，因而老抽酱色较深，而生抽没有添加焦糖，因而酱色较浅），这样卤制出来的卤菜，与红卤、黄卤、白卤、药卤就有差别，具有了鲜明的湖北特色，也就有了油厚、色重、味浓的外观与口感。总体而言，荆楚卤菜与楚菜菜系的烧菜风格有异曲同工之妙。

荆楚卤菜在配制卤汁时比其他地区添加的香料要少，通常只加五香、八角等少量的香料，但会或多或少地添加酱油（老抽或生抽），所以成菜色泽普遍呈现出油亮的酱色。荆楚卤菜还有一点与其他地区卤菜不同：荆楚卤菜卤制完成后，并不起锅晾干，而是将卤菜浸泡在卤水中，在出售卤菜时，直接从卤水中把卤菜夹出售与顾客。

在当下的荆楚饮食市场，各地随处都有卤菜售卖。在荆楚卤菜集大成之地的省会城市武汉，几乎每个街巷都可见到"冷记卤品""新农牛肉"等店，其卤菜品种有荤有素，品类齐全，最能体现荆楚卤菜的风味特点。

至于各个餐厅酒店，尤其是提供宴会服务的餐厅酒店，供应卤菜算是"标配"，其卤菜的风味，在整体呈现荆楚风味特色的同时，各酒店之间还有细微的差异和变化。以武汉为例，地处汉口车站路的"世方御酒家"的卤菜，继承了老武汉卤菜传统，味道醇厚，酱香浓郁，久销不衰。而地处汉口腹地的统一街洪益巷中段，有一家叫作"吴长子"的卤菜店，有一口武汉好吃佬皆知的大卤锅，口径在一米二左右，这口锅似乎能把肉菜和豆制品一锅卤尽，无所不包。卤锅里飨客的牛肉制品系列有牛肉、牛肚、牛筋；猪肉制品系列有猪耳朵、猪尾巴、猪蹄子、猪肠子、猪拱嘴、猪肚子、猪舌头；豆制品有干子、千张、豆棍、素鸡；还有鸡翅、鸭爪、火腿肠、藕……不夸张地说，这口卤锅可算是集武汉卤菜之大全，集中体现了武汉卤菜的风格——油腻、色深、味重。洪益巷的大卤锅能在食客中具有很大影响力，得益于卤水卤料的调味，它用的卤水是老卤水，时间在十年以上，所以大锅卤出的卤味，格外入味透香。

湖北人对吃卤菜情有独钟，而且对吃卤菜环境的要求是越简陋越好。喜欢喝上二两白酒的"好吃佬"一族，如果是在大酒楼里吃同样味道的卤菜，总觉得体会不出卤菜里面的那种接地气的味道。所以，会吃会喝的湖

荆楚味道

荆楚卤菜

北"好吃佬",吃卤菜时,专往街头巷尾的小桌小椅的大排档上凑,似乎只有这样,才算是体会到了吃卤菜佐白酒、下啤酒的乐趣。

在湖北吃卤菜,四季皆可,尤以夏季更能显出湖北人的豪爽性格。华灯初上,嗜好卤菜的一群人,找个中心城区或县城的一条小巷,在大排档上坐定,到卤锅前点自己喜欢的卤货,卤猪尾巴、卤干子、卤藕等,杂七杂八拼成一大盘,老板便把你点的卤货切好,末了将一瓢油光黑亮的卤汁浇在切好的卤菜上边,就是成菜了。白酒呢,以扁瓶子"二锅头"、一斤装的小"黄鹤楼"或"毛铺"纯谷酒为主,啤酒以"行吟阁"、"雪花"、荆门产的"金龙泉"为主,吃一口卤菜,喝一口酒,嘴里冒油,额上冒汗,大快朵颐,这是真正意义上的"大口吃肉,大碗喝酒"。喝到高兴处,不管是出体力活的"扁担",还是开着奔驰、宝马等豪车来的食客,也不管是穿着"阿迪达斯"的小伙子还是穿"都彭"的体面人,都不再讲形象,一律光了膀子,也不管吃相雅还是不雅,汗珠顺着光着的上身向下淌,酒喝得尽兴了,口腹之欲满足了,顿时觉得周身经络通畅。在大排档上吃荆楚卤菜,吃起来就是一个感觉——爽快。旁边走过的路人,就是看一眼吃卤菜喝大酒的人,也觉得那场面过瘾。

所以我说,相较于湖北的中餐炒菜、吊锅、从四川输出而在湖北落户的火锅以及小吃、西餐等吃食,荆楚卤菜及湖北人吃卤菜的方式,最能体现湖北人灵秀中透出的豪爽性格。

辣椒，食材中的明星

我一向以为，在数不胜数的食材中，辣椒是个"星像十足"的明星食材。辣椒与我们中国人的生活，关系实在太紧密了。

自古以来，若一个人活到一定岁数，在总结自己的人生经历时，往往用尝过的酸、甜、苦、辣、咸五种滋味来进行比喻，这样说的人表达得清楚明白，听的人会感同身受、心领神会。所以，有些人说"中国文化的核心是吃的文化"，这个观点看来还是"靠谱"的。

古人所说五味之酸甜苦咸与我们现在体验到的酸甜苦咸味道是一样的，唯独古人所说五味之一的辣，与我们现在常说的辣不是一回事。现代人所说的辣专指辣椒的辣，而明朝以前的古人在典籍中提到的辣，却是指葱、姜、蒜、胡椒及芥末的辣味，原因很简单：明朝以前的中国没有辣椒。

辣椒是舶来品，原产于中南美洲的热带地区。辣椒于15世纪时传入欧洲，在明末时传入中国，初始是作为观赏作物进入百姓的生活中。清代园艺学家陈淏子在1688年成书的《花镜》中有关于辣椒的记载："番椒，一名海疯藤，俗名辣茄。本高一、二尺，丛生白花，秋深结子，俨如秃笔头倒垂，初绿后朱红，悬挂可观。其味最辣，人多采用。研极细，冬月取以代胡椒。收子待来年再种。"

陈淏子在《花镜》中虽有"其味最辣，人多采用。研极细，冬月取以代胡椒"的说法，但那时的辣椒，人们普遍还是当花卉来观赏的。清代著名文学家蒲松龄在其著作《农桑经》里，也是将"番椒"归为花卉而列入花谱的。

由史料记载可以看出，辣椒自明末传入中国，当时的国人是将辣椒当观赏作物看待的。直到 1708 年，汪灏等受命编著《广群芳谱》，将"番椒"作为花椒的附录，列入"蔬谱"。20 多年过去，辣椒已然被国人当成蔬菜开始食用了，最先开始食用辣椒的是贵州及与其相邻的四川、云南、湖南地区。

在食盐普遍缺乏的贵州，康熙年间就有"土苗用（辣椒）以代盐"之说，苗族、土家族以辣椒替代食盐的现象在贵州较为普遍。到了道光年间，贵州北部已经是"顿顿之食每物必番椒"。同治时期盛行的苞谷饭，其菜多用豆花，用水泡盐块加海椒，用作蘸水。乾隆年间，与贵州相邻的云南镇雄和湖南辰州府也开始食用辣椒。

再后来，辣椒作为调味品进入了百姓的生活，现在以辣椒制成的食品，不仅畅销于华夏大地，而且还出口海外，全球吃中国产的辣椒食品者不知凡几。

在辣椒的药用、食用、调味三大功用之中，最广泛的是食用，其次是调味，再次是药用，至于被当成观赏花卉的功用，则微乎其微了。

从明末、清、民国再到现今，历经几百年时间，云南、贵州、四川、湖南诸地在饮食习俗上形成了食辣、嗜辣的传统，直到现在，云、黔、川、湘四地都嗜吃辣，在中国辣椒覆盖的版图上占有重要地位。

辣椒从舶来品到在中国落地生根、开花、结果，经过约 400 年的发展演变，它可当药物治病，可当蔬菜下饭，可当调味品提味，可当花卉供人观赏。总之，舶来物种辣椒深度嵌入了中国百姓的生活，甚至可以说与中国人的日常生活密不可分。辣椒在中国的际遇，遵循了人类认识论中由低级向高级、由简单到复杂的普遍规律。今后，随着人们对辣椒认识程度的不断加深，辣椒的用途将更加广泛，辣椒为人类作出的贡献也将更大。

对于 17 世纪以后的中国来讲，辣椒被广泛种植、食用，已是一种重要的引进作物。辣椒的传入及进入中国人的饮食，无疑掀起了一场饮食革命，威力巨大的辣椒使传统的任何辛香料都无法与之抗衡，它以其独特的"霸道"味道极大地丰富了中国人的菜谱，对丰富中国菜的味型有卓越贡献，甚至对我国大部分地区的地域饮食文化产生了极大影响。

现在，我们把辣椒称为食材明星，绝不是溢美之词，辣椒确实担得起这个美名。我们的日常生活实践已经证明，辣椒除了能让菜式味型发生改变外，对人体还有显而易见的好处。

辣椒对人体有什么好处呢？首先，辣椒的营养非常丰富。辣椒中含有人体不可或缺的维生素 A、维生素 B 族、维生素 C 等，其中的膳食纤维、矿物质也很丰富。常吃辣椒还可以补充维生素、膳食纤维和人体所需的矿物质。

其次，辣椒味辛、性热，有开郁去痰、开胃消食等功效，对人体有很好的食疗作用。《药性考》中说，辣椒能"温中散寒，除风发汗，去冷癖，行痰逐湿"。常吃辣椒能促进消化液分泌，增进食欲。《食物本草》中说辣椒能"消宿食，解结气，开胃门，辟邪恶，杀腥气诸毒"，所以常吃辣椒可以暖胃驱寒。此外，辣椒还有促进血液循环、美容肌肤、降脂减肥、止热散痛等作用，食辣椒这种寓疗于食的办法，非常适合中国的饮食文化传统，所以辣椒为百姓所爱所用，是非常有道理的。毫不夸张地说，辣椒的威力所向披靡，似乎所到之处无不攻城略地、无坚不摧。

一百多年前，我国传统的食辣地区还只限于四川、云南、贵州、湖南、湖北、江西、广西北部等地，现在这些传统食辣地区仍被专家定义为"重

231

荆楚味道

辣椒，食材中的明星

辣区"，而且，这些地区人们的嗜辣程度较过去只增不减。

一百多年后，在全国范围内，食辣的地方已是大多数，只有较少地区不被辣椒覆盖。过去不喜辣的北方现在也被专家定义为"微辣区"，包括北京、山东、山西、陕西等地。以前惧辣的山东以南的东南沿海，包括江苏、上海、浙江、福建、广东等地，被专家定义为"淡辣区"。

哪个地区的人们最能吃辣？这个冠军花落谁家难有定论。相比较而言，在众多食辣的省份中，四川、湖南、江西人的食辣度比其他地区要高，有道是："江西人不怕辣，四川人辣不怕，湖南人怕不辣。"这三个地方我都去过，且都吃过当地的辣菜，我个人的感受是湖南菜的辣度第一，江西菜的辣度第二，四川菜的辣度第三。

我把湖南菜的辣度排为天下第一，与我在湖南吃辣的痛苦经历有关，湖南菜曾给我留下深刻的辣味记忆。

三年前的暮春，我与老朋友朱传义和湖北名厨刘现林及一位司机结伴去湖南省娄底市双峰县曾国藩故居观光。我们下午 4 点从武汉出发，中途没有吃饭，在路上花了将近 6 个小时，晚上 10 点到娄底，此时肚子确实饿了。一行人安排好住处，便赶紧开车找地方吃饭。

娄底城市不大，晚上行人很少，能够吃夜宵的地方更少。我们开车在城里转圈，看见有一个做干锅牛蛙的店子灯火通明，便进店吃饭。据称干锅牛蛙是该店特色菜，所以我们要了一份，菜品端出来一看，满锅红色，辣椒铺天盖地般铺了一层，闻着有一股呛人的辣味。对于湖南菜的辣，我原来已经领教过了，知其辣得"不好惹"。见干锅牛蛙辣椒铺成这般架势，我只好选择不吃不尝为妙。但吃饭总得有菜呀，恰好有服务员推车过来卖凉菜，我便点了一碟卤牛肉片，卤牛肉片的表面一点辣椒的红色都没有，算是全部凉菜中最没有辣相的菜了。保险起见，吃牛肉片之前，我找服务员要了一个饭碗，倒了半碗开水，吃卤牛肉片时，先把牛肉搁在碗里涮上几涮，去去辣味。涮过之后，我搛起两片牛肉吃进嘴里，初时不觉得有辣味，嚼了嚼咽下喉去，不想此时整个口腔加舌头爆炸般地辣起来，立时泪水涌出，面红耳赤。实在被辣得没有办法，我赶忙买了一瓶可乐，想用可乐冲淡辣味。我在武汉遇到辣菜受不了时，就这样做，很奏效，但这回却不灵验。我全身火烧火燎地冒汗，辣得舌头伸出嘴巴不敢缩回去，用手当扇子给舌头扇风，才稍稍觉得好受一点。

晚上回酒店睡觉，我死活不能入睡，半夜时分，肚子辣得痛，起身喝了几杯水，辣劲感觉上消退了些，但一晚上进厕所拉了三次肚子，折腾了整整一个晚上。同屋的朱传义也称肚子痛，一晚上拉了几次肚子。第二天吃早餐，刘现林见我俩脸肿，问是怎么回事，我与朱传义异口同声地说："吃娄底菜辣的！"我从此信了湖南人"怕不辣"的"邪"，湖南辣菜，我是怕了。

当然，即使是"重辣区"，各地吃辣不仅辣度上有些差别，而且辣的味道也有差异，总结起来，这些地方的食辣特征为：四川是麻辣，贵州是酸辣，湖南是香辣，江西是干辣，湖北是酱辣……

辣椒在中国的大量普及和使用，不但扩大了中国菜式的数量，带来了菜式的巨大变化，而且使菜式的味型变得复杂而丰富起来。从南至北，从东到西，以辣椒为主食材或以辣椒为辅食材做成的名菜不胜枚举，如四川的麻婆豆腐、湖南的姜辣蛇、湖北的辣得跳等，都是以辣著称，靠善用辣椒成菜而赢得声誉。

我们知道，菜式的基本味型离不开酸、甜、苦、辣、咸五味，但辣椒在不同地区不同菜系的使用，使得菜式五味中的一种"辣"味，分化出了多种花样：香辣、麻辣、酸辣、姜辣、咸辣、酱辣、微辣……各地厨师尤其是

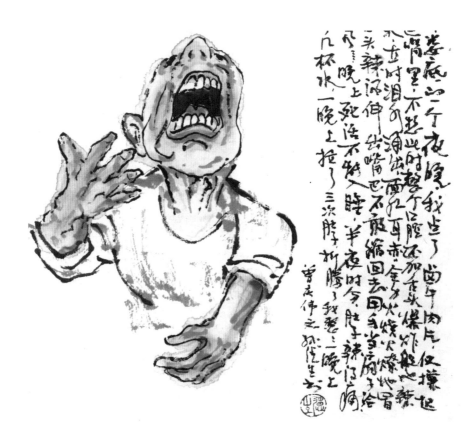

碗底⋯⋯两个夜晚，我出了⋯⋯当午肉片，仅⋯⋯
这隔壁，不起此时掌个口腔还加⋯香头爆炸⋯也辣⋯
水，半小时泪可涌出，面孔⋯金牙火烧火燎地冒⋯
二头辣汤伸一出嘴巴不敢缩回去⋯身当房子冷⋯
凡⋯晚上死活不够入睡⋯半夜时分，胀子辣得疼⋯
几杯水，一晚上拉了三次肚子，打膈，我想二晚上⋯

曾庆伟之⋯先生书

川、湘、鄂、赣等地的厨师，做菜都愿意以辣椒入味，原因很简单，辣椒用炕、煎、炸、煸、泼、炒等不同烹饪方式烹饪，可以使菜品呈现出不同的辣度和风味，甚至用辣椒的重口味还可以掩盖一些食材的不足之处。现在许多初学厨艺即上灶司厨的年轻厨师，离开了辣椒都不知道该怎样做菜了，不会做菜不要紧，照着师傅教的口诀"先焯水，后拉油，味道不足辣椒凑"去做，这道菜就能对付过去，不是常在餐馆吃的老饕，大抵也分辨不出这道菜的味道是否正宗，以及正宗的程度。

按照收藏大家马未都先生的分类方法，辣椒应该划归为瘾品一类。

人类的吃喝物事可分为三大类别：食品、毒品和瘾品。

国家颁布的《中华人民共和国食品安全法》第150条对"食品"的有明确的定义：食品，指各种供人食用或者饮用的成品和原料以及按照传统既是食品又是中药材的物品，但是不包括以治疗为目的的物品。

根据《中华人民共和国刑法》第357条规定，毒品是指鸦片、海洛因、甲基苯丙胺（冰毒）、吗啡、大麻、可卡因以及国家规定管制的其他能够使人形成瘾癖的麻醉药品和精神药品。《麻醉药品及精神药品品种目录》中列明了121种麻醉药品和149种精神药品。毒品通常分为麻醉药品和精神药品两大类，其中最常见的主要是麻醉药品类中的大麻类、鸦片类和可卡因类。

瘾品介于食品与毒品之间，指能够使人体产生依赖性的食用物，如香烟、辣椒、酒、茶叶、咖啡等，虽然饮之食之对人体的危害性不很突出，但久食久饮，人体就会对这些食用品形成依赖性，说成大白话，就是久食久饮会上瘾。

辣椒在中国经过400余年的发展，影响越来越大，食辣人数越来越多，其原因之一在于人们对食辣有一种依赖，能够上瘾，但这种上瘾与吸食毒

荆楚味道

辣椒，食材中的明星

品上瘾有巨大的差别，于人体利多弊少。正由于辣椒有让人上瘾的特点，能够让"全国一片红"也就不出人意料了。

我们有一个有趣的发现，对于一个地区，辣椒还能深刻地影响当地的地方文化。喜食辣椒的地区，大多民风彪悍，百姓的感情浓烈。反映到个人身上，喜欢食辣者，男性性情爽直，意志坚定，甚至脾气火爆；女性则多了些"女汉子"的性格，行事风风火火。有历史资料记载，出生于湖南湘潭的一代伟人毛泽东，一生喜辣嗜辣，辣椒菜每日不可或缺。在土地革命时期，他衣服口袋里有两样东西不离身，一样是香烟，一样是干辣椒。那时毛主席吃辣椒，不是当菜吃而是当零食吃，在行军路上，他时不时摸出一截红辣椒，像"打白口"吃黄瓜似的吃干辣椒。更有甚者，他曾戏言，以吃不吃辣椒作为划分革命和不革命的分界线，吃辣椒的人是意志坚定的革命者，不吃辣椒的人是不革命者或者是革命意志不坚定者。在中国革命史上，这是一段有关"辣椒革命论"的佳话。

喜欢吃辣椒的湖南、四川、重庆的女孩，外地人多以"辣妹子"相称。称她们为"辣妹子"，有两层意思，一是她们嗜好吃辣不假，二是这三地的女孩相较于其他地区的女孩，多了些敢爱敢恨、快意恩仇的爽快豪情，称她们为"辣妹子"，没有贬义，大多有亲昵的意味。

最重要的是，以食辣著称的湖南、四川、重庆，这些地区盛产美女，美女辈出的原因，或许是与食辣有关？如果是，为了美丽的容颜，那些不吃辣地区的女性，不妨忍着被辣的痛楚，多吃点辣椒吧！

砂锅漫话

我曾陪同餐饮界的人士多次到全国各地的餐馆去试菜或调研。我有一个发现，那就是不管是经营什么菜系，也不管是在东西南北哪个方位城市的餐馆，砂锅菜的普及程度都极高。换句话说，不管是作为烹菜的炊具还是作为盛器，砂锅被不同地域、不同菜系的餐馆不约而同地青睐着。

这个现象颇让人称奇。也是，仅就各种砂锅菜被现今不同菜系普遍认同这一点，至少能说明砂锅这个古老的玩意儿，穿越数千年的历史隧道，还在为中国人的日常生活服务，仍有超强的生命力。

按照汉语词典的定义，砂锅是用陶土和沙烧制成的锅，不易与酸或碱发生化学反应。有专家考证说，砂锅的存在，不少于 1 万年。中国社会科学院考古研究所的王仁湘先生曾撰文说："各地新石器时代文化中普遍见到的器具陶甑，是重要的实物证据。中国陶器的创始不晚于 1 万年前，在南方和北方都发现了年代很早的陶器，而且多是夹砂陶器。早期的夹砂陶器多为敞口圜底的样式，大都可以称为釜。这是为适应谷物烹饪而完成的重要发明。后来的釜不论质料和造型发生过多大的变化，它们煮食的原理没有变。"（《荆楚美食》2012 年第 5 期）上古时的釜与我们现在所用的砂锅，从材质到制作方法，是完全相同的，或者把砂锅说成是小号的釜也不为过。比砂锅更小号的釜称为陶钵，陶钵的主要用途是盛饭或面。釜、砂锅、钵，三者都符合砂锅的定义。

砂锅是泥土与火交融的艺术的结晶，是我们先人的伟大发明，也是个血统纯正的中国土特产品。砂锅能够从远古到现今仍然历久不衰，原因在于它具有其他材质的器皿无可比拟的优良性能。

砂锅具有制作取材的广泛性。砂锅是由陶土和沙等原料制成的陶制品，经高温烧制而成。烧制砂锅的原材料分布极为广泛，几乎中国大部分地区的陶土和沙都可以用来烧制砂锅，只是不同的陶土烧制的砂锅质地有差别而已。

砂锅具有使用的广泛适应性。把砂锅当作炊具，它既可以用来做菜也可以用来煮饭。在全国众多的菜系里，用砂锅制成的菜式不胜枚举，其他城市、别的菜系就不去说了，仅就武汉的餐馆而言，以砂锅为器皿做出名菜以立足于三镇餐馆之林的店家不是一家两家，譬如"仁聚德"的"鸭子煲"，"厨林泥鳅庄"的"砂锅泥鳅"，"成都耕耘"的"砂锅牛肉"，"小梅园"的"砂锅鱼头"，"笑乐轩"的"砂锅甲鱼"，等等。以砂锅为炊具，能够烹制各种不同的食材,包括蔬菜、豆制品、鸡、鸭、鱼、猪肉、牛肉、羊肉等，除了叶子菜，其他食材似乎都能以砂锅烹之。

砂锅还可以用来煮饭。比如由广东地区开始，继而流行至全国各个城市的茶餐厅和咖啡馆的煲仔饭，就是把砂锅当作煮饭食的炊具来使用的。用砂锅煮饭，比用铝锅、铁锅、不锈钢锅煮饭要香，这也是煲仔饭能够流行的主要原因之一。

砂锅多孔，能少量吸附和释放食物的味道，同时具有热容量较大的物理特性。砂锅在离开热源后，可以缓慢地释放热量，因而砂锅的保温性能远优于细瓷碗具和不锈钢等盛器的保温性能。中餐菜肴中的"热菜"，尤其是含有动物脂肪的菜式，多半需要保持适当的热度，这样才能使菜肴的味道鲜美。因此，选择砂锅为盛器，能够较好地满足菜肴保温的要求。

从当下的角度看，砂锅还是一种非常环保的盛器和炊具，不仅能够反复使用，还能够保证菜肴的品质，尤其是保持食材的原有味道，在这几点上，砂锅实在是可圈可点。由此看来，古人选择用砂锅来做盛器和炊具，是在长期的生活实践中的智慧结晶，也是今人还在乐此不疲地使用砂锅制作各种砂锅菜的重要原因。当然，今人选择砂锅做炊具烹饪各种砂锅菜，还在于砂锅菜能较好地平衡中式菜肴存在的烹饪难以标准化与滋味鲜美之间的矛盾。谁都知道，中国菜好吃，但难以以标准化的流程进行烹饪，不好复制。不谈采购环节，仅在厨房，一道菜就要经过"案子"的切配菜、"炉子"站灶做菜、"打荷"的菜式形状整理等多道工序，每一道工序又受到当事人情绪、操作要领掌控到位与否的影响，尤其是在"炉子"环节，油多油少、温度的高低、时间的长短，全凭厨师的感觉和经验。这也是开炒菜馆难以复制的关键所在。而烹饪砂锅菜则可以解决菜肴的味道与制作难以标准化的两大难题。制作砂锅菜，可以事先准备好食材，调配好调料，设置烹饪的时间，从而形成一套烹饪砂锅菜的标准流程和方法，这样就减少了对厨师的经验的依赖，能够大体保证菜品的出品质量，也更容易扩大菜品的生产规模，降低开分店的技术难度，形成餐企的品牌效应。

但是，一个硬币总是由两个面组成，事物总是具有两面性。砂锅是经烧制而成的陶制品，这种陶制品对温度的适应能力较差，砂锅骤然受热或受冷，会急剧膨胀或收缩，因而容易破裂。砂锅因为有许多砂眼的缘故，所以新买来的砂锅，有些会渗水。处理的办法是在新砂锅第一次使用时，最好用来煮四个小时的米汤，以便堵住锅壁上那些微小的砂眼。除此之外，

荆楚味道

砂锅漫话

砂锅不可避免地具有易碎的缺点，一旦某处受损，整个砂锅就会报废，俗语所说"打破砂锅问（纹）到底"，说的就是砂锅具有的易碎特性。好在制作砂锅的成本不高且生产量大，砂锅的价格比较便宜，这在一定程度上弥补了其使用寿命短的缺点。另外，作为盛器，从美观的角度讲，砂锅要逊色于细瓷碗具很多。陶粗瓷细，这种差异显而易见。

武汉，过早『吃面』

以我有限的阅历来看，全国城市数百座，像武汉这般重视吃早餐、几乎全城市民每日在外面"过早"的城市，委实鲜见。

在武汉方言中，吃早餐叫作"过早"。

按照辞书的解释，"过"的意思有"从一个地点或时间移到另一个地点或时间；经过某个空间或时间"等。"过早"取"过"的动词义"度"，与"过年""过节""过生日"相似，含义比较正式。

在武汉城里居住的年头久了，超过85%的市民，每日早间的一顿，都会选择去街边闾巷的小吃店、小吃摊上享用。大多数武汉居民认为，不在外面的小吃店、小吃摊上吃一顿早饭，这天的这个"早"，就"无法过"或"没有过好"，甚至"没有过"。由此可见武汉人对早餐的重视。

武汉人选择在小吃店、小吃摊上过早的理由，简单直接。

首先是武汉过早品种丰富。据湖北科学技术出版社1984年出版的《武汉小吃》一书统计，武汉早餐市场上，有蒸食类、煮食类、炸食类、炕食类、其他类等190种武汉风味小吃。

其次是价格便宜。在武汉，大多市民吃一顿早点，花费在10元以下，且有干有稀。比如点单率长年高居榜首的过早品种——一碗热干面搭配一碗米酒冲鸡蛋花，只需花费7元。这样廉价的花费可以让人果腹充饥、摄入维系生命所需的能量，在全国其他大都市可能再难找出第二例吧？

　　再次是方便。武汉小吃店、小吃摊数量多，分布密集。据统计，武汉证照齐全、合法经营的小吃店铺已达1万多家。所以，每天早晨，无论是老城区还是新城区，每隔四五十米，都能看见一家小吃店在热气腾腾地卖面、下粉。开在闹市区的小吃店大多全天营业，食客从早到晚都能买到吃食。

　　有品类如此繁多的小吃可选，既方便，又便宜，还有哪个市民愿意劳神费力地大清早在家煎炒烹炸一番呢？

　　因为武汉有九省通衢的地利，地方文化包罗万象，饮食文化兼收并蓄，因而湖北各市、州的粉、面品种均已汇聚武汉，而全国其他地方的粉、面等小吃，在经过改良、长时间的沉淀后，也已成为打上了武汉地方烙印的粉面小吃，广受本地市民喜爱。

　　虽然武汉小吃品种丰富，但据我的观察，武汉人过早的主要选项，集中在粉、面两种上，约占全部过早品种的60%。如果还要在粉、面过早品种中再细分，选择吃面过早者约占60%，选择吃粉过早者约占40%。

　　总体来说，粉的品种在武汉不算多，有清汤米粉、牛肉米粉、三鲜米粉、热干宽米粉、热干细米粉、田恒启糊汤米粉等几样，食客选择的余地较小。这大概也是武汉过早选择吃粉的人会少于吃面的人的重要原因。

　　面的品种比粉的品种显然要多，有排骨面、烧鱼面、襄阳牛杂面、宜昌红油小面、沙市早堂面、虾仁伊府面、鳝鱼面、三鲜面、牛肉面、猪肝面、蝴蝶面、腰花面、火腿银丝面、热干面、凉面……食客选择的余地较大。

　　其中，以热干面在武汉面点中的名气最大，是全国"吃货"皆知的一张武汉饮食文化名片。

　　热干面的起源有多个版本的故事。但不管哪种版本的故事，都可看出

20 世纪初诞生的热干面极具草根性的大众"基因"。热干面传承至今，仍旧物美而价廉，为武汉人过早"照面"最为频繁的小吃品种。

所以在我看来，要做小生意维持生存，经营热干面的小吃生意，是稳妥且具有普遍性的选项。

真正使"草根吃食"热干面登上大雅之堂的，是 20 世纪 30 年代初期武汉出现的一家专门经营热干面的餐馆——"蔡林记"。1930 年，家住在汉口满春路口的蔡明纬夫妇打出"蔡林记"的招牌经营热干面，店名的由来是蔡家门前有两棵葱郁的大树，两"木"为"林"，便取名"蔡林记"，也取"独木不成林"之意，希望生意兴隆。正如他们夫妇所期盼的那样，"蔡林记"因面好、味正、调料地道、吃法独特而声名大噪。"蔡林记"的发展在后来的八十余年里虽然并不平顺，但是作为经营热干面的嫡系传承，"蔡林记"热干面直至今天仍为武汉人所推崇。

八十多年前，由"蔡林记"发端的一棵老树，如今长出了根根枝丫。现在武汉的热干面经营，形成了多位蔡家后人品牌共存的格局，市面上能看到热干面品牌有"蔡林记""蔡明纬""蔡汉文""蔡热记""麦香园"等，"蔡林记"也算是枝繁叶茂、生机勃勃了吧。

在"老武汉"们看来，一碗好吃的热干面是有标准的：下好的热干面，颜色一定是金黄色的，溜溜光光，条条根根，清清爽爽。用筷子夹起，能够感觉到面有些弹性。制作这碗面时，煮面、焯水等环节，火候须掌握得恰到好处。除了面好，佐料也要地道，热干面出了下面的捞子装碗后，一定要拌上绿葱段、酱萝卜丁、胡椒粉、精盐，浇上芝麻酱、陈醋……最重要的，还要浇上一小勺香油，这样能保证每一根热干面的口感清爽劲道，整碗面清香袅袅。

于是，这样的一碗热干面，香味撩人，能使人胃口大开。吃面的人端过面碗，会迫不急待地把面挑起拌匀，夹起一筷子面就往嘴里塞，热干面的香、辣、咸、酸、干……诸种味道，一齐沁入心脾。

面吃完了，伸过碗去，让下面师傅从煮面桶里打一勺滚烫的下面水，把吃剩的面汁冲成"神仙汤"，一口气喝下去，只觉得意犹未尽……

顺便说一句，常喝下面水，有治疗胃病的功效，尤其是胃酸过多的胃病患者，坚持吃热干面、喝面汤，确有好处。

庚子鼠年春节，新型冠状病毒肺炎"突袭"武汉。2020年1月23日上午10点，武汉因疫情严重，城市被按下"暂停键"，政府宣布将水陆空所有离汉通道全部关闭，中心城区大街小巷所有店铺一律关门停业。直至3月19日，武汉的新型冠状病毒肺炎疑似、确诊病例双清零，防疫形势终于趋好。4月8日，因防疫形势持续向好，武汉按下"重启键"，政府宣布开放离汉通道。武汉中心城区大街上的店铺开始有序恢复营业，卖热干面的小吃店渐次拉开关闭了70余天的卷闸门。

武汉"重启"之日，我走出家门过早。小吃店前的景象让我终身难忘：过早吃热干面的食客，每人间隔一米，弯弯曲曲地排起了几十米的长队。有一位与我年岁相当的老人，端着热干面，手微微颤抖着，急速地挑了一筷子面条进口，俄顷，我看见他的双眼里，满是闪烁的泪光！

是呀，在武汉这座城市，市民的惬意生活，怎能没有一碗热干面在早间相伴呢？

凉面一碗消夏暑

在空调还没有被广泛使用的漫长年代，每年一到农历六月，武汉人就要打起十二分精神迎接一个个苦夏"桑拿天"的熬煎。

何也？因武汉为典型的亚热带季风气候，雨热同期，夏季持续高温，因而被称为全国三大"火炉"之一。每年此季，闷热的天气像一个硕大的蒸笼，湿度极高的热空气压迫得人气喘不匀、汗流不畅。白天尚好过点，虽是"暖烘烘"的南风，但至少有风可吹；一到傍晚，风息树静，城市热岛效应明显，暑气蒸腾，甚至于夜深之时热浪依然不退。想在屋里安然睡觉断无可能，人们便把竹床、躺椅搬至户外，"露宿"街头马路边，以睡个囫囵觉。所以早年三镇居民每年夏天从傍晚排至次日清晨的竹床大阵，场面蔚为壮观，堪称一大民俗景观。

我也是当年"露宿"街头的一员。像我这般年岁"老武汉"，没有露天乘凉睡马路经历者少之又少。每每回想起彼时三镇大摆竹床阵度夏的场景，心里总是五味杂陈。

连续不断的高温折磨，令人身心俱疲、备受煎熬，又因缺乏睡眠而整天晕头耷脑，且胃口寡淡咽不下两餐干饭，于是，酷夏六月天在武汉人的口中便成了"苦夏"。

"人是铁饭是钢"，不吃饭肯定不行。这时，有生活经验的城市家庭，便会及时调整家庭食谱。怎么调整？总体原则是吃得清淡，吃得清凉。其中最普遍也是最行之有效的食谱，便是绿豆稀饭配上一碗凉面，这叫"干稀搭配消夏暑"，"过早"、当夜宵、两顿正餐，都能吃。

家常熬的稀饭委实稀松平常，就不多说了，而在街头巷尾小吃摊、小吃店所售卖的凉面，却有足够的理由可资说道。

久居武汉的老市民都知道，武汉的凉面，其实就是没有用滚水焯过的冷食的热干面，其制作方法与热干面如出一辙，只是凉面要比热干面细一些而已。虽然热干面是一张享誉全国的武汉饮食文化名片，但不管是饮食文化学者，还是资深的白案烹饪大师，似乎都不能准确地说清楚热干面究竟起源于何时，起源于何人。地方志上关于热干面的记载也是漫漶不清，热干面的来由缘起至今都是一笔糊涂账。而凉面就不同了，它不仅有文字记载的相关传说，而且史籍上也有明确的记载可资查考。

凉面在古代被称为"冷淘"。相传，凉面缘起之功被归于武则天，说是武则天在未入宫前烫伤了舌头，不爱吃热腾腾的面条，于是制作了凉面。她入宫后，将凉面的制作方法带进宫里。随着武则天地位的不断上升，在她位至九五之尊后，凉面也就广泛地流传开来。

传说故事不可考，但唐代时凉面已经盛行，这一事实是有文字资料佐证的。《唐六典》中记载："大官令夏供槐叶冷淘。凡朝会燕飨，九品以上并供其膳食。"就是说，唐代夏天举行朝会时，都会给够级别的官员提供"冷淘"来吃。南宋林洪所著《山家清供》，书中记有一则《自爱淘》食谱："炒葱油，用纯滴醋和糖、酱作齑，或加以豆腐及乳饼，候面熟，过水，作茵供食，真一补药也。食，须下热面汤一杯。"从"自爱淘"的做法来看，应与武汉凉面小有差别，更确切地说，"自爱淘"更像北方地区颇为流行的"过水冷面"。很明显，古代的"冷淘"和现代的凉面、冷面，其制作方法和

作用都大致相同，皆为消夏解暑的冷食面条。

在漫长的酷热夏季，武汉凉面是市民既可过早，正餐当顿，又能当夜宵的万能吃食。

武汉人吃凉面，大多会去小吃店。也有不少市民将凉面买回家中，一家人当顿同吃的。早年，每家到小吃店买凉面的活计，皆由小孩担当：小孩从大人手里取了钱或粮票，执一口"钢精锅"（武汉方言，指铝锅），到凉面摊点上买了凉面，添上芝麻酱，浇了蒜水，撒上葱花等佐料，捡了海带丝、黄瓜丝、绿豆芽，稍做搅拌，敞着锅盖（不能盖上锅盖，锅盖一闷，凉面即失去劲道，面条疲软，口感差很多），端面回家。

小时候，我是家里购买凉面的不二人选，当然，我对做"凉面买手"也乐此不疲。每每在小吃店买了凉面，拌匀，便把"钢精锅"端至胸口高，一路嗅着凉面散发出的小麻油等调料的香味，一面不停地吞咽口水——没吃面倒是先闻够了凉面的诱人香味。所以，我小学五年级语文课学习成语"馋涎欲滴"时，老师在解释着这个成语的意思，我的脑子里立马就想到端着"钢精锅"闻着凉面小麻油香味吞口水的感受，这种感受恐怕是对"馋涎欲滴"词义最准确的解释，我一辈子都不会忘记了。

凉面在武汉的普及度极高，但凡供应热干面过早的小吃店，到了夏天都会售卖凉面。售卖凉面的店家在武汉不可胜数，但各店家制作凉面的方法却相对一致：先准备圆形的机制碱面备用，在锅中倒入大半锅清水，煮沸后下入面条。面条煮沸后兑入少量冷水，再次煮沸后再加冷水，如此反复三到四次，待煮至面条熟透时，用滤网捞出（这个过程，武汉方言称"掸面"），滤干水分，摊放在白铁皮铺就的案板上，吹着电扇降温（北方制作冷面，是将掸熟的面条浸在冷水中冷却，冷面与武汉凉面的差别亦由此分出），再倒上香麻油将面拌匀，并根据个人喜好加入海带、黄瓜、大头菜细丝，焯水后的豆芽。

吃凉面时，先将凉面挑入一个较大的盆钵里，浇上蒜水，加入盐、鸡精、胡椒粉、生抽、炸得微煳的辣椒、芝麻酱等调料，搅拌均匀，最后在凉面上搛上黄瓜、海带、绿豆芽等，淋上小麻油，然后盛装在阔口海碗中——一碗颜色灿黄、面条劲道的汉派凉面即告完成。

在我看来，制作好一碗凉面需要注意两点。一是"掸面"时大锅中的水要宽，火候掌握要精到，"掸面"时间过长，面难劲道；"掸面"时间过短，面没"掸过芯"，面条吃起来涩口。二是所选小麻油和芝麻酱要正宗地道，芝麻酱要用小麻油调稀，切忌用热水或别的食用油调和。小麻油则选用武昌县（现武汉市江夏区）南八乡所产的芝麻榨出的小磨香油最宜。而吃好一碗凉面，也有要求：要用有利于凉面散热的阔口海碗做盛具，吃面时将面条挑起，使凉面尽可能多地接触凉爽空气，使之自然收缩，以形成柔韧劲道的口感——由是，我对现在各个小吃店普遍使用一次性纸碗装盛凉面的做法极其反感，甚至深恶痛绝：凉面"窝"在纸碗里无法与凉爽空气接触，面被热气闷得软软塌塌，吃到嘴里口感疲软。如此，还能是宜人口舌的凉面吗？

时代已然发生了巨大变化，现在空调、电风扇已经普及，武汉的夏天不再那么令人生畏。但是，武汉的凉面依然是大家在盛夏季节提振食欲、消祛夏暑不可或缺的冷食，这，就是一个地区的民俗文化的巨大惯性所在吧。

荆楚味道

凉面一碗消夏暑

乡活

何谓乡活？乡活是餐饮业内的行话，意思是指乡村厨师，也指在乡下走村串巷的厨师的手艺。

社会的层级无处不在，厨界也不例外。厨师不仅有职业厨师与非职业厨师之分，还有大厨师和小厨师之别。所谓职业厨师是指以司厨为业，以厨艺谋生的人。非职业厨师则不以司厨为主业，中国家庭几乎家家户户都有一个为大小家庭煮饭烧菜的人，用网络语言来表述，就是"煮夫"与"煮妇"，他们不能称为职业厨师。本文所说的乡活，有时很难界定，这样一群人到底是职业厨师还是非职业厨师。有的乡活确实完全以在乡村司厨为生，可以归为职业厨师。有的乡活既是厨师，同时也是木匠、泥匠，若把他们归为职业厨师，也不符合实际情形，如果真要给这样的乡活归类，大约把他们归类于半职业或准职业厨师比较贴切。所谓大小之别，是指在餐饮业谋生的职业厨师有三六九等层级的不同，处于高层的厨师被人尊称为大厨师，一般年龄尚小、资历不深的厨师被称为小厨师。当然大小厨师有时是可以转化的，某厨师在此处是小厨师，在彼处是大厨师的现象也屡见不鲜。

通常来说，厨师的层级往往通过厨师展示手艺的平台来呈现，高级宾馆如国宴宾馆的出品总监、行政总厨、厨师长，位于厨师层级金字塔的顶端。然后依次是高档会所、航母型酒店、个性化餐厅、大众餐厅的行政总厨和厨师长。下一个层级是各个酒店的档口主管、炉头主管，更下一层级的是站炉子的厨师。依次排下去，最后才是乡活，也可以说乡活是厨师金字塔层级结构的基座。

大厨师和小厨师的市场价值，往往从他们的薪资报酬的多少，就可以轻易地作出判断。俗话说"物以稀为贵"，人才也是资源，同样遵循市场法则。

从薪资报酬多寡的角度讲，乡活可能是厨师中收入较低的阶层。乡活一般有两种，一是在大城市酒店学厨艺没满师，没能在各种酒店站炉子司厨成为职业厨师的人，他们因种种原因返回乡里，但还是吃了厨师这碗饭，当了乡活。二是本乡本土的后生，他们在本地给上辈乡村厨师当徒弟打下手，学徒期满，然后继承师傅衣钵，自己"单飞"，从亲戚朋友中找来几个帮手，便在十里八乡开始承揽活计，当了乡活。

饮食最能具体地体现一个地区的乡风乡俗，而乡活是最接地气的厨师，他们做出的菜式，理所当然地最具有当地的民俗风情。

在我国，乡风乡俗与乡村方言具有丰富性，往往是"十里不同风"。乡风乡俗的丰富性决定了乡村菜式的丰富性。只有最接地气的乡活，才能精准地了解当地（可能是一个乡，也可能就是几个村）民众的饮食习俗，也只有他们，做出的菜式最能满足当地民众的饮食口味。

我经常有到湖北各地农村吃席的机会，而且对吃这种体现不同风俗的席面乐此不疲。因此，我也见识过不同地方的乡活，对他们记忆深刻。

乡村人家办酒不是小事，简称"过客"。婚丧嫁娶，小孩出生、满月、周岁、十岁，老人过寿，新屋上梁，房屋建成等，都是主人家请客办酒席的理由。

荆楚味道

乡活

主人家决定"过客"后，即给乡活带话，是为"请厨子"。早些年，乡活常常是一个人，几把菜刀、两把炒勺、一粗一细的两块磨刀石用一块白粗布包好了，挑一副担子，一头是个用粗树墩做的砧板，一头是两口大锅，单枪匹马地到了准备办酒的人家里，放下家什就搭篷垒灶、杀猪宰羊，开始了烹饪菜肴的准备工作。然而现在不同了，准备"过客"的主家给乡活打一个电话，乡活就按约定的时间，开两辆农用三轮车来，随车过来的有三四个人不等。现在的乡活，是一条龙的服务团队，除了主厨，还配有择菜配菜的"案子"，通常还配备一到两位妇女，主要工作是洗碗、打下手。随车带来的家什种类比过去多得多，锅碗瓢盆、铁锅、煤气炉、各种调料、桌椅板凳、吃饭的一次性碗筷，相当于是一个流动的小餐馆。

一到准备办酒的人家里，乡活与主人家管事的人先商定好酒席的桌数、每桌酒席的价格，并开出菜谱，让主人家去乡镇上购买鸡鸭鱼肉等食材若干。酒席一般是次日中午开席，客人依次入席，按照各地不同的坐席规矩，一一坐定。

上席的菜式各地就大不相同了。譬如应城有"八大碗"，随州有"八蒸八扣"，黄陂有"流水席"，江陵、沙洋有全鸡全鱼的菜肴，等等。十里不同风的乡风民俗，在"过客"的菜式上，体现得最为充分，相信凡是去农村吃过酒席的朋友都有这种体会。

事实上，乡活的手艺对湖北菜系的形成的贡献巨大，今日在全国叫得很响的传统湖北菜品，最初正是出自乡活之手，比如：黄陂的特产"黄陂三鲜"，江汉平原的特产鱼糕、鱼丸，孝感、云梦、应城等地的酥肉，宜昌、恩施等地的"扣蒸肉"……最初这些菜的形成，就是靠了乡活的手艺。随后，职业厨师对这些菜的制作方法进行改进，经过岁月的沉淀，这些菜的制作方法和流程确定下来，形成菜系流派。这种现象至少可以说明两层意思：一是"高手总是在民间"，菜肴烹饪亦不例外；二是，美食创造的源泉，是民众的现实生活。

所以我给职业厨师们一个建议：若想在菜肴创新的道路上走得更远，不妨利用厨师们蛛网般的人脉关系，多到乡村去吃各种宴席，相信每次你都能有不少收获，绝对不会空手而归。这就叫作"问渠哪得清如许，为有源头活水来"。

荆楚味道

乡

活

湖北食风：无酒不成席

说到湖北的饮食风俗，就不能不说湖北人爱酒。

在湖北，有一个贯穿全省的饮食习俗，曰："无酒不成席。"酒在湖北人的宴席中有多重要，有一句荆楚俚语说得非常透彻，叫作"怪酒不怪菜"，意思是请客有菜而无酒，那就会遭人鄙夷责怪；反过来，即便没有几道"硬菜"撑住场面，只要有两瓶老酒助阵，作为请客一方，就不算丢脸失礼，如果还是名贵好酒，那被请一方，更觉着是被人看重，很有颜面了。

为什么湖北人（当然也包括中国大多数地区的人）的宴饮离不开酒？原因在于，中国是个礼仪之邦，请客吃饭是重要的人际交往手段，是待人以礼的表现。以吃饭为契机，以菜肴酒水表达心意，推杯换盏中，主人与宾客达到微醺状态，借助酒菜饭食，使宾主两方充分地表达对彼此的尊重与情义，达到沟通情感的目的。那么，作为请客一方的主人，怎样才能最大限度地表达出对客人的看重呢？湖北人千百年来约定俗成的方式，就是"请客上酒"。现在宴饮酒桌上如果上了售价不菲的名酒，那更说明客人在主人心目中的地位了得，被请一方"面子"有光了。

宴席上酒为什么能表达主人对宾客的尊敬和看重之意？我以为这恐怕与古时酿酒技术复杂、普通百姓饮酒不易的状况有关。

人类在长期的生活中形成的共识是，大凡物什，总会以其存世的多寡作为判断其贵贱的标准，所谓

"物以稀为贵"，存世少的东西自然金贵。酒以粮食酿造而成，酿酒是利用微生物发酵生产含有一定浓度酒精饮料的过程。酿酒原料与酿酒容器，是将谷物等粮食酿制成酒液前必须解决的问题。在生产力不发达的农耕时代，粮食产量还难以满足人们的果腹之需，将本不充足的粮食拿出来酿酒，酒的贵重程度可想而知。于是，在漫长的农耕时代，在宴席上主人若用贵重的酒来招待客人，就是表示对客人的尊重。

中国人饮酒的历史十分久远。国内历史学者普遍认为：新石器时代的龙山文化时期，酿酒业已是较为发达的行业。酿酒原料不同，所用微生物及酿造过程也不一样。所以都是酿酒，但所产酒的品质其实有高下之分，好酒和浊酒，有时价差何止百倍？

湖北也有悠久的饮酒传统。春秋时代的楚国，湖北人的先祖——楚人的饮食生活已达到了较高的水平，由于物产日益丰富，畜禽五谷、山珍野味均端上了贵族的几案。人们的饮食已有主食、副食之分，食物亦有饭、菜、汤、点心、酒水饮料之别。屈原在《楚辞》的《招魂》中，详细记录了楚国贵族们的饮宴中涉及的酒水品种："瑶浆蜜勺，实羽觞些（进蜜酒，酌琼浆，装满酒杯端上堂）。挫糟冻饮，酎清凉些（冰镇清酒真爽口，请饮一杯甜又凉）。华酌既陈，有琼浆些（精美的酒具已摆好，玉液琼浆美名扬）。"我们可以认为，早在春秋战国时期，酒水与饭、菜、汤、点心，已经成为贵族宴饮生活的一个重要组成部分。

在今天，饮与食仍是相生相伴。在我们的日常生活中，酒水与吃食共同组成了"饮食"一词的基本含义。人们会在日常吃饭之前喝点酒，又或在各类宴席上开怀畅饮，这是现代湖北人一种基本的生活方式。从商业消费的角度讲，吃饭之前先饮酒的生活方式，引导出潜力巨大的消费需求，反过来催生了各种酒类的生产供给。放眼全国，生产白酒、啤酒、果酒的工厂数不胜数。旺盛的生产必然会寻求销售渠道。每年春秋两季在各大城市举办的"全国糖酒商品交易会",是中国除"广州国际糖酒交易会"外最大规模的糖酒展会,自 1955 年开办首届交易会以来,已经走过了五十多年。在展会期间,主办展会的城市均会出现住宿酒店紧张、床位价格上涨,出租车紧俏,餐厅酒楼生意火爆、客满为患的"井喷式会展经济"现象,这从一个侧面反映出了酒类销售火爆的不争事实。

湖北是产酒大省,几乎每个县都有规模不等的酒厂,更有像"毛铺""稻花香""黄鹤楼""白云边""霸王醉""枝江大曲""黄山头""石花大曲""劲酒"等品牌,在全国名头响亮,大受好酒者的青睐。实事求是地说,正是各类酒(包括白酒、红酒、啤酒)厂源源不断的出产,使得湖北"无酒不成席"的饮食习俗难以消弭,为褒贬不一的湖北"酒桌文化"的盛行,提供了基础。

湖北人善饮,尤以襄阳为最。出于职业原因,我每年都会去几次襄阳,对襄阳的"酒桌文化"领教颇多,乃至于每次从襄阳出差返回,我心里边都会生出"总算从襄阳回来了,总算从襄阳酒桌上活着回来了"的感叹。

湖北人喝酒的规矩多,但襄阳人喝酒的规矩更多。只要是聚在一起喝酒,也不问是东西来客还是南北朋友,也无论尊卑长幼,席间酒杯一端,都得遵守酒桌上不成文的"酒饮之规"。

每逢宴席,主人要么自己,要么请个能言善饮的朋友或亲戚代表自己,充当"提酒壶的"(也称掌酒的),当临时"席长",来营造饮酒气氛和推进饮酒进度。宴席开始,是先喝酒还是先吃菜呢?按旧时礼节是先喝酒。现在大家知道空腹喝酒易醉,故多数时候改为先吃菜了。

菜一入口,酒局算是正式开始。起先,入席端杯者共同干一杯或者抿一口,至菜上五道、酒过三巡后,各自开始自由敬酒,进入酒局中场。中局喝酒,是大家互相碰杯,规矩是主人敬客人、晚辈敬长辈、下级敬上级。

酒一喝开，好口彩张嘴就来："酒不单行，好事成双"（喝两杯）、"三星高照"（喝三杯）、"事事如意"（干四杯），"五子登科"（干五杯）、"六六大顺"（碰六杯）、"八方来财"（喝八杯）、"九九归一"（喝九杯）、"十全十美"（喝十杯）等。作为酒局最后的呼应，散场前的最后一杯酒，需入席者共同喝干。若有人觉得此时的酒还没喝够，可自斟自饮，也可以找人对饮。此时所饮的酒的种类，也不限是红酒、啤酒还是白酒，也不管是主人还是宾客——"饮酒之规"一结束，没人再会介意今天饭局的喝酒之事了。

湖北人喝酒爱劝（俗称"扯"），襄阳人劝酒尤甚，甚至襄阳方言直接把劝酒说成"闹"酒。在湖北人的心目中，似乎不"扯"不劝不"闹"，不足以表现出主人的好客和礼数。

如果说襄阳"闹"酒是一大特色，湖北恩施土家族喜喝的"摔碗酒"，则能把一场酒喝出荡气回肠、气吞山河的豪迈气概，让参与喝酒者心跳加速、情绪激昂，更是一大特色。

我在恩施旅游时，曾见识过喝"摔碗酒"的场面，喝过"摔碗酒"。初去恩施的游人且不说亲自加入喝酒的队伍狂放一饮，就是看一眼那个豪迈壮烈的场面，也觉得实在过瘾！

有次我被恩施当地的朋友邀请去一个宴席上做客，彼时宾主十分投契，满桌相谈甚欢，大有相见恨晚之感。席间的菜肴也很"给力"，恩施风味浓厚：腊猪蹄炖小土豆、合渣、蒿粑、熏干子、熏腊肉、鲊广椒等，让人胃口大开。席间觥筹交错，按长幼尊卑之序相互敬酒，场面一派和谐温馨。猛然间，邻桌客人一个个站起，把酒碗高举过头顶，用力摔下，立时一阵"噼里啪啦"的摔碗声此起彼伏，一如过年小孩燃放的爆竹声响，酒碗瓷片四处飞溅。那动静，远比小夫妻吵架摔盘子摔碗的"干仗"动静要大得多。

荆楚味道

湖北食风：无酒不成席

我被此情此景弄得云里雾里，以为是邻桌的人因喝酒起了争执，准备动手开打呢。恩施朋友解释说："别介意！我们恩施土家族有喝'摔碗酒'的习俗。摔碗摔碗，摔掉的是厄运，摔掉的是霉运，摔掉的是人生的艰难坎坷，迎来的是平安吉祥、鸿运高照、财源广达……我们等一下将碗中的酒一口喝净，也把酒碗摔了，有多大劲就使多大劲，狠狠地摔，祈盼能'摔'出人生的一片新天地！但要记住，如碗砸地没能破碎，按我们当地的规矩是要罚酒三碗，再砸三个瓷碗的哟。"

于是，我们这桌人纷纷起立，一口将酒喝干，然后把空碗抓牢，举过头顶，使尽全力，把碗砸向地面——立时，瓷片飞溅跳跃，碗碎之声清脆炸耳。我的心里，突然涌起一种久违的酣畅之感，刹那间仿佛卸去了肩上担着的生活的重压，一种云淡风轻的超脱之感随之而生。仿佛一个人长久地闷在一个洞里，久久没有呼吸到清新的空气，忽然来到绿草茵茵的旷野，心胸豁然开朗！

哦，难怪世代生活在野风烈土里的恩施土家族人，能长长久久地流传这样一种放纵天性喝"摔碗酒"的习俗呢。由此我们也不难理解，在山大林密、民风淳朴的恩施山乡长大的男人，大多数血性强悍的原因了。

据传说，恩施土家族喝"摔碗酒"的习俗起源于周朝，这个习俗与周朝土家族的英雄巴蔓子有关。当年巴蔓子身居巴国将军之职，因国内发生内乱，且乱势难阻，巴蔓子奉国君之命，去相邻的楚国请求援兵平乱。楚国国君乘人之危，要求巴国让出三座城池作为出兵之资。巴国国君无奈签订了城下之盟。楚国出兵平息了巴国内乱，随即遣派使臣收取巴国国君应允交付的城池。巴蔓子实在为难，既不忍割让国家土地，又要践本国国君应允之约，便想牺牲自己，保全国土的完整，他与楚国使臣商议说："将吾头往谢之，城不可得也！"巴蔓子遂割下自己的头换回城池。在割头之前，他喝下三碗酒，摔碎三个酒碗，然后拔剑自刎。

恩施土家族后人为纪念这位本族英雄，便依巴蔓子的样子，喝酒摔碗，意思是让巴蔓子为民的一片忠心、为人的仗义豪气、敢做敢当的笃诚精神流传千秋万代……

现代生活节奏越来越快，每个人承受的压力越来越大。用科学生活的眼光来看，喝"摔碗酒"倒是一个很好的减压方式。假如你是第一次到恩施土家族人在吊脚楼上开设的餐馆用餐，也许还没走进餐馆入座呢，就会听到里面"噼里啪啦"一阵紧似一阵的摔碗声，进屋一看，被摔破的碎碗瓷片铺了一地，就好像到了狼藉一片的战场上……不必惊愕，这是碰上了喝土家族"摔碗酒"的场面了。入乡随俗，等一会儿，你也会乐意高高地举起土碗用力掷下，将其摔成碎片，久违的豪气会从心里蓦然升腾起来，这餐酒，也就喝出一种豪迈的味道了。

湖北食风"无酒不成席"，湖北人饮酒，喝出了万千气象。我们实在不能想象，湖北人的宴席上，怎么能没有酒呢？

武汉的节令饮食习俗

农历正月十五元宵节——武汉人最重视的节日之一，有"年小月半大"之说。是日，过去家家户户都要炸制春卷，现代人嫌下油锅炸春卷麻烦，便去集贸市场上购买炸好的春卷，回家后用微波炉加热，下酒或下饭。正月十五这一天，总归是要吃春卷的。

元宵节的晚上，人们还要用糯米粉和豆沙馅做汤圆食用，以预祝新的一年工作圆满、顺利。

也有人家在正月十五这天吃炸年糕，祈求新年生活甜蜜、年年高升，寓意为人往高处走，家向富裕行。如遇天气晴好，吃完年糕，大人小孩穿戴齐整，在各个卖灯的摊点上买上一个灯笼，点上灯烛，提着灯笼逛街。有车的人家，载着全家，跑去远城区的黄陂、新洲看玩龙灯。黄陂、新洲的龙灯在正月十五这一天，玩出的气势很大，气氛异常热烈。龙灯一玩，表示年过月净，延绵半月的节日，已经正式结束了。

农历三月三日，在家闷了一个冬天的武汉市民，此时纷纷走出家门探春、踏青，登高临水赏桃红柳绿。人们或折新柳枝戴柳圈，或采摘地米菜（荠菜），一方面领略了春回大地、桃李芳菲的大自然风光，另一方面又舒展了筋骨。兴尽归来，人们用采来的地米菜包春卷、煮鸡蛋，据说吃了用地米菜煮的鸡蛋，可防治头晕——所以武汉有"三月三，吃鸡蛋"的民谚流传。

清明节是二十四节气之一，标志气温转暖，万物生长，让人感到清新明净，因此叫清明节。

在武汉，清明节是祭祖扫墓的节日。是日，武汉人举家出动，万人空巷，去城市周边的公共墓地祭祖：有的加土修坟，谓之"扫墓"；有的在坟前或墓碑前烧纸钱、上香、燃烛、放鞭炮，谓之"上坟"。鞭炮放毕，表示上坟完毕。离开墓地后，一家人择一家餐馆，喝杯小酒，拉拉家常。中华人民共和国成立前，在武汉远城区的乡村里，有头脸的60岁以上的男性老人，都会被请入祠堂祭祖，吃"祭祖饭"，60岁以上的女性老人不入祠，也不吃"祭祖饭"，但每人要发一定数量的加餐费。

清明节是除春节之外能使家人团聚的最重要的节日，不过，使家人团聚的最大理由，是一齐怀念九泉之下的先祖，然后才是其他事由。

农历五月初五是端午节。端午节也称端阳节。往年，端午时节，武汉家家户户的门口、神龛上挂菖蒲、艾草，用以驱除瘴气。早上过早吃粽子、咸鸭蛋；中午备菜聚餐，喝雄黄酒，并将雄黄酒抹于小孩的头顶、耳根、腋窝、手心，喷洒在蚊帐上，以避"五毒"；晚上吃夜宵时把芝麻糕、绿豆糕、杏仁豆腐、八宝稀饭、冰糖莲子、米面发糕当茶点，可去暑败火。

这些茶点也经常被当成朋友间相互馈赠的礼品。

当然，各种馅料的粽子，是武汉人最为普遍的端午节吃食，吃粽子的意义在于纪念战国时期伟大诗人屈原的不朽亡灵。

农历八月十五中秋节时，武汉人必于这花好月圆之夜，边吃月饼边赏月。其中汪玉霞酥饼松、酥、香、甜，为武汉人饮酒赏月的上等点心。

农历九月初九为重阳节，武汉民间习惯饮菊花酒，吃蜜汁甜藕、红薯面窝、桂花糍粑等。

湖北烧菜喜用酱

烹制味道醇厚的烧菜，是湖北厨师的传统长项。过去湖北厨师烹制烧菜的"秘籍"，是一勺调味提鲜的高汤。现如今湖北厨师烧菜，除了仍旧用一勺高汤入味以外，还多了个使菜入味增香的新手段——用酱，即用以多种配比不同的各色成品酱经二次混合而成的酱料，使菜迅速入味且入味透彻，烧出来的菜品则酱香浓郁，味道醇厚，味型复合，余味悠长。

我曾在《湖北厨师的汤》一文中，详细介绍过高汤在湖北厨师烹饪过程中不可或缺的重要作用。其实，常常流连于餐馆酒楼的食客不难发现，现在湖北厨师烹制传统烧菜，无论是烹制动物食材还是植物食材的烧菜，其过程往往还少不了要添加那么一勺酱。

武汉餐饮市场现在有一个比较常见的现象：在规模较大的中高档餐厅，厨师在做湖北传统烧菜时，主要还是加高汤和酱油来烹制菜式，但在一般的主营湖北家常菜的餐馆，厨师在烹制传统湖北菜时，以酱当调料的现象则较为普遍。

认真研究起来，湖北厨师这种以酱当调料入菜的烹调手法，其实在厨界流行的时间并不久远，满打满算，距今亦不过四十年吧！换句话说，用酱当调料烧制湖北菜式，是湖北厨师在改革开放后才开始广泛使用的烹饪手段。更确切地说，是湖北厨师在借鉴川厨和湘厨烹制菜肴擅用酱料的经验基础之上优化出来的成果。

这样的说法有依据吗?

我持此说法的重要依据之一，是我们在翻阅 1980 年前出版的多个版本的湖北菜谱时极少见有用酱当调料烹菜的记载。而从 20 世纪 90 年代以后出版的湖北菜谱，上面以酱烧菜的记载就比比皆是了。

我们知道，湖北菜系的形成和发展，一直走的是兼收并蓄的融合路线，历来就有向全国各个兄弟菜系学习借鉴和把他人的成熟经验拿来为我所用的传统。综观湖北菜的演进历史，无论是烹饪方法还是成菜味型，湖北菜受四川菜影响颇深，而湖北烧菜现在喜用酱烧，正是湖北菜受四川菜影响的例证之一。

早年湖北烧菜的味型特征，被业界定性为油重、味厚、芡浓、色重。而所谓"色重"，指的是湖北烧菜喜欢使用酱油，添加酱油的作用是使菜入味和上色。添加了酱油的菜品呈现出浓重的褐色，因而"色重"也就成了湖北菜尤其是湖北烧菜外观色泽上的明显标志。

传统的四川烧菜一般不用酱油，而是大量使用不同酱料尤其是豆瓣酱使菜上色和入味。四川亦是豆瓣酱生产版图上的重镇，在四川众多的豆瓣酱生产厂家中，郫县（今成都市郫都区）豆瓣酱以其质量稳定、口味纯正、回味绵长的特点成为烹饪传统川菜的标志性酱料。

酱料的生产已然标准化，可以进行大规模的工业化生产，并且每一个批次生产的酱料，其质量的差异性很小。

总结起来，厨师使用酱料烧菜有如下优点。

第一，酱料的使用，使得厨师在烹调时将最为麻烦的调味程序变得简单清晰起来，明显提高了厨师的劳动效率，烧菜的出品质量对厨师技艺的依赖性有所减轻，加快了厨师学艺的时间，乃至于现在厨界流传着一个师

湖北烧菜喜用酱

傅教徒弟的说法：烧菜无诀窍，只要遵循"先焯水，后拉油，味道不足酱来凑"的套路行事，菜品的口感就差不到哪里去。当然，千篇一律地使用酱料烧菜，也导致了现今餐饮市场上某些菜品百菜一味、百菜一色、百菜一貌的同质化现象的发生。

第二，使用不同味道的酱料，可以烹制出不同味道的菜肴，甚至可以在一道菜里可以添加辣、甜、麻、酸等多种不同味道的酱料，烹制出风味不同的各种菜品，也极大地改善了菜品结构，亦为厨师不断推出新菜品拓展了空间。

湖北厨师从四川厨师擅长用酱烧菜的烹饪方法中得到启示，模仿他们也在做烧菜时以酱入味，经过将近三十年时间的沉淀，现在厨界用酱烧菜甚至成为一种主流烹饪方法。从理论上讲，但凡需要上色调味的烧菜，都可以用酱当作调料。但在烹调实践中，鸡、鸭、鱼、猪肉、牛肉、羊肉等动物类食材，加酱后烧菜的口感更甚于植物食材加酱烹制后的口感。

别看酱料在湖北厨师手中广泛使用的时间不算长，其实在源远流长的中华饮食文化中，食酱的历史则堪称悠久。我们甚至可以因中华民族是人类历史上最早掌握制酱发酵技术的族群而骄傲。

《汉武帝内传》中说，西王母下人间见汉武帝时告诉他，神药上有"连珠云酱""玉津金酱"，还有"无灵之酱"，于是古代就有制酱之法由西王母传入人间的说法。西王母下凡而诞生制酱之法，显然只是一个神话传说。

在《齐民要术》等古籍中广为记载的发酵盐渍食物"醢"是我国古代先人对酱类食品的总称。

当然，从古人的"醢"到近现代的"酱"，其间经过了漫长的演变历史。

中国人食酱的历史，至少有两三千年之久。在《周礼》《仪礼》《礼记》

《左传》《春秋公羊传》《春秋谷梁传》《诗经》等先秦典籍中，不难看到对"醢"的描述与记载。据《周礼·天官冢宰》记载："醢人掌四豆之实。朝事之豆，其实韭菹、醯醢、昌本……"注云："凡作醢者，必先膊乾其肉，乃后莝之，杂以粱曲及盐，渍以美酒，涂置瓶中，百日则成。郑司农曰：无骨曰醢"。"醢"，用今天的话说，就是用小的坛子类器皿装的发酵了的肉酱。也可以说，古人制酱大多是用动物肉为原料加盐来发酵并用坛子盛装的。但从"醢"的字意上看，它并非作为调料而是作为一种重要的食物诞生的。

古文典籍中所说的"酱"，通常是"以豆合面而为之"。从功能上讲，主要是当作调料作调味之用。也就是说，我们的先祖是以豆和麦面为原料制曲后再加盐的工艺制作酱的。演变至今天，一般意义上所称的"酱"，多是以大豆、麦子为主要原料制曲，经加盐发酵等多道工艺酿制而成的发酵食品，当然也不乏以辣椒、芝麻、番茄等制成的不同酱料。中国地大物博，人口众多，各地地理环境的差异，形成了不同的地域饮食风俗和地区饮食文化。尽管原材料相同，以相似或者相近的制作工艺生产，但各地出产的酱料风味却大有不同。这种现象，其实正好体现了"一方水土养一方人"的饮食文化发展规律。

事实上，在这三十余年间，湖北厨师从四川厨师那里学来了以酱烧菜的烹饪技法，再到今天使用混合酱料烧菜，又经历了从简单模仿到深化改进两个阶段。

所谓简单模仿，指的是湖北厨师开始在烧菜中加入豆瓣酱、辣椒酱等酱料，但这些酱料是从四川购回的成品，厨师亦没把这些酱料进行混合调制，只是在烧菜时直接加入四川出产的豆瓣酱、辣椒酱等。这种以湖北的烹调技法直接添加四川调味品的结果，是烹制的菜品更偏向于川菜味型。

湖北烧菜喜用酱

市场的实践结果是湖北本地的消费者对这种菜品的接受度不太高。

　　所谓深化改造，指的是湖北厨师根据湖北人习惯的饮食味型，从四川、湖南、山东等地购入豆瓣酱、辣椒酱、甜面酱等成品，然后把各种酱料按照不同比例进行混合调制，形成不同于原酱的新酱料，其味道更接近或符合湖北人习惯的咸鲜微辣的基本味型。这个过程，厨师们称之为调酱。调酱的重要性，一如厨师熬制高汤的重要性。一个厨师了解当地百姓基本饮食味型，了解全国各地酱品生产现状，了解城市周边分布的各大调料市场经营情况，然后把这些信息集中反映在调制的一款符合消费者口味的酱料上来，继而以调制的酱料为调味品，烧制出一款款风味突出、广受食客喜爱的本帮菜品。

　　以酱作调料烧制成的特色菜，近年在武汉餐饮市场上形成爆款并享有盛誉的例子不在少数，比如"鱼头泡饭"特色店里的"红烧鳙鱼头"，"老妈烧菜馆"的"红烧牛板筋"，"夏氏砂锅"的"砂锅烧黄颡鱼"，"谢记老金口渔村"的"酱烧麻鸭"，"肖记公安牛肉鱼杂馆"的"三鲜牛杂锅""石锅鱼杂"，等等，都无一例外是靠了厨师的高超技艺和添加一勺秘制不宣的酱料才达成的特色美味，由此而享誉餐饮江湖、饱受"吃货"们追捧的。

　　所以，湖北厨师想要做好湖北传统烧菜，除了要下大功夫熬制好一锅高汤以外，还要调制好一罐酱香浓郁、咸鲜适度、复合味型的酱来。也就是说，要想做一个称职的湖北厨师，把调酱调制好是必须迈过去的技术门槛。

湖北人吃鱼

湖北民间在每年的腊月二十三或二十四，有敬灶神的习俗。

老百姓一年忙到头，到了过小年的时节，一只脚就算跨进了过年休假的门槛。跨入小年，乡里人家忙着用各种美食尤其是有甜味的美食祭祀灶神，意思是让灶王爷吃了我们的嘴短，上天后在玉帝面前为湖北人多说几句好话。曾有文化学者说中国人敬神，不是出于信仰而是出于实际利益的考量，譬如老百姓去庙里跪求观音菩萨多是想得到子嗣、延续香火，而以甜食祭祀灶神，则是希望让他充当信使在玉帝面前甜言蜜语，使玉帝发旨降福于黎民百姓……从中可以看出，文化学者关于中国人对神的态度的总结还是颇有道理的。

大概是湖北美食极对灶神的口味，灶神替湖北人在玉帝面前的美言管用了吧，总之上天对湖北人格外关照，施惠弗薄，划给湖北人生存的地盘，可谓多水多福：在湖北全省 18 万多平方千米的土地上，竟有大小河流 1100 多条，这些河流统统汇入长江水系，滋润湖北大地。长江横贯全省，在三峡大坝没修建之前，宜昌以上江段岩礁密布，潭深滩险，水流湍急，形成风光如画、江流汹涌的长江三峡；宜昌以下江面宽阔，其身形由通过三峡时的削瘦变为丰腴富态，水流和缓，河道迂回曲折，似乎对离开上游峡江有无限的眷恋，一步三回头，世人有"九曲回肠"之叹。长江最大支流为汉江，亦称汉水，其上游江段曲折，险滩连连，深潭多多，水势湍急；下游水流平缓，河水清澈澄明。清江支流河谷深切，河道曲折，落差较大，水流多变。尤其是自古被称为"鱼米之乡"的江汉平原，大小湖泊与江河相通，这些湖泊仿佛是长江、汉江母亲遗留在江汉平原上的孩子，嵌镶在江汉平原广袤的田野上，星星点点。湖北号称"千湖之省"，其中江汉平原就有 300 多个湖泊，构成了一幅富得流油的"水乡泽国"图景，亦是世界上淡水资源最丰富的地区之一。

好水出好鱼，水多自然鱼多。据数据统计，湖北省共有鱼类 201 种和亚种，其中长江干流有 161 种和亚种，清江有 89 种和亚种，汉水有 125 种和亚种，湖泊有 114 种和亚种……尤其江汉平原的湖区，是中国最为著名的水产区之一，不仅盛产青、草、鲢、鳙四大家鱼，鲤、鲫、鳜、鲥、黑鱼等种类亦出产丰饶。梁子湖樊口的鳊鱼（武昌鱼）、石首的长江湾的鮰鱼、丹江口水库的翘嘴鲌，更是湖北富饶鱼产的代表而闻名遐迩。

靠山吃山，靠水吃水，一方水土养活一方百姓。湖北水宽鱼多的巨大食材优势，为湖北厨师烹饪淡水鱼菜提供了坚实的物质基础，亦让湖北人能随时随地地尽享鱼的美味。

湖北的地利优势让其城乡居民对吃鱼情有独钟，所以有民谚说，"萝卜白菜一大桌，不如来根鱼刺吮一吮"（湖北方言读"吮"为"学"音）。湖北还有无鱼不成宴、无鱼不成席之说。乃至于湖北菜的总体特点也被饮食专家学者归结为："以水产为本，鱼馔为主，汁浓芡亮，香鲜微辣，注重本色，菜式丰富，筵席众多。"不能设想，如果缺少了在湖北菜菜谱上占了近四分之一的湖北鱼菜，湖北菜还能不能成为今天在全国乃至全世界都有广泛影响的庞大地方菜系？

吃多了鱼的湖北人个个都成了"精"，极会吃鱼者在本地俗称"鱼猫子"。 对于什么季节该吃什么鱼，哪块水域出产的鱼为同类最好，哪种鱼的哪个部位最好吃，"鱼猫子"们个个了然于胸，这真是实践出真知。湖北人在多年吃鱼经历中积累了极其丰富的食鱼经验：就同一鱼种而言，总归是江河里的鱼比大水库里的鱼好吃，大水库里的鱼比湖泊里的鱼好吃，湖泊里的鱼比沟渠池塘里的鱼好吃，沟渠池塘里的鱼比人工养殖的鱼好吃；至于哪种鱼该吃哪个部位，民间更是有《吃鱼歌谣》广为流传：鳊鱼吃拖（鱼肚部分），鳜鱼吃花，鲤鱼吃籽，黑（财）鱼吃皮，鲫（喜头鱼）鱼喝汤，青鱼吃尾，鳙（胖头）鱼吃头，鮰鱼吃肚（鱼泡），鲢鱼吃须，甲鱼吃裙，乌龟吃蛋……

当然，有丰富的淡水鱼资源，这只是湖北人能够享受鱼之美味的必要条件之一。必要条件之二，还在于湖北厨师有把好食材烹成好鱼菜的超凡厨艺。从古至今，湖北厨师烹鱼手段之丰富、手艺之精湛，在全国厨界备受尊崇。改革开放四十多年来，由国家组织的烹饪大赛和世界厨联组织的烹饪大赛，湖北厨师只要参与赛事，参赛的品种就不会缺少各色鱼菜，而且一旦参赛湖北厨师的鱼菜出手，赛会的最高奖牌，定会花落湖北代表团。全国厨行通行有煮、烹、炸、爆、熘、汆、滑、炒、烧、蒸、煨、烩、腌、炝、烤、煎、焗、炆（读"文"）、煸、扒、焯、拌、烙、焙、扣、羹、卤、灼、滚、焖、煲、炟（读"达"）、熬、焐、熏、攒、烫、酱、浸、风、腊、醉、糟、冻（也称水晶）、冰浸、拔丝、酥炸、汽锅、软煎、蛋煎、竹筒、窝塌、窝贴、煎封、石烹、铁板、串烧、挂霜、椒盐、走油、火焰、油泡、椒盐等数十种烹饪方法，湖北厨师可用上述近二分之一的烹饪方法烹制各色鱼菜，但最为常用的烹鱼方法为：蒸、煎、烧、烤、卤、滑、汆、扒、焖、腊、醉、糟、腌、焗等。湖北厨师以不同的鱼类食材为基础，运用不同的烹调方法，将各种鱼类食材都烹制成了深受百姓喜爱的著名鱼菜。

以樊口鳊鱼（也称武昌鱼）为食材烹制的著名菜式有葱烧武昌鱼、清蒸武昌鱼、拖网武昌鱼、油焖武昌鱼、菊花武昌鱼、红烧武昌鱼、花酿武昌鱼、油焖缩项鳊……

以湖北石首、嘉鱼簰洲湾、江夏金口、长阳清江等地出产的鮰鱼为食材，烹出的著名菜式有：红烧鮰鱼、粉蒸鮰鱼、蒜香鮰鱼、豆豉蒸鮰鱼、白汁鮰鱼、酱烧鮰鱼、水晶鮰鱼、汤氽鮰鱼、松鹤鮰鱼、琵琶鮰鱼……

以鳜鱼为食材烹制的著名菜式有三楚鳜鱼、菜妈煮鳜鱼、绣球鳜鱼、鳜鱼盖面、白汁胖鳜、五彩鳜鱼、麒麟鳌花、梅花鳜鱼、松花鳜鱼、红烧鳜鱼、糖醋鳜鱼、松鼠鳜鱼、金狮鳜鱼、龙眼鳜鱼、麻花鳜鱼、雪里藏金丝……

以青鱼为食材烹出的著名菜式有扇面划水、青鱼划水、红烧鱼块、子龙脱袍、滑鱼块、葡萄青鱼、龙穿衣、一品青鱼、碗装青鱼、拔丝鱼条……腊月间腌制腊（烘）鱼，青鱼也是上佳选项。

以黑（财）鱼为食材烹制的著名菜式有凉拌黑鱼皮、荆沙财鱼、糖醋黑鱼块、泡椒黑鱼、椒麻黑鱼、水煮黑鱼、酸菜黑鱼、将军过桥……

以鲫鱼为食材烹制的著名菜式有氽汤鲫鱼、抓炒鱼条、红烧鲫鱼、萝卜鲫鱼汤、鲫鱼炖豆腐、豆瓣鲫鱼、干锅鲫鱼、串烤鲫鱼、卤鲫鱼……

以翘嘴鲌（也称白鱼、大白刁）为食材烹制的著名菜式有清蒸翘嘴鲌、香煎翘嘴鲌、红烧翘嘴鲌……

以鳙（胖头）鱼为食材烹制的著名菜式有鱼头泡饭、剁椒鱼头、糍粑鱼块、红烧鱼头、扒鱼头、鱼头烧豆腐、泡椒豆腐鱼、胖头鱼鱼氽（鱼丸）、胖头鱼炖萝卜汤……

以甲鱼为食材烹制的著名菜式有荆沙甲鱼、红烧甲鱼、清炖甲鱼裙、冬瓜鳖裙羹、清蒸甲鱼、清炖甲鱼、甲鱼烧鳝鱼、霸王别姬、甲鱼泡饭、甲鱼烧香菇、甲鱼烧竹笋、甲鱼虫草汤、甲鱼炖牛蛙、黄焖甲鱼、青椒烧甲鱼、甲鱼烧羊肉……

以鳝鱼为食材烹制的著名菜式有皮条鳝鱼、泡蒸鳝鱼、二回头、红烧鱼桥、韭菜炒鳝丝、烧盘鳝、黄焖鳝鱼、鳝鱼烧牛蛙、鳝鱼土鸡汤……

…………

湖北的鱼菜味型丰富，酸、甜、苦、麻、辣、椒盐、椒麻、香辣、麻辣、鱼香、酸辣、姜辣……不管是单一味型还是复合味型，湖北鱼菜可谓应有尽有，所以，湖北鱼菜是最受本地城乡居民喜欢的菜式，无论食客对哪种饮食味型有多么挑剔的偏爱，那也没有关系，湖北鱼菜有着无所不包的味型品类，总有一款会贴合他的饮食喜好。

荆楚味道

湖北人吃鱼

湖北人吃烧烤

央视财经频道《消费主张》节目的编导邀我参与《中国夜市总攻略（武汉篇）》节目的录制。我在节目中的任务，是作为武汉地方美食评论工作者，将武汉的特色夜宵产品集中在节目上介绍一番，起个美食向导作用，让外地电视观众日后来武汉，能迅速找到享用特色夜宵的去处，过一把当地道武汉"土著"吃夜宵的瘾。

为了录好节目，我费了点心思。自忖要想对得起全国的电视观众，得花些时间，将武汉数量不少的特色夜宵品种做些梳理，以保证我在出镜时所言不谬，言之有据。

说到武汉夜宵，就不能不说到这三十年来在湖北各地餐饮市场，尤其是夜宵市场上风光无限的"烧烤"，就不能不把烧烤在湖北的"前世今生"弄个清楚明白。

我们现在日常生活中经常说到的"烧烤"其实有两种含义：一是指把食材直接放在火上炙烤的烹饪方法，即以燃料加热和干燥空气，并把食物放置于热干空气中一个比较接近热源的位置，烤制成可食用的菜肴；二是是指经"烧烤"烹饪方法加工而成的各种菜肴和小吃，多为肉类、海鲜、蔬菜，也有用主食如馒头、包子、玉米等做成的"烧烤"品类。

现在，"烧烤"是一种餐饮门类，也逐渐成为一种多人聚会休闲娱乐的方式。小至家庭聚会，大至学校集体活动或企业活动都可以选择外出"烧烤"来增进感情。年轻男女相约一同去郊外"烧烤",空气中不止弥漫着"烧烤"的香味,还洋溢着青春气息和恋爱的甜蜜情意。

起源于长江流域的楚文化源远流长,烹饪文化是楚文化的重要组成部分,而"烧烤"的烹饪技艺,同样在古代楚国中心区域——今天的湖北省有着悠久的历史。把"烧烤"拆开来看,"烧"和"烤"都是楚人最早使用的烹饪方法之一。根据资料,楚菜传统烹饪方法中的"烧",是指将前期熟处理的原料经煎炸或水煮,再加入适量的汤汁和调料,用大火烧开后改中小火慢慢加热,将要成熟时定色的烹调方法。所谓"烤",《说文解字》的解释为:"从火,从考,考亦声。""考"意为"磨难""折腾","火"与"考"联合起来表示"用火折磨人或动物",本义即指用火烧灼动物或人来折磨它(他)们。引申义是以火烘物。基本意思是把东西放在火的周围使之干或熟。烧烤有可能是人类最原始的烹调方式,但遍翻中国古代的典籍,还没发现有将"烧"和"烤"合在一起称"烧烤"的明确记载。

按照现在大众接受的说法,所谓"烧烤",说成大白话就是把食材直接放在火上烤,英文是"barbecue"(俗称"BBQ")。有一种说法,英文中"烧烤"一词,来源于加勒比海地区的一种烹饪方法。加勒比海的海岛上,人们把整只宰好的羊,从胡须到屁股,都放在烤架上烤熟后再吃。这种烹调方法的名称几经演变,最后形成的规范称谓是"grill"(在烤架上烤)或"barbecue"(直接在火上烤)。

其实以"烧烤"方式烹饪食材,中国古代也有,只是名称不同而已。唐代的《卢氏杂说》里有"浑羊殁忽"的菜谱,翻译成现代汉语,就是"烤酿鹅羊":"见京都人说,两军每行从进食,及其宴设,多食鸡鹅之类,就中爱食子鹅。鹅每只价值二三千,每有设,据人数取鹅,煿去毛,及去五脏，酿以肉及糯米饭，五味调和。先取羊一口，亦焯剥，去肠胃，置鹅于羊中，缝合炙之。羊肉若熟，便堪去却羊，取鹅浑食之，谓之'浑羊殁忽'。"（见《中国古代名菜谱》129页）据《元史》记载，12世纪时蒙古族牧民"掘地为坎以燎肉"，这就比较接近现今的烤羊之法了。依我看，这种以羊为食材"掘地燎肉"的食品，现在可以叫"烤全羊"不会有错吧。话又说回来，虽然古人有把鹅及整只羊做食材直接放在火上烤的烹饪方法，但没有明确记载说这种方式就叫作"烧烤"。所以我比较倾向"烧烤"一词是舶来品的说法。

从'烧烤'开始在湖北盛行到后来成为一种餐饮门类，还大受食客的追捧、经久不衰，其时并不久远。

"烧烤"在湖北的兴起与新疆维吾尔族人在湖北的大街小巷卖烤羊肉串有莫大的关系。大约是20世纪80年代早期，武汉但凡人流量较大的街巷，随处都可见新疆人晃动着手里烤熟的羊肉串，操着"新疆普通话"高声叫卖。新疆人烹饪羊肉串的家什很简单，就是一木条凳，木凳上有两个用薄铁皮做成的盒子，一个用来当简易烤炉，一个用来放调味料。烤炉里面装了点燃的木炭，将一排预先穿好带筋羊肉的细铁钎横放在铁皮盒的炭火上，再执一把油腻小扇，时不时对燃着的木炭煽着，让木炭火势旺起来，火苗刚好舔着铁钎上的羊肉，洒上孜然等调料，用毛刷蘸上油，刷在羊肉串上，羊肉串立刻发出"嗞嗞"的响声，腾起有浓重羊肉味的油烟，香气四溢。调味料盒里面分别装着孜然粉、盐、辣椒粉、食用油等调味品，根据食客的口味喜好，给羊肉串添加不同的调料。这便是"烧烤"在湖北地区最初的形态。

1986年春节联欢晚会陈佩斯和朱时茂联袂演出的喜剧小品《羊肉串》，为"烧烤"做了一次超级广告，极大地促进了"烧烤"的发展。从此，"烧烤"在全省各地"忽如一夜春风来，千树万树梨花开"，并且作为一种饮食品种顽强地嵌入了湖北城市居民的生活，形成了新的湖北饮食习俗。人们接受了在三餐已毕的深夜，在路边摊上或"烧烤"店里，来一顿吃着"烧烤"喝着白酒啤酒的"宵夜"。

根据这些，可以看出湖北的"烧烤"是外来饮食文化与本地饮食文化高度融合的结果。

当然，湖北"烧烤"也有自己的特点。以"烧烤"食材的广泛性论，没有哪一种用来烹饪湖北菜式的食材不能用于制作"烧烤"，鸡、鸭、鱼、肉、海鲜、野味、蔬菜、豆制品、主食、水果、小吃等，无所不包，均能制作成"烧烤"美食。

以味道的多样性论，"烧烤"成品能够做成酸、甜、苦、麻、辣等单一或复合的多种味型。当然，不管是什么味型，孜然永远与"烧烤"是两不分离的伴侣。或者说，作为一种综合香料的孜然，不仅是制作"烧烤"必不可少的调料，甚至成为"烧烤"这一餐饮门类的奠基石。还可以这样说：没有孜然，"烧烤"的餐饮形态也就不复存在。孜然由多种香料调配而成，能够去除肉类的腥味，令肉质更加鲜嫩。"烧烤"还可加入辣椒、黑胡椒、味精、豆瓣酱、豆豉、辣椒酱、烧烤汁、鸡蛋清、蜂蜜、白芝麻、番茄汁、甜面酱、蒜香鸡粉、调和油（防止"烧烤"网烧焦或在食物表面形成一种膜）、蒜蓉、辣椒酱等，由此产生了"烧烤"产品的多样味型，能满足食客千差万别的饮食喜好。

以"烧烤"手法的多样性论，除了传统的"烧烤"方法外，现在已有了白烤、泥烤、串烤、红烤、腌烤、酥烤、挂糊烤、面烤、叉烤、钩吊烤、箅烤、明炉烤、暗炉烤、铁锅烤、烤箱烤、竹筒烤、篝火烤、烤盘烤、铁板烤、铁网烤、长条形炉架烤等多种多样的烤法和相应的炉具，显示出"烧烤"

作为一个餐饮门类，是烹调方法的多样性和"烧烤"食材的多样性高度融合的结果，具有极强的市场适应能力，因而也就具备足够强大的生命力。

以餐饮产品的性价比论，吃"烧烤"所费不多，通常人均消费在50元左右或者更低。工薪阶层和在校读书的大学生，都能够消费得起，并在长期的消费过程中，逐渐成为"烧烤"产品的忠实粉丝。"烧烤"的"草根"属性，让其成为餐饮行业中最"接地气"、最亲民的餐饮品种。或者可以这样说，"烧烤"能在湖北甚至全国各地遍地开花，与它的这一属性密不可分。人类追求产品的性价比是天性，不管是富裕者还是贫困者，对消费产品性价比的重视都是一致的。

由于"烧烤"时会产生大量油烟，近年来，随着"烧烤"炉具的发展和人们环境保护意识的加强，不少餐厅开始将露天"烧烤"移入室内，食客也普遍接受了在室内吃"烧烤"的用餐方式。人们夜宵吃"烧烤"的习俗日益成熟，反过来又促进了"烧烤"朝着食材品种多样化、炉具形式多样化、味型层次多样化的方向迅猛发展。

可以预言，随着社会经济的进一步发展，人员的流动速度愈加频繁，湖北"烧烤"与全国其他地区的"烧烤"内容和形式的融合步伐会进一步加快，"烧烤"的方式会愈加多样，"烧烤"品种会更加丰富，"烧烤"会更进一步地丰富湖北人民的生活！

湖北凉菜

有一种湖北人多年形成的生活习俗，就是遇上婚丧嫁娶、升学就业、乔迁新居、添丁加口等人生大事时，亲戚朋友间少不了要聚会一番，如果是喜庆的事（包括白喜事），庆贺活动的最后，都会无一例外地落实在吃一桌宴席上来。

吃宴席也称"吃席"，是湖北人传统生活中较为正式的饮馔方式。宴席分为"吃请"和"请吃"两方，"请吃"者是主家，是办事者一方，"吃请"的一方或是主家亲朋好友，或者是主家门生同学。民风乡俗约定，"吃请"和"请吃"的双方，都会以较为正式的态度对待一桌席面，以体现出对彼此的尊重。

"请吃"的人请客慎重，不能失了礼数。按规矩必须以整席待客。一桌完整的传统湖北宴席，要有冷菜、热菜，要有咸有甜，要有汤馔、主食、水果及茶饮几种类型的食品。具体而言，宴席要准备好彩碟、围碟、热菜、大菜、咸汤、甜汤、点心、饭菜、水果、香茶十种，各个菜品上桌飨客的先后顺序亦有规矩。"吃请"的人也有规矩，不可衣着不整，不能在席上嘻嘻哈哈，所谓"食不言寝不语"，举止应大方得体。

随着现代社会生活节奏越来越快，湖北宴席越来越简化，现代宴席的菜品主要由凉菜、热菜、汤馔、主食、水果、茶饮几种构成。但不管怎么简化，宴席席面上都不会少了凉菜。换言之，凉菜以其在宴席中的定位功能和鲜明特点，成为宴席不可或缺的组成部分。凉菜是宴席上首先与食客见面的菜品，故有"见面菜"或"迎宾菜"之称，有事先预制、上菜快、食材广泛的优点，具有烘托气氛、突出宴席主题的功能。凉菜做得好不好，会直接影响到食客对宴席水准的评判。

何谓凉菜？

所谓凉菜（也称凉拌菜），在饮食业俗称"冷荤"或"冷盘"，是风味独特、拼摆技术性强的菜式。食用时大多是凉的，所以称之为凉菜。凉菜的烹饪方法主要是"拌"，即将生料或凉熟料加工成丝、条、片、块、丁等，再用调味品拌制而成，有调无烹，以保持食材的本色本味。其主要特点是选料精细，口味干香、脆嫩、爽口，色泽艳丽，造型简洁、整齐、美观，拼摆悦目。曾有试验表明，凉菜在4℃或以下时的口感最好。

凉拌是中国人最早使用的烹饪方法之一，有资料证明，至迟在先秦的宫廷里已经成熟使用，那时被称为"渍"。

上古之时，先民还处在茹毛饮血的阶段。由于长期吃生食，先民们了解了生食肉类的危险。所以，为防食疾，尤其处理肉类时，会将新宰杀的动物渍以美酒，去腥杀菌；或以野生香辛料（如梅子）来祛毒、调味，并由此慢慢创造出多种生食肉类的方法。《礼记·内则》记载，周代有一道称为"宫廷八珍"的"生渍牛肉"："取牛肉，必新杀者。薄切之，必绝其理，湛诸美酒，期朝而食之。以醢若醯醷。"照制作方法来看，就是现在的凉拌牛肉。只不过周朝时牛为战略性物资，只有以周天子为首的宫廷高层才有资格吃到牛肉，寻常百姓只有"望牛兴叹"的份。

先秦时，凉拌菜式的两大要素——食材改刀、添加调料——已经定型，宫廷中使用调料来做凉拌菜的方法已经成熟。调料除了杨梅和酒，还用鱼和肉酿制而成的酱，分别称为肉醢、鱼醢。其中带骨的叫"臡"，不带骨的叫"醢"。郑玄注《周礼·醢人》："作醢及臡者，必先脯干其肉，乃复坓之，杂以梁曲及盐，渍以美酒，涂置甄中，百日则成矣。"人们已经掌握了制作凉菜的诀窍：不仅仅只注重食材的本身，调味料也是灵魂所在。

　　湖北凉菜的烹调方法，也是根源于此。据《楚居》记载，楚人的迁徙路线，大致是从河南新郑出发，向豫西南和陕东南方向迁徙，于西周初年到达丹水和淅水交汇处，之后继续南下到达荆山附近的丘陵、平原交界处。这一支迁徙而来的楚人，大概就是今天湖北人的先祖了。楚人南迁后给楚地带来了先进的中原文化，并以周代文明为基础向前发展，形成今天所谓的"楚文化"。周成王时期，鬻熊曾孙熊绎被封为子爵，楚始建国。经过3000多年的传承与演变，湖北一步步形成了具有楚国地域特色的烹饪体系，也使得湖北的凉菜烹饪技术成为楚菜烹饪技术的一个重要组成部分。现在，湖北人能够准确把握糖、香油、醋、盐、辣椒油等调味料的用量和搭配，用以赋予每一道凉菜不同的味道，并将各种食材连同酱汁拌匀，使酸、辣、甜、麻香、麻辣等味道与食材结合，使之获得最佳的风味。在现代餐饮业中，凉菜制作是独立的品类，与其他菜品的生产是分开的。按照餐饮业卫生监督部门的要求，为了饮食安全起见，生、熟食物应分开烹饪、放置，所以凉菜的生产场地——凉菜房只能单独设置。

　　虽然同是烹饪菜品，凉菜厨师却与红案厨师有极大的差别。红案厨师中的配菜师傅，其主要工作是在菜板上切菜、配菜，多数时间与菜板为伍，俗称"案子"或"墩子"（早年配菜厨师用的菜板，通常是用很粗的枫树蔸子做成，样式敦实）。在火前司厨的红案师傅，常与炒勺为伍，煎炒烹炸，俗称"炉子"。凉菜房厨师，拌菜、摆盘是其主要工作，俗称"碟子"。一个合格的凉菜厨师，需要有辨识食材的能力、调制酱料的能力、讲究的刀工技术、协调的色泽搭配水准以及较为优美的装盘造型等基础技能。从

荆楚味道

湖北凉菜

装盘造型上能够看出凉菜厨师的技艺水准和审美水平。一款好的凉菜产品，应该构思深刻、构图简洁、色彩和谐、手法新颖、特色突出、主题鲜明。

综合而言，湖北凉菜作为湖北菜系的一个重要部分，在融合了其他地区的凉菜制作手法（如四川凉菜和广东凉菜）的基础上，自成一家，并逐渐发展成熟，表现出了鲜明的特点。

其一，制作湖北凉菜的食材极为广泛，无论是湖河江鲜、山珍野味，还是六畜家禽、蔬菜水果、豆制品等，都可以用来制作凉菜。

其二，制作凉菜的烹制方法自成系统。现今湖北凉菜厨师常使用的烹制方法有拌、卤、炝、酥、酱、腌、腊、油炸、卤浸、油焖、五香、冻、白煮、糟、卷等。拌制凉菜有生拌、熟拌、生熟拌、勺拌、温拌、清拌6种。装盘也有6种方法：排，将熟料平排成行地排在盘中，排菜的原料大都用较厚的方块或圆形、椭圆形；堆，把熟料堆放在盘中，一般用于单盘；叠，把加工好的熟料一片片整齐地叠起，一般叠成梯形；围，将切好的熟料，排列成环形，层层围绕，用围的方法，可以制成很多的花样；摆，是运用各式各样的刀法，将熟料加工成不同形状，根据其形状色泽装摆成各种图案，需要有熟练的技术，才能摆出生动活泼、形象逼真的形状来；覆，是将熟料先排列好，再翻扣入盘中。

其三，湖北凉菜名菜迭出，为湖北名菜谱撑起了一方天地，如一帆风顺、二龙戏珠、三茄相会、四季发财、五香鹌鹑、六味酱肉、七星河虾、八仙戏莲、九尽春来、什锦扇碟、百花争艳、千秋蟠桃、万象更新……这些凉菜享誉荆楚，已成为经典，能使宴席五味调和，而且形式喜庆、寓意吉祥，还能烘托宴席气氛，深受湖北人喜爱，具有强大的生命力。

餐厅点菜有讲究

在现代人的生活中，餐馆是人们最频繁光顾的消费场所之一。如果把经常上餐馆的人分个类就会发现，上餐馆吃饭的人可以直接分为请吃、吃请两种。按中国人的礼仪习俗，吃请者，客随主便，"看菜下饭"；请吃者，要做到情到礼周，"看人点菜"。

出于礼貌，被请的一方在点菜过程中往往是处于从属的地位，也就是"看菜下饭"，这里就不着重讨论了。待到客人聚齐，此次宴请的主家就得点菜，立马就要面对一个非常具体的问题：你会点菜吗？

以我的观察，也并不是每个人都能得到高分。

点菜，是有许多讲究的，实际上就是一次现场就餐的整体策划与组织。菜式要点得合适，既能满足社交、品尝美食的需要，又要能吃得健康、环保。由此可见，中国人的餐饮讲究，从点菜"一斑"是可以窥"全豹"的。

正式地在餐馆请客吃饭，多多少少含有请客者有求于吃请者的意思。那么作为请客者的主家，点菜时有什么基本的原则要遵循？

一个不可缺少的程序是，为了表明请客者的姿态，在大多数客人到齐之后，主家应该将菜单给客人传阅，并请他们来点菜——这是向客人表达尊重。待客人均表明了让主家点菜的态度后，主家才能正式开始点菜。

主家点菜的基本原则是要做到心中有数，这样才能达到让客人吃得好，吃得满意的效果。

点菜时，可根据以下几个方面的因素来考虑：一看人员的组成；二看菜肴的组合；三看本次宴请客人的重要程度。

所谓看人员的组成，首先是根据就餐人数确定菜肴的盘数，点菜太多势必浪费；点菜太少，又显得主家请客的诚意不够。一般来说，中型盛菜的器皿，人均一菜比较适当。如果是年轻男士较多的餐会，则可适当加量点"n+1"盘。在安排菜单时，也要考虑来宾的饮食禁忌，尤其是主宾的饮食禁忌，如宗教方面的饮食禁忌、出于健康原因对食品的要求等。另外，不同地区的人们对酸甜苦辣麻各种味道的偏好也往往不同，在安排菜单时要兼顾菜肴的不同味道，不至于让有口味偏好的客人难以举筷。因此，主家在点菜之时，征询一下客人的意见很有必要，问一下"有没有哪些菜是忌口的"或是"比较喜欢吃什么"，不仅让客人有被照顾到了的感觉，还可以满足客人对菜肴的期待，宾主尽欢。点完菜后，主家可以顺便表个态："我点了菜，不知道是否合乎各位的口味""要不要再来点其他的什么"，等等。这样做叫作情到礼周。

所谓看菜肴的组合包括三个方面。一是菜式的搭配要营养均衡。一般来说，一桌菜肴最好是有荤有素，有冷有热，有鱼有肉，有豆制品，有青菜。如果桌上男士多，尤其是又有饮酒者，可多点些荤食。如果女士较多，则可多点几道清淡的蔬菜。二是要考虑菜式的色彩搭配效果。一桌菜式，最好有红、黄、白、绿的几色搭配。通常我们对一款菜式的评价，是从色、香、味、形、器几个方面来考量的，首先看重的就是菜肴的色调，一桌菜亦是如此。一桌色彩搭配漂亮的宴席，总是更加能刺激就餐者的食欲，和谐就餐者之间的气氛。三是点菜还需考虑装盘器皿的高低搭配效果，加火上桌的菜肴，数量不要多于盘装菜肴的数量，使得桌面盛器有高低起伏的韵律。

本次宴请客人的重要程度，决定了本次宴请消费的档次、规格。现在，宴请已经成为结交朋友、沟通客户的一种工作手段。若是普通的商务宴请，每人平均消费在 150 元左右，就不算失礼。如果本次宴请的对象是重要的人物，没有上档次的菜式上桌，恐有怠慢客人之嫌，会失却应有的待客之道，那每人平均消费在 200 元左右，才可能与客人的身份相匹配。

如果上述点菜的原则过于烦琐，那么有一个讨巧的办法可以保证点菜不会出太大的差错，那就是点菜之前"左顾右盼"，看看别桌客人都点了些什么菜。如果旁边的餐桌上都点了同一款菜肴，那么这款菜一定是这家菜馆的特色菜品，不会出错。另外，看到别人桌上菜肴的品相，可以直观地了解这家餐馆菜肴的质量。如果某道菜被吃得见了盘底，说明这道菜很受食客的欢迎，那么照单点上这道菜式，也不会"走眼"。人与人的味觉相差不远，菜肴好不好吃，大多数人得出的结论大体是相似的，尤其是在同一区域生活的人们，对味道的品鉴标准更有趋同性。

社会在飞速变化，在变化的社会生活中，每个人的角色并不是一成不变的，也许你今天扮演的是吃请的角色，你可以客随主便；或许明天你就是请吃的一方，点菜的任务就会落在你的头上，需要做到情到礼周。人人都有可能被人请，人人都有可能成为请客人，从这个角度上讲，会点菜，倒也是一项总能用得上的本事。

荆楚味道

餐厅点菜有讲究

排档摊上的武汉风情

"大排档"可以说是武汉传统饮食业的一大特色。

所谓"大排档",是指摆在城市路边的人行道上或小巷中的,使客人在露天或半露天环境进食的摊点。这些摊点往往摆着数张桌子,锅灶就在桌边,点菜、吃饭均在一处。

大排档所能提供的食物种类、所采用的烹制方法,有海鲜,有火锅,也有粉面小吃,各色菜式一应俱全,烹、煎、蒸、炸、煮、烧等各种烹饪技法一样不缺。不管是谁,都能在大排档上找到喜好的口味。在街头巷尾大排档比较集中的地方,堪称武汉市百姓的"露天俱乐部"。同有点规模的餐馆酒店相比,大排档最大的优势是价格低廉和营业时间超长,绝大部分大排档白天休息,晚上营业至深夜甚至次日凌晨才收摊打烊。

总而言之,吃食形式繁多、价格相对便宜、营业时间超长,正是武汉大排档的重要特点。

武汉是全国著名的"三大火炉"之一。从春末夏初开始到中秋前后,每日晚间,武汉这座被烈日烘烤了一天的城市热度稍退时,人们常常结伴而出,在街头树下找个清凉通风之地纳凉,名曰"透气"。打麻将、"斗地主"、谈天说地,肚子饿了就寻觅点吃食,吃夜宵的习俗也就慢慢形成了。特别是改革开放以来,人们的夜生活日益丰富,大排档摊数量较从前更多了。

武汉人的夜宵，已成为武汉人夜生活中的一道亮丽风景。

大排档不是安静的茶庄，也不是高档的餐厅，食客在吃喝时无须讲究形象，可以随意围坐在桌前，喝着啤酒，"神侃胡吹"，高兴起来还可以扯着嗓门大喊大叫。尤其在汉口吉庆街，吃夜宵的气氛为最浓厚，除了各类食物饮品应有尽有外，还有娱乐节目助兴。排档所在的区域，服务员像蝴蝶般在台位间来回穿梭，卖花的、卖唱的、拉琴的艺人在其间走动，不停地招揽生意，正是一幅活色生香的市井生活画。

2014年7月25日，《楚天都市报》记者以《老汉口的夜宵在家门前飘香，大武昌的小吃在高校边荟萃，新汉阳的美食在舌尖上绽放》为题，介绍了根据三镇的大排档绘制出的一份《武汉最新排档宵夜图》，这份排档宵夜图，是媒体献给武汉喜欢吃夜宵的"好吃佬"们的一份大礼。

在大排档吃宵夜的习惯，在武汉有悠久的历史。清道光年间叶调元所著《汉口竹枝词》曰："乘凉最好是琴台，万柄荷花槛外开。直到深夜方罢饮，一船明月过河来。"描绘的正是汉口市民夏天到汉阳琴台排档吃夜宵的景致，说明至迟在清中期时，武汉人吃夜宵的饮食习俗已经形成，其情其景，与现在我们吃夜宵的氛围，已经没什么差别了。

武汉大排档雨后春笋般地兴盛起来，甚至成为武汉饮食业兴盛起来的一个重要符号，是在20世纪80年代以后。经过文人作家的推介与演绎，大排档已成为武汉的城市"名片"。譬如，武汉著名作家池莉以汉口吉庆街大排档为背景创作了小说《生活秀》，接着人们又以小说《生活秀》为蓝本，拍了电影和电视剧，为武汉大排档在更大范围内做了宣传。一时间，大江南北、长城内外都知道武汉吉庆街是个大排档集中吃夜宵的好去处。因此，凡有外地人到武汉公干或是探亲访友、旅游观光，如果没有到吉庆街去吃过夜宵，没有亲身感受在吉庆街吃夜宵、听曲、喝酒的气氛，总觉得有点遗憾。

武汉大排档喜欢"扎堆"经营。现在武汉比较有名的大排档大多集中在汉口吉庆街、汉口堤角、汉口万松园雪松路、汉口统一街与花楼街、汉口复兴村、汉口水厂路、武昌首义园、武昌解放桥、武昌民主路、汉阳鹦鹉洲风情镇、汉阳腰路堤等处，形成了一个个大排档集群。

综观武汉各个大排档集群，归总起来有如下特点。

一是每一个大排档集群都有一个"拳头产品"，或曰有"一招鲜吃遍天"的招牌产品，支撑着这个排档集群的人气。如吉庆街特色是"美食＋艺人表演"，客人在吉庆街吃夜宵，不仅能吃到大排档的食物，还可以听到艺人在餐桌前近距离地唱京剧、楚剧、黄梅戏、流行歌曲，看艺人演奏乐器。已被拆掉的汉口新华路长途汽车站附近的精武路，拳头产品是"精武鸭脖"。在这条长不足 500 米的小巷里，数十家经营鸭脖的小店一字排开，门口摆满了颜色红亮、浓香扑鼻的鸭脖。"精武鸭脖"现在也已经成为一张叫响全国的的武汉城市"名片"，尤其是以鸭脖子为主打产品的"周黑鸭"，更是声名远播，享誉华夏。汉口堤角美食一条街主打的品种是卤味牛骨头。堤角位于武汉市汉口解放大道的东端，与远城区的黄陂、新洲交界。过去，这里是武汉肉类联合加工厂等数家杀猪宰牛的家畜屠宰企业所在地。20 世纪 90 年代，一些餐饮经营者从"精武鸭脖"的成功上得到启发，将屠宰企业里出产的牛肉、牛骨头、牛筋等产品进行加工，将自制的卤方用在了卤牛骨头上，没想到一举成功，卤出来的牛骨头受到了食客的热烈欢迎，堤角牛骨头成了卤味新宠，被打上了纯正"汉味"的烙印。

二是大排档集群都是商户根据市场需求自发集合，并逐渐发展壮大起来的，走的路子也大致相同：由一家核心排档首先推出一种颇有特色的吃食，聚集了人气，然后更多的排档参与进来，各排档经营的产品不尽相同，形成了产品的差异互补，排档群也随之形成了更大的规模。随着排档群名气的传播，又聚集了更多的人气，排档经营状况好，食客消费多，形成了良性循环。

三是大排档极具市民特色。首先是价格比较便宜，同样的菜肴，排档要比餐馆酒店的价格便宜三分之一。"一个便宜三个爱"，走低价路线总是容易被大众所接受。其次是排档经营的饮食品种非常大众化、家常化、"接地气"。从大的产品系列上看，大档排夜宵品种有小吃类、卤菜类、煨汤类、小炒类、火锅类、烧烤类，单品种类则多得数不过来。如果把武汉大排档上的饮食品种全部记录下来，完全可以出版一本厚厚的《武汉排档吃食大全》。

当然，如果是想吃烹调方法复杂、食材珍贵的"大菜"，那就别在大排档的摊子上吃了。讲排场、讲体面的吃客，也不适合坐在大排档的摊前。大排档的气质与充斯文、讲派头无缘。大排档出菜快，厨师都是"快枪手"，一桌人刚刚坐定，无须催促，厨师便打仗似的，抢火做菜，分秒必争，然后菜像变戏法似的一盘一盘端上桌。菜的味道，多以辣、麻、咸、鲜为主，且一律油重、味浓、芡厚。大排档上的菜式，更能体现武汉本帮菜的突出特点：原汁原味，酱辣鲜香，风味家常。

时代巨变，如今各式各样的照明电灯拉长了白昼，缩短了夜晚。西边落日，既是一个自然白昼的结束，也是灯光所打造的另一个"人工白昼"的开始。人们逍遥于笙歌夜场，流连于食肆茶楼，各种娱乐活动过后，似乎不在夜市大排档上吃点什么，就差点什么，回到家，一晚上难以入眠。都市生活向夜晚延伸，都市人向夜晚越走越深，已然成为一种生活常态。人的旺盛需求，总是能引起消费市场的膨胀，这正是武汉大排档这种餐饮业态会继续兴旺下去的最好理由。

洋味西餐武汉见

西餐在武汉已经有百余年的历史。1861 年汉口开埠后，西餐被西方殖民者带入，但西餐的经营范围仅限于有领事馆、洋行、教堂等的外国人活动频繁的租界，武汉三镇的民间尚没有经营西餐的餐馆，老百姓对西餐还比较陌生。直到 20 世纪初叶，外商大量涌进了汉口，这时，三镇才出现了专营西餐的餐馆，人们称之为"番菜馆"。汉口第一家专营西餐的餐馆在后花楼街，名为"瑞海番菜餐馆"。

1915 年前后，随着西方文化的不断渗入，在汉口独立门户的西菜馆如雨后春笋般地兴起，经营规模也逐渐扩大。当时，汉口较为著名的西餐馆有 6 家，即"一江春""海天春""第一春""万回春"，以及新市场（即现在的民众乐园）内的"普海春"。

20 世纪 30 年代以前，武汉的西餐业仍以较快的速度发展，并产生了菜馆业公会，较有名的西餐馆除了上述几家以外，还有"美的卡尔登""大中美""基督教青年会""海军青年会"等。

20 世纪 40 年代，规较大的西餐厅有"普海春"与"一江春"。每晚华灯初上，达官显贵、中外名人竞相光顾，生意甚是兴隆。"一江春"门上悬有"中西大菜、南北筵席"的大铜牌，所有餐具都印有"一江春"三字，职工人数多时达到 100 余人，还经营铁路上的餐车业务。由于西餐业在武汉的迅猛发展，中国菜馆在不同程度上遭到冲击。较大的中菜馆为了谋生存，也相继兼营起西餐。另外，小吃番菜馆也开始出现。到了1933年，西餐业在汉口已达到了巅峰状态，著名的番菜馆已达50多家。当时著名的中小西菜馆有"四六五""白陵""福祷林""松柏厅"等。外国人经营的中小西餐馆，均开设在各自的租界内，有"邦可""摩登""家庭餐厅"等。这些餐馆主要为租界内的外国水兵、商人服务，规模较小，不经营筵席，专营正宗西餐小吃，同时供应洋酒。

西餐馆还有诸如酒吧间类型的业务，20世纪30年代在武汉的"客落松""新兴跳舞厅""新市场"和跑马场内的酒吧间都属于这一类型。另外，一些饭店如"璇宫饭店""杨子江饭店"等，都属于西餐馆与旅社兼营的饭店，较为正宗。这类餐厅除达官贵人、富商巨贾光顾以外，一般人是不敢问津的。抗战前，西餐馆均匀分布在汉口一镇，汉阳尚没有西餐馆，武昌芝麻岭仅有一家名为"杏花楼"的西餐馆。日军侵占武汉后，武汉的大量餐馆停业或西迁，著名的"普海春""一江春""四五六"等迁往四川。武汉沦陷后的一段时间，西餐业才逐步恢复，但新户较多，如"生生""摩登""三教""美的"等。抗战胜利后，武汉的饮食店大多恢复正常营业，西餐店亦不例外。1946年11月，恢复营业的西餐馆已达13家。中华人民共和国成立后，汉口一些大型的西餐厅均为中国人所开，厨师多为在洋行帮过厨、学到手艺的中国人，服务员也都是中国人，并聘有"女招待"。如著名的"海天春"西餐馆，由万树元合股开办，厨师李进杰就是曾在俄国茶行帮过厨的中国人。

改革开放以后，武汉人的生活水平提高了，生活质量也在悄悄发生变化：以前作为生活品位象征的西餐，也日渐大众化。近几年，西餐的发展趋势正猛，不仅西餐厅的数量增加了，西餐品种也日益丰富。印度抛饼、泰国香炒饭、韩国烧烤、日本料理、巴西烤肉等也陆续登陆武汉，或专门开

洋味西餐武汉见

店、或栖身于各大商场的美食城，让武汉人享尽口福。不仅在西餐厅、咖啡馆里可以吃到地道的西餐，一些中餐厅也开始供应品种丰富的西餐，从而形成了一种新的餐饮店：中西餐厅。这种餐厅不仅供应炒菜、米饭等纯中式饭菜，还提供较正宗的西餐，其中有些店还对西餐进行了改良，使之更接近武汉人的口味。此外，中式酒店里开始流行西式菜，其中既有牛排、浓汤等传统西餐菜式，也有巧手生菜包（用生菜叶将肉粒包起来，蘸酱吃）等"中菜西做"的菜肴，主食和晚茶更是供应品种繁多的西式点心。

目前武汉经营西餐的店主要分五种：专门的西餐厅及中西餐厅，附带做西餐的咖啡馆，星级酒店附设的西餐厅，西式快餐店以及供应西式菜的中餐馆。这几种经营西餐的店遍布武汉三镇。

价格适中的西餐厅、中西餐厅这类餐厅主要分布在中山公园、江汉路、香港路及沿江大道一带，构成了武汉西餐厅的主体。这些餐厅大多小巧精致、环境幽雅，把西餐就餐时的气氛烘托得很到位，价位也不高，平均每人消费七八十元就可以吃饱喝足，是许多白领的聚餐场所。主要有牛排馆（江汉路等地）、比萨屋、巴西烤肉餐厅（香港路附近），等等。在咖啡馆里吃西餐也是一种就餐方式。咖啡馆本身就是一个"洋玩意"，咖啡馆做西餐是名正言顺的，目前武汉较大的咖啡馆大都在经营西餐，台北路、江汉路等较繁华的地带都有，品种多是较常见的比萨、牛排、馅饼、沙拉、意大利面等，味道比较纯正。价位与专门的西餐厅相近，连吃带喝人平均消费在百元以下。星级酒店的西餐供应多面向外籍人士、商务人士，星级酒店西餐厅的西餐比较地道，原料多是从国外进口的，成品的口味也是按外国人的口味和要求制作的。这些酒店在武汉的知名度较高，如"香格里拉大酒店""东方大酒店""亚洲大酒店""天禄华美达酒店"等，主要经营自助西餐，有的也做"美式""意式""法式"等大餐，价格相对较高，人均消费在百元以上。西式快餐是武汉人非常熟悉的一种西餐形式，以方便、卫生著称，西式快餐店遍布武汉三镇，随处可见，经营的品种比较丰富，口味也非常统一。传统的西式快餐以"肯德基""麦当劳"为主，现在又多了"必胜客"。不过"必胜客"在中国是一种"休闲餐饮"，已不是严格意义上的快餐，应归类于专业西餐厅。西式快餐价位较低，人均消费在三十元左右。中式酒店里的西式菜，在武汉的几家主流餐厅里都可以品尝到，如"小蓝鲸酒楼""六合宴酒楼""亢龙太子酒轩""湖北三五醇酒店""湖锦酒店"等，价位适中，与一般的中式菜价格相当。

时下武汉的西餐，供应最多的品种有牛排、比萨、沙拉、意大利面、空心粉、巴西烤肉等。牛排是西餐的主打菜，一般的西餐厅都经营牛排，主要品种有菲力牛排、西冷牛排等。比萨是用精选的面粉、蔬菜、海鲜等烘制的"大馅饼"。沙拉则有蔬菜沙拉，也有水果沙拉，其实就是把切好的蔬菜、水果等用沙拉酱拌好，清淡美味而有营养。意大利面、空心粉等，配上番茄酱等酱料食用。巴西烤肉最能体现巴西风味，将各类肉腌制后用炭火烤，味道各异。

荆楚味道

洋味西餐武汉见

汝州粉皮薄如纸

前几天我随几位武汉餐饮业界的朋友一起去了一趟河南省的汝州市。

去汝州之前,我稍稍做了一点功课,知道位于豫中的汝州市有两张名片:一张名片是收藏界的神话——汝瓷。据收藏专家说,汝瓷有"雨过天青云破处""千峰碧波翠色来"之妙,釉质细润,其釉厚而声如磬,颜色素雅。汝窑位居宋代五大名窑之首,汝窑被世人称为"似玉、非玉而胜玉"。自宋、元、明、清以来,宫廷汝瓷用器为内库所藏,连皇家都视若珍宝,堪与商彝周鼎比尊。现在的收藏界也有"纵有家财万贯,不如汝瓷一片"之说。宋代汝瓷如此稀有金贵,普通百姓哪有机会收藏于陋室?好在现在汝州人依照古法生产出了现代汝瓷,才有可能让包括在下这般的寻常百姓一睹传说中汝瓷之尊容。另一张名片是美食界的神话——汝州粉皮。

没想到3天行程虽短暂,我却与两张汝州名片都结了缘:虽然我们一行都是收藏外行,但是好客的汝州朋友临别时还是送了我们每人一个"雨过天青"豆绿釉的瓷杯。回武汉后,我把瓷杯给搞收藏的朋友过目,朋友说如此品相的豆绿釉瓷杯是现代汝窑中的上品,颇有收藏价值。看着汝州朋友馈赠的豆绿釉瓷杯,深感汝州朋友的义气与豪爽。汝州粉皮的口福也让我享了:我们到汝州的当天中午,汝州朋友便请我们在当地很有名的"水上漂"餐馆吃饭,席间上的第一道凉菜，就是"鸡丝拌汝州粉皮"。

凡事皆有侧重。汝州豆绿釉瓷杯的好，我且不去说了，这里只说道说道薄如纸、白如雪的汝州粉皮。

薄而白的粉皮在汝州乃至河南享有的知名度，可与热干面在武汉乃至湖北的知名度一比。不妨这样说吧，武汉人对热干面的喜欢度有多高，则汝州人对粉皮的喜欢度就有多高。

从清代道光年间到现在，汝州一直有"三宝"闻名于世——粉皮、粉条、粉丝，尤其是汝州粉皮，更是名满天下。

传统的汝州粉皮以优质绿豆为原料，用纯手工工艺水磨为浆，然后制成直径约 30 厘米的粉皮。汝州粉皮制作工艺精细考究，成品薄如蝉翼，洁似白纸，柔软可口，爽滑味鲜，食用方便。从营养角度讲，汝州粉皮富含碳水化合物、蛋白质、脂肪、钙、磷、铁、胡萝卜素、维生素 B_1 及 B_2 等多种营养元素，是营养丰富的养生食品。从传统中医角度讲，汝州粉皮性平且凉，具有清热解毒、益气明目的食疗功效。

作为一款传统小吃，汝州人食用粉皮的历史已超过了 170 年，其间，汝州粉皮经历了从粗放型制作到精细化制作，再到更加精细制作的漫长变化过程。在了解汝州粉皮的悠久历史之后，我们把汝州粉皮说成是一款有故事、有文化的地方特色小吃，应该不是溢美之词。

相传，清朝道光二十年（公元 1840 年），汝州城内有个商贩叫田家有，做的是贩盐营生，一次去河南南阳的社旗贩盐，见那里有人用杂豆制作"粉皮"，厚似烙饼，论斤售卖。此粉皮可当主食也可当早餐、小吃，食用时用沸水煮熟，不仅价钱便宜，而且味道很好，售卖粉皮的店家生意十分火爆，一年下来获利甚丰。田家有久做行商，头脑灵活，有心把制作社旗粉皮的手艺学到手，设想着在汝州也开一家售卖粉皮的小店，改辙换行，

汝州粉皮薄如纸

以省去年复一年贩盐遭受的日晒雨淋之苦。

田家有又一次贩盐来到南阳社旗,与来往的商家货钱两清后,并不急着回家,而是找个小旅店歇息下来,一日三餐就在粉皮店里,并软磨硬泡地跟店老板兼厨师套近乎。也许是田家有的软磨功夫了得,也许是田家有与粉皮店老板确实是性格投契,总而言之,粉皮店老板把制作社旗粉皮的诀窍教给了田家有。

田家有回到汝阳后开办了一个小店,专门售卖粉皮。他将制作社旗粉皮的原材料和工艺进行了改良,把杂豆改为绿豆并将其磨成粉,制出的粉皮较之社旗的粉皮薄了许多,且较劲道,口感明显优于杂豆制成的粉皮。食用时与社旗粉皮一样,仍需要用开水煮熟,不能即时食用。到了光绪年间,年老的田家有把粉皮制作手艺传给了下一代田九思。田九思继续改进粉皮制作工艺,其结果是田九思制作的粉皮比田家有制作的又薄了些,由原来的每斤30张增至40张。并且,他制作的粉皮用温开水泡发后即可食用,汝州粉皮在此时成了真正意义上的方便食品。

1929年,田家的粉皮制作手艺由田九思传至第三代传人田清渠之手。田清渠对祖人的制粉工艺不断改进,从每斤40张粉皮提升到48张。1942年,田家的祖传制作粉皮的手艺由田清渠传到第四代传人田新光、田新正兄弟之手。这两兄弟没有辱没祖先的名声,继续将制皮工艺加以改进,致使每斤的粉皮数提升至50多张。经过田家四代人百年的传承与改进,汝州田家粉皮在河南大地声名远播,形成了较强的市场品牌效应,吸引了山西、陕西等省外的客商前来汝州购买粉皮,长途贩运回本埠售卖。每天田家粉皮作坊里热火朝天,热气蒸腾。作坊外,前来购买粉皮的客商络绎不绝,车水马龙好不热闹。

中华人民共和国成立以后,经过田新光的再度改进,已然达到每斤60

张粉皮之多的水平。20世纪80年代以后，汝州粉皮当仁不让地成为汝州饮食文化名片，为豫中汝州讲究五味调和的饮食文化作了产品代言。

经过一百多年的传承，田家五代人像保护自己的眼睛一样保护百年老字号店家的品牌声誉，以精益求精的工匠精神对待祖传制粉手艺，逐步摸索出了一套制作汝州粉皮的传世秘诀："七分旋，八分揭，九分摊，十分搬。"亦即"铜旋快慢看水温，溜边揭起能囵囵；收补窟窿摊圆整，水油刷晒看阴晴"。只有按照这个秘诀生产，不偷工，不减料，才能涮成一张张不大不小、重量相等、厚薄一致、洁白如雪的汝州粉皮。

一张汝州粉皮，为我们诠释了什么是百年老字号的薪火相传，什么是精益求精的工匠精神。它昭示世人：一个传承至今的著名地方风味小吃，到底是怎样炼成的……

汝州粉皮的神奇之处还在于能够长期存放，不易变质，而且食用方便，可立煮立食。食用时，先将干粉皮放入温水浸泡2～3分钟，待粉皮变柔软时，撕成碎片，可与牛、羊、猪、鸡、鸭、鹅、肉丝、肉片等动物食材搭配，做成凉拌荤菜，也可以与黄瓜、西红柿、芹菜、木耳等菜蔬搭配，用芥末、芝麻酱、香油、白糖、白醋等为佐料，拌成清淡爽口的凉菜。我们在"水上漂"餐馆吃到的"鸡丝拌汝州粉皮"，算凉拌荤菜，加有胡萝卜丝和香菜，满盘橙是橙、白是白、绿是绿，盘面煞是养眼。粉皮薄如宣纸，雪白晶莹，玲珑剔透，搛一块粉皮入口，口感滑爽。鸡丝用的是鸡脯肉，入口滑嫩。这道凉拌菜里面加了白醋、细白砂糖、花椒、辣椒油，淋了小磨香麻油，口味总体不辣、不麻、不酸、不甜，确实体现了传统豫菜"五味调和、质味适中、和众家之长、兼具南北特色"的基本传统，让我们领略了汝州饮食文化名片具有的独特风采。

荆楚味道

汝州粉皮薄如纸

在安徽吃面鱼

"面鱼"是一款安徽地方吃食。我对它的了解，是从一部拍得很不错的电视剧《历史的天空》开始的。更确切地说，是从这部电视剧中"听"来的。虽然面鱼是安徽吃食，因为演员说普通话，念词往往有儿话音，面鱼在电视里便成了"面鱼儿"。面鱼在《历史的天空》电视剧中，于情节推进上是个"扣眼"，全剧有许多场戏里都提到过面鱼，但不知什么原因，电视画面里却始终没有出现过面鱼的样子。观此剧让我只闻面鱼其名而不见其形，总觉得是个小小的遗憾。

该剧围绕面鱼演绎的第一个桥段，是新四军用面鱼当好饭食，招待乡间泼皮姜大牙。日寇入侵激起了全民族同仇敌忾的怒火，姜大牙决心投身抗日战场，本想去投奔国民党军队，但却阴差阳错来到了新四军的队伍。由于新四军里能多吃到好吃食面鱼，姜大牙稀里糊涂地留在了新四军。

围绕面鱼演绎的第二个桥段，是半个世纪以后，小切思特——姜大牙赴朝作战时的对手美军指挥官老切思特的后代——代父来华寻访姜大牙。小切思特从父辈那里知道了中国老军人姜大牙和他喜欢的家乡吃食面鱼，于是郑重地提出了要去姜大牙家里吃面鱼的请求。过去战场搏杀的双方，今天因同吃一碗面鱼而成了朋友，颇具传奇色彩。

因为该剧几次三番地说到面鱼，我却从头到尾都没看到面鱼到底为何物，便更激起了我的好奇之心：这个叫面鱼的吃食这么神秘，到底长得什么模样，又是一种怎样的味道呢？

今年上半年，我因公往安徽走了几遭，当地出面接待我们的，是"肖记公安牛肉鱼杂"的安徽运营团队。每次在招待我们的宴席上，酒过三巡菜过五味之后，服务员端上来的主食，总是一大汤碗用面粉做成的、像武汉俗称"麻姑扔子"的鱼一样的面疙瘩，仔细尝下来，面疙瘩里掺有盐、鸡蛋和蔬菜汁，口感劲道，入口鲜香。加上面疙瘩汤里滴有小磨香麻油，服务员端着大汤碗所经之处，一路都有芝麻油的香气弥漫。

这样的鱼形面疙瘩我没见过，当然不认识。我将疑问抛向安徽朋友，朋友回答："这是安徽的特色面食——面鱼。"

"哦？这就是电视剧《历史的天空》里屡次提及而没露面的面鱼儿？"我又问了一句。

安徽朋友肯定地说："正是。"

面鱼外形独特，憨喜可爱：大汤碗里的一条条灰白色的面鱼，样子都是一头尖，微微弯曲，摇头翘尾，大小一致，排列齐整，仿佛一群小鱼儿在水中嬉戏悠游。我思忖，安徽人把这种吃食以其形似鱼而称为"面鱼"，的确是紧扣特征，形象生动，简单易记。

在安徽吃的面鱼有素荤之分。我个人比较喜欢吃素面鱼，能从面鱼中嗅到麦子的香气。素面鱼是用篾片把面团拨划成大大小小的河鱼状的面鱼，入锅煮熟后，加上蔬菜，放上适量的盐、油（往往是小磨香油）和调料做成的。荤面鱼者，配料可用各类肉丁、肉丝，用油则以动物油为主，加以少量的香油搭配。煮面鱼的汤也更讲究，多用猪骨、牛骨、羊架子等炖煮的高汤。这种荤制面鱼，显然是开店贩卖的首选，为开面鱼馆者所常用。当然，每个面鱼店老板的考量，除了荤面鱼能够满足食客果腹、保证热量摄入的需求和食物的营养成分搭配均衡外，还有一碗荤面鱼的售价要比素面鱼高出许多的缘故。

连续几天的宴席上，我也知道了面鱼在安徽人饮食生活中的地位，领略了安徽面鱼的真面目。在《历史的天空》里看不到面鱼儿而浇垒成的心结，随之化解。

回汉后翻阅资料，才知晓面鱼起源及其故事。面鱼起源于安徽省淮北市的双堆集（今称双堆集镇）。双堆集镇位于淮北市濉溪县最南部，北与濉溪县南坪镇接壤，东与宿州市埇桥区、南与蚌埠市怀远县、西与亳州市蒙城县毗邻，是个"鸡鸣两省"的所在。在气候上，属暖温带向亚热带过渡的季风气候。安徽大部分地区以大米为主食，双堆集居民却以面食为主食。这个位于安徽、江苏交界处的小镇原本籍籍无名，因"双堆集战役"——解放战争三大战役之一的淮海战役第二阶段时，人民解放军中原野战军主力与华东野战军一部对国民党军黄维的十二兵团在此地进行的一次大规模的攻坚战——才为众人所知。

面鱼在安徽省境内，既是主食，亦可算作小吃。面鱼自双堆集起源，经过漫长岁月，在传播至安徽全省甚至更远地区的过程中，与双堆集地名紧紧捆绑在一起，被称为"双堆面鱼"。

在六安吃面鱼时，我曾去后厨看白案师傅如何制作面鱼。其实安徽面鱼的做法不算复杂：用碗盛上面粉，加上一定的水，放适量盐，捣成糊状，加上一两个鸡蛋——这样面鱼的口感会松软柔和；制作面鱼的关键，在能否把面糊做得有棱有角，竹篾片拨出的面鱼大小是否一致，形状是否好看。换言之，只要看到安徽白案厨师拨划出的面鱼的样子，就能知晓这位厨师的手艺价值几何。

以我看来，安徽鱼面的做法与口感，其实与武汉地区经常吃的面疙瘩相似，只是面鱼的制作工艺较更为精致，味道更富变化而已。

武汉人对面疙瘩并不陌生。现在城里人节假日去郊区的农家乐休闲娱乐，也能时常吃到农家面疙瘩。至于我自己，早在四五十年前，曾有很长一段时间是吃面疙瘩当正餐的。那时我十来岁，因客观条件，城市居民的粮食供应不能全是大米，定量中的一部分必须配以面粉或玉米、高粱等。玉米、高粱武汉人普遍吃不习惯，我每次去粮店买米，都会按父母意见选择面粉。面粉主要是擀手工面吃和扯面疙瘩煮着吃。很显然，手擀面的口感要比面疙瘩要好很多，但制作手工擀面的工序复杂，颇费时间，为省时省事，我们多选择吃煮面疙瘩。制作面疙瘩极其简单：用碗盛上面粉，加上一定的水，放适量盐，搅成糊状；将铁锅置于煤炉上，锅里烧上水，烧开后用筷子把面糊糊搅起，张开两根筷子，把面糊扯成不规则的疙瘩状，下入锅里，待面疙瘩浮上水面即可食用。武汉方言把制作面疙瘩的过程称作"扯疙瘩"。我们扯疙瘩似乎有专捡简单的事来做的偷懒之嫌，但天下人都有一样的怕麻烦德行。因偷懒用了这简单手法，在安徽双堆集，也有人也把"双堆面鱼"称作"懒汉汤"，这是有道理的。

在安徽领略了大众吃食面鱼，了却了一个我久藏的心愿。几趟安徽之行，颇有收获，也算愉悦之旅了。

荆楚味道

在安徽吃面鱼

六安，特立独行的『大井拐包子』

初春时去安徽六安市寻访美食，六安的朋友说，到了六安没吃天下独一份的"大井拐包子"，算是白来六安了。

在我的印象中，乘动车路过六安不知有多少次了，却没有在这座城市里转一转。我们从合肥乘动车到六安时不到下午五点，趁晚餐时间还早，我们便缓缓开车在六安市区兜风观景，远远看到一家店铺的"大井拐包子"招牌很醒目，不由得多看了两眼。这"包子"两个字好理解，应该是一家卖包子的店铺吧？店名却让我费解。遂问同行的六安朋友，"大井拐"是什么意思？几个年轻的六安朋友你望我、我望你，都只知道这是一家具有六安特色的包子店，其余的也没说出个子丑寅卯来。

我在心里盘算开了："冲着这个让人费解的店名，明日的早餐，非上这家包子店探访探访不可。"

第二天早晨，我洗漱完毕，便驱车直奔"大井拐包子店"而去。我倒要看看，这家起了一个怪名的店子，它卖的包子，怎么就成了天下独一份的吃食了？

造访了"大井拐包子"店后，我才发现这家店除了店名很有个性之外，卖的包子形状也很有个性：叫包子又不像我们常见的包子，似烧卖又非烧卖，似汤包又非汤包，这个皮薄馅多、软绵绵、站立不稳的所谓包子的外形，甚至颠覆了我们以往对包子的传统认知。

特立独行的"大井拐包子"激起我想去探究一番的冲动。

回武汉后翻阅资料，我才知道这家包子店取"大井拐"之名，其实是对六安城悠久历史的致敬。六安是一座有久远历史的皖西城市，西面毗邻湖北。据史书记载，其建城史已超过了 3000 年。六安之名，拜汉武帝刘彻所赐，意为"六地平安，永不反叛"，屈指算来，汉武帝的赐名距今已有 2000 余年。在 1949 年中华人民共和国成立之前，六安一直是个商业氛围浓厚的小城，行商坐贾遍布其间。据清朝同治年间修撰的《六安州志》记载，经过太平天国战乱之后，老六安城市的面貌可用"九拐十八巷"来形容。当然，这句话的意思也不是说六安小到只有 9 个拐弯处再加上 18 条巷子，而是形容六安老城内街道拐弯处多、街道两旁小巷多的城市格局。

以"拐"而言，有上拐头、潘家拐、书院拐、茶叶拐、仓房拐、鱼市拐、等驾拐、田家拐、大井拐、棚场拐等。可以看出，每一个"拐"的取名，都与开在此地经营不同商品的店铺有关。

六安的巷子数量甚多，远不止 18 条。巷子取名的缘由也较复杂：有因姓氏得名的，如夏家巷、柴家巷、魏家巷、戴家巷、史家巷；有因庙宇得名的，如大王庙巷、火神庙巷、城隍庙巷、关帝庙巷、观音寺巷、西湖庵巷、马王庙巷；有因作坊得名的，如油坊巷、书板巷、扎笔巷、染坊巷；也有以数字命名的，如一人巷、头道巷、二道巷、三道巷、五福塘巷、六德巷、九拐巷、万寿寺巷；等等。可以说六安每条巷子的命名皆有缘由，每个巷名都有故事。中华人民共和国成立以后，尤其是改革开放以来，随着城市的改造、建设、发展，六安老城的拐巷发生了翻天覆地的变化，历史上的"九拐十八巷"已经或正在消失，一座适宜于人类居住的生态宜居之城崛起于大别山侧畔。六安老城的面貌已经荡然无存，史上曾有的"九拐十八巷"，只能存在于六安市民茶余饭后的谈笑中了。

由此可见，看起来让人费解的店名"大井拐"，其实也很简单，所谓"大井拐"，就是六安城里有一条巷子的拐角处有一口井，名为"大井拐"。六安的老地名"大井拐"现在还能顽强地留在六安市民的印象里，没有随着时代的变迁而淹没在记忆深处，原因无他，在于六安有一家叫得响的具有当地特色的包子铺，取了一个在全国少见的"大井拐"店名之故吧？

六安包子与全国其他地方的包子有何不同呢？

众所周知，包子应该算全中国老百姓最为熟悉的大众吃食了。中国之大，地虽分南北，包子却无处不在。人不分男女老幼，早餐、中餐以包子为食是比较常见的。包子有悠久的历史，其起源与三国时期的诸葛亮有关。只是在宋代之前，包子与我们今天寻常所说的馒头是一回事，统称馒头，包子、馒头常常是两两不分。

《三国志》说："诸葛亮平蛮回至泸水，风浪横起兵不能渡，回报亮。亮问，孟获曰：'泸水源猖神为祸，国人用七七四十九颗人头并黑牛白羊祭之，自然浪平静境内丰熟。'亮曰：'我今班师，安可妄杀？吾自有见。'遂命行厨宰牛马和面为剂，塑成假人头，眉目皆具，内以牛羊肉代之，为言'馒头'奠泸水，岸上孔明祭之。祭罢，云收雾转，波浪平息，军获渡焉。"

至明代邱瑛著《七修类稿》说："馒头本名蛮头，蛮地以人头祭神，诸葛之征孟获，命以面包肉为人头以祭，谓之'蛮头'，今讹而为馒头。"

到了宋代，馒头成为太学生经常食用的点心，所以南宋周密所著《武林旧事》中有"羊肉馒头""太学馒头"的说法。馒头成为点心后不再是人头形态。因为其中有馅，于是馒头又称作"包子"。猪羊牛肉、鸡鸭鱼鹅、各种蔬菜都可做包子馅，同时仍然可叫馒头。元代忽思慧在《饮膳正要》中介绍的四种馒头，又都可叫包子，"仓馒头：羊肉、羊脂、葱、生姜、陈皮各切细，右件，人料物、盐酱拌和为馅。""鹿奶肪馒头：鹿奶肪、羊尾子各切指甲片、生姜、陈皮各切细。右件、人料物盐拌和为馅。""茄子馒头：羊肉、羊脂羊尾子、葱、陈皮各切细，嫩茄子去穰。右件，同肉作馅，却入茄子内蒸，下蒜酪，香菜末食之。""剪花馒头：羊肉、羊脂、羊尾子、葱、陈皮各切细。右件，依法入料物、盐、酱拌馅，包馒头用剪子剪诸般花样，蒸，用胭脂染花。"

清代至现今，馒头的称谓便多了起来，总体而言，北方谓无馅者为馒头，有馅者为包子。长江流域基本上与北方对馒头和包子的界定相似，称有馅者为包子，馅可荤可素，谓无馅者为馒头。包子通常是皮厚而馅相对较少。全国各地都有在本地走红的包子铺，也有名扬全国的包子品牌，如江苏扬州包子、天津狗不理包子、庆丰包子等，享誉全国的包子的基本特征都是馅少而皮厚。

我所见到的"大井拐包子"的形状显然与我们在湖北各地常见的包子大为不同，它稀软得站立不稳，皮薄而馅多，少褶，正应了一句俗语，叫作"包子有肉不在褶上"。从外形上看，"大井拐包子"更接近于武汉的重油烧卖，包子表面的褶子不密，却很有"精神"，原因是在和面时，加有鸡汤和猪大骨汤，于是保证了包子皮薄却很劲道。从制作工艺上讲，薄皮包子的面皮稀软，稀到呈流淌状。如此稀软的面皮，要求做包子的师傅在捏包子时，需要眼疾手快，上下翻飞，舞蹈般忙个不停。皮薄的妙处，在于蒸熟的包子馅和皮混在一起，软绵绵、扁扁地"瘫"在盘子里，包子拿在手时烫手，吃在嘴里烫嘴，正好合乎"一热三鲜"的美食秘诀。从馅料上看，"大井拐包子"更接近武汉制作汤包时对馅料的处理，肥瘦兼具的肉馅里加有鸡丝，并且用猪蹄、肉皮熬制的胶质凝固肉馅，这样既保证了肉馅蒸熟时不会收缩，又增加了肉馅鲜美的味道和滑嫩的口感。

"大井拐包子"刚刚下笼之时口感最佳。稀软的面皮蒸熟以后，晶莹透亮，热气腾腾的包子放在竹制的盘子上，既防止粘连破皮，又能吸收竹子的清香。包子一定要趁热吃，冷了以后包子皮就会变硬，肉馅的鲜嫩减色，口感与热食时相去甚远。

正如武汉人吃热干面要配一碗米酒，吃"大井拐包子"时，喝一杯或甜或咸的豆浆是"标配"。无论从营养角度还是从美食角度，这样的搭配堪称一绝。所以我说，六安人安逸闲适的生活，正是从清晨时吃一笼六安特色的"大井拐包子"，喝一杯或甜或咸的豆浆开始的。

真是活到老，学到老。以我做美食评论多年的从业经历，对于各种美食，也算是经多识广了，但在见识六安"大井拐包子"之前，从来没有见到过长成这般奇特模样的包子。

六安"大井拐包子"以其"我行我素"的特点，让我们识见了什么叫作"大千世界，无奇不有"。

"鹅城"宴鹅

与武汉人用一锅排骨煨藕汤来表达对外地来访客人热情的礼俗相似，情到礼周的六安人则是用一餐全鹅宴来表达对外地客人的充分尊重。

我们去安徽寻访美食的最后一站是六安。在即将结束安徽考察全部行程、准备乘动车返回武汉的最后一餐，六安的朋友郑重其事地为我们饯行，安排我们在一个叫"鹅城"的食府，吃了一餐全鹅宴。

早餐过后听说中午要去吃全鹅宴，我心里泛起了圈圈涟漪，竟对去"鹅城"食府吃全鹅宴有了一点点期待。前几年，著名演员兼导演姜文拍过一部很好看的电影《让子弹飞》，故事发生地是在一个虚构的叫"鹅城"的县城。我一听要去"鹅城"吃全鹅宴，脑子里浮现的都是电影《让子弹飞》里的镜头。

六安的朋友很重视这一餐宴请，用他们的话说，来六安没有吃全鹅宴，怎么能算是考察了六安美食呢？这话我很赞同。

在到六安寻访美食之前，我做了一些功课，知道大白鹅在六安人的日常生活尤其是饮食生活中的重要地位，以我个人之见，能够代表六安城市形象的名片，还没有哪张名片比皖西白鹅更耀眼。

六安地处大别山北麓、安徽西部，在安徽，"皖西"特指六安。据资料介绍，六安属亚热带季风气候，雨量适中；冬冷夏热，四季分明；热量丰富，光照充足，无霜期较长；光、热、水等资源充沛。这样的地理条件有利于白鹅的饲养。皖西白鹅鹅种形成时间较早，在明代嘉靖年间就有文字记载，至今已有 400 余年历史。事实上，中国优良的中型鹅种、被称为"安徽省地理标志产品"的皖西白鹅，其原产地就在六安地区，中心产区主要分布在六安市的霍邱县、寿县、金安区、裕安区、舒城县及合肥市的肥西等县。与六安市相邻的河南省固始县、淮滨县一带也养殖白鹅，固始县、淮滨县的白鹅因而被称为固始鹅和淮滨鹅。皖西白鹅雏鹅的绒毛为淡黄色，喙为浅黄色，胫、蹼均为橘黄色，爪为白色。成年皖西白鹅体型中等，形态优美，全身羽毛洁白，部分鹅头顶部有灰毛。

作为一种禽类食材，皖西白鹅肉质细嫩鲜美，营养丰富。作为工业产品的原材料，皖西白鹅的羽绒产量高、品质优良。正因为皖西有白鹅出产数量较多这一"先天条件"，所以六安的羽绒制品享誉海内外。由此看来，六安被人称为"白鹅王国、羽绒之都"，倒也是实至名归，不算溢美之词了。

中国人食鹅的历史悠久。鹅在周代就是六牲之一，六牲有种说法是指牛、羊、豕、犬、雁、鱼，雁就是鹅。《尔雅》说"舒雁，鹅"。野雁经驯养后，便成了鹅。白鹅优美的体态和闲适的气质，受到历朝历代文人墨客的欣赏与喜爱，古人吟咏白鹅的诗词不胜枚举，而唐代骆宾王在七岁时作的一首《咏鹅》诗，是古代所有吟咏白鹅诗词中影响最大、最为历代读者喜爱的一首：

鹅鹅鹅，

曲项向天歌。

白毛浮绿水，

红掌拨清波。

明代李时珍在《本草纲目》中说："鹅鸣自呼，江东谓之舒雁，似雁而舒迟也。"李时珍还考证说，鹅分苍鹅、白鹅两种。《晬子本草》中说，苍鹅食虫，白鹅食草；食苍鹅肉会发疮，而白鹅肉味甘，性平，利五脏，解五脏热，止消渴。

一般而言，古人所说的食鹅，指的是食白鹅。古代烹鹅的方法，可算是花样繁多。鹅早时主要的吃法是炙，除此之外，还有"封鹅""坛鹅""烧鹅"等食鹅之法，在《齐民要术》《食宪鸿秘》《养小录》《云林堂饮食制度集》等书中均有记载。《红楼梦》里说芳官爱吃"胭脂鹅"。"胭脂鹅"是一道名菜，元代的韩奕在《易牙遗意》中有记载："鹅一只，不剁碎，先以盐腌过，置汤锣内蒸熟，以鸭弹（蛋）三五枚洒在内。候熟，杏腻（由杏花腌渍而成）浇供，名杏花鹅，又名杏酪鹅。"

在"鹅城"吃的这餐全鹅宴，是我"喧宾夺主"点的菜，倒不是我对吃鹅内行，而是这个活计特别简单：贴在墙上以图片形式展示的菜谱，把全鹅宴的菜式一款款、一道道地标示得清清楚楚，我只需对着自己想吃的菜式图片打钩就行。

我们入座不久，几个服务员便端着餐盘鱼贯而入，一张能坐二十多人的桌面上，摆的全是以当地"笨鹅"（六安方言，指农家放养的白鹅）为食材制成的菜，数量有十五六道之多。为了丰富席面菜品的味型，还加上了当地特色菜式，如与全鹅宴的最搭配的风干羊肉、冬笋烧腊肉，以及将豆腐、炸鸡蛋、肉丸合三为一的三鲜锅。如此这般，一桌别开生面、味型丰富的全鹅宴便呈现在我们面前。

"鹅城"食府门前有副对联：仙客举杯邀月来，白鹅曲颈朝天歌。虽对仗不工整，但传达出的信息是这间食府对以鹅菜飨客很有信心。的确，这桌全鹅宴有鹅掌、鹅翅、鹅脖、鹅头、鹅肫、鹅血等，可以说鹅身上的每一个部位都被厨师做成了菜肴。这桌全鹅宴所用技法，有烧、煮、炖、腌、烤、卤、炒多种。席间，给我印象比较深的是卤鹅头、卤鹅掌和盐腌鹅肉。

卤鹅头和卤鹅掌，用的是安徽菜系中常用的热卤方法，这种卤制方法与武汉的酱卤方法颇为相似。在上卤菜时，把卤好的鹅头和鹅掌连同卤水一同上桌，但卤水必须是热的，只是颜色没有武汉酱卤方法用的卤水的颜色深。盐腌鹅肉是腌腊风味，在冬至前后，在宰前二十天将鹅圈养起来，限制白鹅的活动范围，以稻谷等饲料进行催肥，这种鹅被称为"栈鹅"。到了时令，将鹅杀了，拔毛开膛洗净，然后把盐炒热，均匀抹在鹅身上，将鹅下缸腌制七到十天后，取出缸，在太阳下晾晒五天左右即可食用。与武汉人的口味相比，六安人的口味明显偏咸，盐腌鹅肉的味道咸鲜，且鲜劲很足，颇有回味。但对我们这些武汉客人而言，盐腌鹅肉的味道太咸，所以我们不敢多吃。我多吃了两块腌鹅肉，口里就咸得厉害，赶紧喝了几大口绿茶解咸。

六安人口味喜鲜喜咸。但据统计，此地居民患高血压的比率不算太高。究其原因，有人一言把我们点醒，说这是六安出产的另一个"地理标志产品"——六安瓜片茶叶的功劳。六安人不仅喜鲜嗜咸，还善饮嗜茶，尤嗜六安瓜片，饭后必喝一杯茶，一年四季，吃完咸肉、咸鱼、咸鹅后喝茶。从养生的角度，这种饮食习惯正是极好的吃喝搭配组合。当然，六安瓜片的好，这里就不多说了。

吃了"鹅城"的全鹅宴，我们的安徽美食考察行程，可谓画上了一个圆满的句号。

叶集，四季咸宜的『风干羊肉』

武汉人对各种美食见多识广，吃羊肉肯定不算稀奇。但如果我问："您吃过'风干羊肉'吗？请注意是不加盐腌制，而是纯粹以风吹干的羊肉哦！"点头的人是不是少了许多？如果我更进一步地问："出冬以后，您在春暖花开到盛夏三伏，再到秋高气爽时节，吃过'风干羊肉'没有？"我相信，这时候应该是摇头的人远比点头的人多吧！

我的美食评论职业，已让我对全国各个帮口的风味美食有经多见广的便利，但实话实说，"风干羊肉"我过去吃得极少，仅有的记忆是好几年前曾在四川阿坝吃过藏族的"风干羊肉"。在湖北，我没见过不加盐腌制风干羊肉的制作工艺，亦未曾吃过。真正体味到"风干羊肉"的美妙，则是最近去安徽合肥市和六安市做美食考察时的饮食体验。

鸡年春节过后月余，正是花柳撩人、"鹅黄鸭绿"的时节，我随一群餐企老板去安徽省合肥市、六安市两地考察美食。几天的考察结束后，我们坐在返回武汉的动车上，讨论并回顾在这次合肥、六安美食之行的过程中，有哪些特色食材、菜肴给我们留下的印象最深。同行的一致意见是六安、合肥的"干锅风干羊肉"最有特色。

我们一到安徽省六安市地界，就从当地朋友口中知道了一首在六安流行的民谣："叶家集，三大怪：麻秸墙，桩在外；鲜活的鱼炕着卖；一年四季羊肉菜。"

民谣中所说的叶家集就是六安的叶集区。"一年四季羊肉菜"指的就是六安名肴"风干羊肉火锅"和"干锅风干羊肉",这是六安人甚至省城合肥人都非常喜欢的安徽地方风味菜肴。

在合肥和六安考察时的好几个席面上,我们都吃到了"风干羊肉":合肥"肖记公安牛肉鱼杂"餐馆里有"风干羊肉"飨客;六安"鹅城"的全鹅宴上,辅助菜肴里也有"干锅风干羊肉"露脸。连续三天吃到了"风干羊肉",我们对皖西风味的"风干羊肉"有了深刻的印象。

这种以风干羊肉为食材做成的菜式,色呈酱紫,肉质松酥,香味醇厚,食之让人回味颇久。接待我们的当地朋友介绍说,风干羊肉是安徽六安市的风味特产。在六安地区,每到冬天,居民们都有把羊肉风干的饮食习俗。甚至一到初冬时节,市民们便去集贸市场购买去掉了内脏的新鲜的整只羊,让卖家将整羊一剖两半,拎回家去,然后将羊肉悬挂于屋外或家中通风、阳光晒不到的地方晾着。一个月之后,羊肉表面呈黑酱色,失掉水分的羊肉收缩发硬,有些部位甚至坚硬如铁。这个过程在六安方言中叫作"风干"。通常吃"风干羊肉"时,切下羊肉的一部分,洗净后放到锅里炖煮,肉稍烂之后捞出,倒进火锅或者干锅之中,加入炖羊肉时的肉汤,在文火上慢炖,把羊肉放进干锅便是"干锅风干羊肉",放进火锅就成了"火锅风干羊肉"。

我们在合肥吃过一次"火锅风干羊肉",其吃法近似于在武汉经常能吃到的涮锅:在羊肉吃得差不多时,加羊肉汤或者高汤,然后在锅里煮些粉丝、黴子、菠菜之类,荤素兼备,"一热三鲜",吃起来可谓风味独特。一餐饭吃完后,我周身暖和,气血通畅,步履轻松,感觉无比美妙。

羊肉是个好东西,我们古人对此早有认知。古人造字,好事多与羊有关系："羊"和"大"合在一起为"美"，"鱼"和"羊"合在一起为"鲜"，等等。传统中医认为，羊肉富有营养，具有暖身补气、益肾气、补形衰、开胃等功效；《本草备要》里有"人参补气，羊肉补形"的说法。

在皖西地区，吃"风干羊肉"的饮食现象非常普遍。除叶集以外的地方，吃羊肉会受季节影响，过了春节之后，吃羊肉的人就渐渐少了，如果几场春雨一洒，天气转暖，羊肉就不好吃了——这是一般的情况。而六安有个地方很特别，不仅一年四季都能吃到"风干羊肉"，而且即便不是当季（立冬时节），口感也一点都不逊色。这个四季咸宜吃"风干羊肉"的地方就是六安的叶集区。

叶集地处豫皖两省交界处，南依大别山，与六安市的金寨县相连，北连江淮平原，与霍邱县相邻，东邻合肥市，西临注入淮河的史河，素有"大别山门户"之称。叶集的地理优势在于山是好山，水是好水。一般规律是人杰地灵的好山好水，自然会孕育好的物产，自然会有出众的吃食。

叶集之所以能有闻名遐迩的羊肉，的确有其优势。

其一，得益于叶集当地有人数在 3000 左右的回族人聚集生活，在漫长的历史岁月中，回族与汉族的饮食文化相互交融，体现出了中华饮食文化旺盛的生命力。据史料记载，自明朝末年开始，回族开始迁入叶集。回族有悠久的牧羊、食羊的传统习俗，叶集回族人的居住地周围是沙湾地，土地肥沃，青饲料丰富，为回族人牧羊提供了天然条件，也为他们吃羊肉、讲究烹羊技艺提供了空间。

其二，一方水土出产一种独具特色的物产。叶集的羊肉四季好吃，在于叶集有一种称为"叶集湾羊"的好羊种。这是当地人饲养的一种山羊，其肉肥瘦相间，绵软细嫩。好食材为制作美味佳肴奠定了坚实的基础。

其三，一方水土养育一方人。叶集的水好，沙湾地上凿的井，不仅水质清洌，而且富含多种对人体有益的矿物质。因此，人们想吃新鲜羊肉，便从叶集买，往往还带一罐井水回去烧煮。在漫长的岁月中，百姓掌握了烹饪美食的独到技艺，即在烹饪羊肉时特别讲究火候：用文火烧煮，适量使用调料，以辣椒、生姜、葱白、大料、小茴香等佐料去膻、保鲜，使其色如桃汁，味道鲜美。

其四，如果人们制作风干羊肉的时间不在立冬，也很好办：只需把羊肉片挂在屋内和室外通风、太阳晒不到的地方，让它挂上个把月，就自然成了"风干羊肉"。一年四季能吃到"风干羊肉"，得益于叶集南依大别山，属亚热带季风性气候，年平均温度为15.43℃。适宜的气候不至于让羊肉在风干过程中被细菌侵蚀而腐败。说到底，叶集的风干羊肉之所以能够成为著名的风味美食，取决于当地的天时、地利加上叶集民众的生活智慧。四季咸宜的"风干羊肉"是叶集人杰地灵的具体表现。

前面说过，我们这一行人大多是餐饮行业的业内人士，对于美食都抱有一份情怀。一般"吃货"，口腹上得到了满足便很惬意，无须再对美食的"前世今生"去追根溯源，但我们这群人不仅想知道美味"干锅风干羊肉"的"然"，而且还想知道"干锅风干羊肉"味美的"所以然"。所以第二天早餐过后，我们便花费将近半天时间，去了六安食材的供应市场观光考察。在食材市场的腌货区，有多家专卖风干牛羊肉的店铺，当街挂着色如生锈铁皮的一扇扇的风干羊肉，那阵势颇为壮观。我凑近以鼻嗅风干羊肉，既无新鲜羊肉的膻味，亦闻不到什么异味。一问这风干羊肉的出处，店老板作答：来自叶集。

客家「一锅鲜」

初冬时，随一拨文友去福建旅游，路过江西省的赣州石城县。石城是客家人较多的地区，客家文化底蕴深厚，客家菜肴和风味小吃也颇具特色。了解客家菜是我早有的愿望，停留石城两日，正好遂了我的愿。

我们在酒店入住后，赣州的文友便热情地说要款待我们一行，带我们去当地一家做客家菜的餐馆尝鲜。

我一向对地方好吃食比较"贪婪"，便觍着脸问赣州朋友吃什么，赣州朋友没有直接回答我的提问，却让我猜一个字谜："鱼和羊是兄弟，打一字。"

这不难猜，我回答说："谜底应是'鲜'字。"

赣州朋友说："对，我们就去吃客家菜'鱼羊一锅鲜'"。

我们便随着两三个赣州文友，来到一家叫"旺庄"的酒楼。这间酒楼装修与众不同，乡野气十足，大门两侧各放置了一个泥炉，泥炉上写有"煲庄"二字，炉上搁着一只砂锅，砂锅上画着一条不太规整的鱼。

"旺庄"大厅里没有摆设餐桌，而是摆了一溜将桌子与灶台合二为一的土灶，灶上一口大锅，锅盖一盖，就能变成餐桌。食客就餐时，围灶而坐，以灶台当桌。柴火灶台中间嵌的铁锅，直径大约60厘米，点好的家常小菜，由厨房做好后端出，搁在锅边，这

313

个上菜程序与一般餐馆相似。大铁锅里炖的菜，才是主角，名曰"鱼羊一锅鲜"，用大水库出产的鳙鱼炖散养山羊肉，看点是厨师当众烹制。

我们点好"鱼羊一锅鲜"，厨工即引火点燃土灶，随后厨师推来一辆手推车，车上配有全套的烹饪工具与配菜佐料，众目睽睽之下，厨师开始一板一眼有条不紊地操作：锅烧热后，放些许食用油，煎炸鱼头，鱼头一般有两到三斤，早已去鳞取鳃；先用大火将鱼头煎至两面黄，然后放入已在后厨经过焯水、拉油、炒香处理的块状山羊肉，然后加入姜片、大葱、青椒、木耳等配菜，添加胡椒、精盐、鸡精、酱油等佐料，再加入清水，将灶火拨小，盖上木锅盖炖煮。不一会儿，锅里炖着的鱼头与羊肉，开始袅袅冒出热气，香味也随之飘散．我们边吃小菜喝酒，边闻着从大铁锅里透出的鱼肉与羊肉的鲜香之味，急不可耐地等着鱼羊合烹的"成果"。

十来分钟后，锅盖揭开，一股诱人的鲜香之气弥漫在空气中，所有同伴的眼睛都直勾勾地盯着锅里的"尤物"，馋相毕露（如果旁人看我，估计我的馋相也不会输给他人），伸出筷子夹菜的速度一个比一个快。

这道"鱼羊一锅鲜"的名字起得真不虚，名副其实。搛一筷子鱼肉尝之，鱼肉细嫩，味道津甜滑润，兼有羊肉的奶香，鱼骨透味，吮之，汁沾满唇，回味悠长。咬一块羊肉，肉中所含的汤汁鲜香滋润，奶香中融和了鱼头的鲜味，令人食指大动。鱼羊合烹形成了浓郁的、层次感强的鲜香之味，远比单独烧鱼或单独烧羊肉来得厚重，余味更长久。酒毕盛一碗米饭，用鱼羊合烹的汤汁泡饭，米香混合着浓郁的汤汁，迅速征服了我们的舌头，顷刻间，一碗饭就下肚了。

"鱼羊一锅鲜"所呈现出来的口感和风味，使食客深刻地记住了"鲜"字的本意。古人早就知道鱼羊合烹味道之鲜美。《说文》解释"鲜"字为：

"鲜，鱼名，出貉国。从鱼，羴省声。"古人造"鲜"字，用的是会意之法，从鱼从羊。所以从古至今，民间一直都有将"鲜"字解释为"鱼咬羊"之说，意思是把活鱼与肥羊合烹，这一菜色的最大特点便是滋味鲜美。"鲜"字在我们日常生活中的基本意思，就是肉食品或蔬果未腐败的状态。

古人认为鱼和羊的结合，才能称之为"鲜"，反映出我们的祖先的饮食智慧。但中华饮食文明源远流长，古人对"鲜"的妙解众多，对其认知及相关菜肴的记录，文学作品中俯拾即是。《诗经·大雅·韩奕》中有"炰鳖鲜鱼"的记载；《仪礼》中也说"鱼、腊、鲜兽，皆如初"；老子《道德经》云"治大国若烹小鲜"；宋人张元幹在《水调歌头》曰"调鼎他年事，妙手看烹鲜"……

"旺庄"的招牌菜"鱼羊一锅鲜"在当地很有名气，追捧它的人不在少数。我们环视左右，千余平方的酒楼，人声鼎沸，座无虚席。"旺庄"酒楼的老板兼主厨邓儒旺是客家人，很懂养生之功，知道把鱼与羊合烹，不仅为收味道鲜美之功，还看重这道菜极好的养生之效。按照传统中医的说法，羊肉味甘，性大热，无毒。《本草纲目》载，羊肉主治头脑大风汗出、虚劳寒冷，补中益气，镇静止惊。鱼具有高蛋白、低脂肪、低胆固醇的特质，含有维生素 B_2、钙、磷、铁等丰富的营养物质。常食鱼对心血管系统有保护作用，并能滋补健胃、消肿、延缓衰老、润泽皮肤。

这是一道从当地客家人的饮食习惯出发，从古籍中挖掘鱼羊合烹传统食谱，按照现代养生理论，经过改良而推出的色香味俱全、富有养生功效的招牌菜肴。选取大水库深水出产的活鳙鱼和农家散养的一年山羊为主要食材，用土灶、铁锅这种乡土的烹饪器具来烹制，使鳙鱼的鱼鲜味和山羊的膻味高度融和，混在一起后，非但不腥不膻，反而成为汁浓透味、口颊留香的美食神品。"旺庄"酒楼提出的消费主张是"汝旺，吾旺，大家旺才是真的旺"，倒是很通俗地诠释了古人"独乐乐不如众乐乐"的思想。

围坐于灶台兼餐桌的土灶上，品尝具有客家风味的"鱼羊一锅鲜"，让我想起唐玄宗在《幸凤泉汤》中的名句："荐鲜知路近，省敛觉年丰。"

客家「一锅鲜」

厚油重色『少水粉』

"山山黄叶飞"的秋季，我随武汉餐饮业的朋友去重庆开会，会毕驱车去成都访人寻吃，由渝去蓉途中，在重庆合川区歇脚。

合川位于长江上游地区、重庆西北部，是重庆通往陕西、甘肃等地的交通要道，也是渝西北、川东北的交通枢纽，因嘉陵江、渠江、涪江三江在此汇流而得名。合川是巴文化的发源地之一，合川菜在整个川菜系统中占有重要一席，在餐饮界，合川素以厨师从业者数量多而闻名。同行有位厨师出身的朋友亦是合川人，在车上一路絮絮叨叨地念着合川的好，说回合川一定要吃一碗许久未吃的故乡"少水粉"过过瘾。

我在长江之滨的城市武汉生长，"过早"经常吃米粉，加上我的职业为美食评论，北面南粉均有了解，对诸如桂林米粉、常德米粉、广州米粉、云南过桥米线等全国各地有名的米粉也算经多识广了，但我却还从没听说、更没吃过一种叫"少水粉"的米粉。

我问朋友"少水粉"是什么粉？朋友说，大致与武汉的牛肉米粉相似，在下好的碗装圆细米粉里添加一勺卤水，加上牛肉、羊肉、卤鸡蛋臊子，至于为什么加了"少水"两字，他也不清楚。

车到合川城区已是午后，我们办妥入住后小憩片刻就到了饭点。按计划去当地一家很有名的本帮菜馆吃了饭，饭毕步行回宾馆。归途不期经过我非常崇敬的合川籍民国实业家、民生轮船公司创始人卢作孚先生的故居，顺道一游，正好遂了我想深度了解卢作孚先生的愿望。1938 年，卢作孚领导民生轮船公司，创造了一项中国航运史上的奇迹——冒着被侵华日军的飞机狂轰滥炸的危险，从宜昌码头经急流汹涌的三峡，抢运近百万吨机器设备入川，为中国民族工业生产保存了希望的火种，这一壮举，被誉为中国版的"敦刻尔克大撤退"。

我们在卢氏故居流连一番后，已近晚上十点。步行穿过两条巷子，腿走乏了，正准备拦出租车回宾馆，抬眼看到隔街有一家写着"少水粉"招牌的餐馆，店面灯火通明，店外排的长队弯而又弯地成了长蛇。此时，谁都听出了我们合川籍朋友的声音中充满了喜悦："哈哈，真是踏破铁鞋无觅处，得来全不费功夫，宾馆不回了，我们吃一碗'少水粉'才'安逸'！"

我望着"少水粉"的招牌纳了闷。任何一个店家的招牌，都希望看到的人一看就懂，最好一看就能记得住，这家店的招牌倒好，成心让人弄不懂。

跨步进店扫视一番，这是一间两百多平方米的小店，专卖米粉，除了直直的一溜下粉的档口，店堂里桌子连桌子，椅子挨椅子，全挤满了吃米粉的人。店子外面加了外摆，也是桌椅挨桌椅地挤得水泄不通。

我们迅速分工，三人等台位占座，两人排队买票。我跟着队伍排队。我前面的人戴着眼镜，看样子像个在校大学生，我便在心里叫他"学生哥"。我有一句没一句地与他聊起来，果然，他是重庆万州人，来合川读书，已在这家粉店吃了三年的"少水粉"。

学生哥用一口浓重的重庆方言告诉我："'少水粉'是合川最好吃的米粉，这家店子白天不做生意，晚上10点之后才开门纳客，生意爆好，人最多的是12点至凌晨1点这个时段，想吃碗粉不容易，至少等上半小时，没有服务员服务，自己端粉，自己占座位，除了收账付账，一切自理。"

我又问："'少水粉'是什么意思?"

"呵呵,'少水粉'这个名字是个美丽的误会,是以讹传讹、将错就错的结果。"学生哥说,"十多年前,这家店子的老板是摆摊起家的,那时摊子也没有个正式的名号。虽然是小摊小贩,老板用料倒是货真价实,熬汤用的上好筒子骨和羊肉,都是在当天的蟠龙市场采购的,熬制的汤羊脂般的白,用来下粉味道非常'巴适'。摊位附近有几个酒吧,出来吃夜宵的人误以为这家店的羊肉粉是用酒吧的潲水做成的。夜场散后,常常有人来摊前吃米粉说:'老板,来碗"潲水粉"。'粉摊老板开始很无奈,又解释不清,也就随顾客这么叫了。久而久之,'潲水粉'这个名字开始火了。粉摊老板想,不如干脆将错就错,就把所卖的粉以'少水粉'为名。不曾想,这让人看不懂的'少水粉'三个字成了金字招牌,一火就是十多年,成了合川早餐和夜宵市场上的美食招牌,美名远播至重庆市区。每到周末,重庆城里人呼朋唤友,不惜耗费三四个小时,驾车往返于合川与城区之间,目的无他,就是来吃一碗越传越神的合川'少水粉'。"

终于等到台位落座。我们所在的位置与下粉的档口近在咫尺,正好可以清晰看到一碗"少水粉"诞生的全过程。在我看来,这间粉店制出的粉,确实可称"少水"。粉是圆筒形细粉,与武汉粉面摊上的圆形米粉并无二致,先已泡发,盛在凉水里。下粉时,用手把粉抓进铁捞子里,在滚水中"掸"上几秒钟,捞子离水后用力甩干,几乎不带一滴水地盛进粉碗里,再从热气腾腾的大锅中,舀上一勺红烧的羊肉汤和羊肉,捡一个卤鸡蛋,放入花椒面、海椒面、盐、味精、姜、蒜、葱、香菜等调料,一碗"少水粉"便大功告成。从厨工下粉的动作和粉端上桌的样貌看,"少水粉"确实多油重色而"少水"无疑。

让我对"少水粉"留下深刻印象的,是羊肉汤的酱黑颜色。甚至说它

厚油重色『少水粉』

是一碗酱油水也不为过。端起碗喝上一口，有一股熟悉的浓烈的火锅底料味道，微麻微辣，还有羊肉的异香。"少水粉"的品相，真个油厚、色重、香浓。其味型，明显借鉴了重庆老火锅的味道。把火锅优势与小吃特点相结合的"少水粉"，麻辣劲道，风味十足。羊肉臊子卤得绵软适口，汁醇肉香。面对这一碗有如此风味且仅仅售价十二元的"少水粉"，难怪嗜麻嗜辣的合川人会趋之若鹜了。

与"少水粉"形成绝配的，是一碗八宝粥。"少水粉"重油重辣，一碗下肚，已是额头冒汗，面红耳赤，正需甜食解辣，适时吃上几口八宝甜粥，抵消辣味，顿时口舌生津，肠胃舒适。

由此看来，这家"少水粉"店通宵生意火爆，不是运气好、"点子高"，而是好吃不贵，有特色且大众消费得起，这样的店子，不火才怪！

厚油重色「少水粉」

重庆的『洞子鲫鱼』

古语道，"酒香不怕巷子深"，在重庆寻访美食，我用"好吃食不怕'洞子'深"来形容，恐不为过。

重庆多山，各种高低不同、风格各异的建筑，要么筑于高低起伏的峰峦之上，要么沿川施建，藏于沟壑、谷底，屋舍与峰峦、沟壑和谐相融，高低远近成逶迤之势，故重庆自古被称作"山城"。重庆山大而多洞，其洞少有出自天然，多为人工挖成的防空洞，重庆方言称之为"洞子"。

重庆大规模地组织挖山掏洞，历史上大约有两个时期。一是抗日战争期间，重庆为"中华民国"陪都，领导全民抗战。日军为迫使中国投降，无数次派飞机对重庆狂轰滥炸，危害民众生命，毁损财物。1941年6月5日，日军从傍晚起至午夜对重庆进行持续不断的轰炸，市内的较场口大隧道防空洞部分通风口被炸塌，导致洞内通风不足，洞内市民因呼吸困难挤往洞口，许多人因洞内氧气不足而窒息或因推挤践踏而死。为躲避日军飞机的轰炸，重庆人便掘山洞以避空袭，于是留下一批"抗战洞子"。第二次是20世纪50年代末至70年代中的三线建设时期和"文革"时期，在"备战备荒""深挖洞，广积粮"的时代大背景下，重庆投入了大量人力物力开山凿洞。总而言之，重庆人过去挖山凿洞的目的，乃为备战、避难，"洞子"也是中华民族苦难经历的见证。但中华民族的伟大之处，在于总能咀嚼苦难，并化苦难为养料，借以强壮民族的脊梁，挺直腰杆而活在当下。现在，重庆人极有创意地将贮藏着民族苦难记忆的"洞子"辟作吃喝饮馔的场所，让"洞子"成为重庆一张亮丽的餐饮文化名片，正是这一伟大之处的佐证。

以我有限的见识，重庆城市道路的复杂与曲折，世界上大概再没有其他城市能出其右了。现在我们出行，不管是去城市还是乡村，有各种导航软件的指引，抵达目的不成问题。但在找重庆储奇门的一家叫"曾老幺鱼庄"的山洞餐馆时，我不仅借助了导航软件的"线上"定位，还靠了出租车司机之间一而再、再而三的"线下"辗转询问，最后在七弯八拐的公路上被绕得彻底"懵圈"，才抵达目的地。用现在流行的网络用语来说，我们能找到"曾老幺鱼庄"，吃上扬名于餐饮江湖二十余年的"邮亭鲫鱼"，多亏使用了"线上与线下相结合"的搜索模式。

据说"曾老幺鱼庄"是重庆"洞子"餐饮的鼻祖。以我长期在餐馆进餐的惯性眼光、思维来看，这种直接在防空洞里稍加装饰便放上餐桌当餐厅的就餐环境，实在乏善可陈，从洞口至洞底，一溜荧光灯亮着，毫无美感可言。一溜排设有百八十张桌子，桌上铺着一次性塑料布、一次性餐具，是彻头彻尾的大排档风格。进洞后一股浓重的陈年霉味扑面而来，呛得人忍不住掩鼻。"洞子"直径大约三四米，洞内长有青苔的壁岩上还在"滴答"渗水。但晚上六点许，进洞吃饭的顾客根本不在意洞内糟糕的就餐环境，过江之鲫般一波一波地涌进洞内，没多会儿工夫，便把有近百米纵深的"洞子"填得满满当当。

肯定没有谁去做统一约定，但百八十张餐桌上，无一例外地都有一大盆"邮亭鲫鱼"：铝合金的盆里，盛着一盆油黑色重的酱汤，我把此汤形容成一盆酱油水大概也不为过。深褐色的油汤里漂浮着几条一拃长的月白色鲫鱼，汤黑鱼白，格外分明，这就是全国餐饮江湖中传说的"邮亭鲫鱼"、重庆方言中的"洞子鲫鱼"了。

按重庆坊间的传言，"邮亭鲫鱼"最早由重庆大足邮亭镇一向姓老人发明，系重庆地区鱼菜的又一杰作。20世纪末，川渝两地的一些县市餐饮市场，刮起了一股"邮亭鲫鱼"旋风，其势头之强劲令川渝的餐饮业老板始料未及。在重庆，仅储奇门滨江路一带就集中了十几家大中型的"邮亭鲫鱼"店，"曾老幺鱼庄"的"邮亭鲫鱼"生意最旺，乃至于"邮亭鲫鱼"的名气反被"洞子鲫鱼"淹没了。

"洞子鲫鱼"卖相不敢恭维，但烹饪方法可圈可点：将鲫鱼去鳃刮鳞后，既不是煎炸，也不用煨煮，就靠了一大盆热汤氽焖。由于热汤油厚，汤的表面形成了一层"油膜"，使汤里的热量难以发散，在相当长一段时间内，热汤温度较高，能使鲫鱼在热汤里慢慢氽熟。而盆里的鱼菜上桌，必定要像吃火锅一样，服务员会在盆下点火，使热汤加温，来氽熟鲫鱼——如此烹饪的鲫鱼，不可能不鲜，不可能不嫩了。

我平常也爱吃鱼，但对吃鲫鱼心存忌惮，鲫鱼肉鲜嫩不假，但细刺太多，吃鱼时稍不留意，即遭鱼刺卡喉。这样的惨痛经历，我少说也有上十次。所以我吃"洞子鲫鱼"也就格外小心，吃鱼时不敢说话不算，每搛一块鱼肉，必定用筷子仔细拨开鱼刺，好在这鱼氽得实在鲜嫩，稍用筷子一拨，肉刺便两两分离，鱼肉进口，一股甜嫩鲜香之味立时从舌尖涌起，然后充盈口腔……

看官或许会说了：这种烹饪方法没什么稀奇啊，不就是汤氽鲫鱼吗?

不错，我也觉得"邮亭鲫鱼"烹法不"玄乎"，说到底就是一道"鲫鱼火锅"嘛。但真要究其玄妙之处，我以为全在那一盆汤上。那汤，完全仿火锅汤料方法制成。常吃火锅的人都知道，火锅底料的好味道，全在于炒料师傅的手艺。"洞子鲫鱼"的汤味，正是重庆人极其喜欢的老火锅味型：

重庆的『洞子鲫鱼』

色浓油重，麻辣鲜香，老汤老味，回味久长。

重庆餐饮的主流形态与湖北惯常见到的餐饮形态大不相同。我们这厢举凡十家餐馆，有七家是中餐；而重庆那边，十家餐馆，有七家会与火锅相关。举例子说，以火锅为基础，与小吃结合，成为"少水粉"；与各种菜蔬相结合，成为"冒菜"；与各种豆制品、动物食材相结合，串起在涮锅中开涮，成为"串串""麻辣烫"，等等。当然，如果想找出火锅与"串串""麻辣烫""冒菜""少水粉"之间的差别，也并不难，总体而言，火锅和麻辣烫的汤，只能涮菜而不能喝，而"冒菜"和"少水粉"，汤是能喝的。

按照上面的表述，"邮亭鲫鱼"当属火锅无疑，因为烫熟的鲫鱼可食，而汤不能喝也。

我们时常评价一款菜色，总会从色香味三大要素着手，"洞子鲫鱼"看相一般，色泽一般，但这道鱼菜却靠了独特味道的强力支撑，吸引着八方四海食客包括我们这些专业食家，不远千里来到洞子深处，心甘情愿地闻着霉味，吃那一条在湖北不管哪个集贸市场都可购的鲫鱼。也因了这么一条"洞子鲫鱼"，"曾老幺鱼庄"这家开了二十余年的老店生意持续火爆，成了重庆"洞子餐饮"的一个传奇。由此再次说明，餐饮行业经营"爆款"的秘诀，是色香味形器，味当第一，不是之一。

顺德有桌『桑叶宴』

　　说实话，在我没有去广东顺德"百丈园"农庄之前，对于桑叶，我只知道其可以用来养蚕、还是一味中药而已，不知道桑叶除了蚕可以吃，我们人也可以吃，甚至可以做成别具风味的菜肴和茶饮。

　　我与桑叶结缘时间不算短。小学二年级时，我的班主任是个漂亮的女老师，她鼓励我们用房前屋后、街边路旁栽种的桑树的叶子养蚕。每天放学后，我便心心念念要找一棵长在墙角的桑树，掐了黄绿黄绿的嫩叶尖回家，用干净的抹布把每片肥阔的嫩桑叶仔细揩净。那架势，比我写错字用橡皮擦擦本子要认真得多——因为老师告诉我们，蚕吃了有水的桑叶会拉肚子。我每天趴在养蚕的大纸盒边，看着一条条的白蚕蠕动着身子，埋头"沙沙"地啃食着桑叶。眼看蚕一天一个样地长大，直至结茧，我心里别提有多欢喜了。因此，桑叶也随同儿时的养蚕经历，刻在了我的记忆深处。

　　读了些书后，知道历代的文人墨客，都对桑树、桑叶喜爱有加，吟咏桑叶的诗词不在少数。《诗经·卫风·氓》有"桑之未落，其叶沃若。于嗟鸠兮，无食桑葚""桑之落矣，其黄而陨"之句；宋人王溥在《咏牡丹》一诗中咏道"枣花至小能成实，桑叶虽柔解吐丝。堪笑牡丹如斗大，不成一事又空枝"，明显对娇美富贵的牡丹不屑一顾，而对朴实无华的桑叶倍加赞赏。除了对桑树、桑叶的歌咏，中医还研究了桑叶的药用功效，如疏散风热、清肝明目、清肺润燥、抗炎症、降低血压、降低血脂、利尿等，并以桑叶入药来治病疗疾。在生活拮据的时候，农户用不起肥皂，就把桑叶当肥皂，用它来洗头洗脸。农耕时代"男耕女织"的生活方式，人们对桑叶的需求量大，经常在庭院周遭、房前屋后栽种桑树，不仅能遮阴添绿，还有用来养蚕入药的桑叶，味道甜酸可以食用的桑葚，桑树成为古人的亲密朋友。由于桑树在人们生活中十分重要，古人甚至用"桑麻"来代称农事，唐代诗人孟浩然《过故人庄》一诗也写道："故人具鸡黍，邀我至田家。绿树村边合，青山郭外斜。开轩面场圃，把酒话桑麻。待到重阳日，还来就菊花。"诗中描绘出一幅优美的田园风光，令人神往。

六月间，在广东顺德的考察活动，让我了解了桑叶还可做成菜肴、茶饮。我亲眼所见、亲口所尝，顺德厨师以桑叶为食材做出了一桌色相诱人、风味独特的"桑叶宴"。

顺德是闻名全国的"厨师之乡"，亦是粤菜的发源地之一。这张"名片"，在中国乃至世界餐饮业界都是响当当的。经过一代一代人的探索努力，顺德厨师形成了博采众长、融会全国各地甚至东西方饮食文化的特点。顺德地方菜将传统的烹饪技艺与顺德地区淡水资源极其丰富、河鲜出产丰饶的优势结合，不断推陈出新。顺德厨师擅用蒸炒的烹饪手法，尤其善于烹饪河鲜；也经常就地取材，把普通常见的食材施以精细的加工烹饪方法，让食材的美味得到最大程度的呈现。在博大的粤菜体系中，顺德地方菜以清、鲜、爽、滑、嫩的独特风味占据一席之地，体现了顺德烹饪文化的丰富内涵和悠久的历史传承。

以顺德在中国饮食行业的地位，我们去广东餐饮界考察学习，顺德不能不去。广东朋友安排周到，抽出大半天时间专程陪同我们去了一个开在顺德腹地，需在一个工业园内兜兜转转半天才能抵达的生态农庄——"百丈园"。

初看这个名叫"百丈园"的农庄，外观与武汉周边常见的农庄、农家乐相差无几，但顺德的农庄有一种独特农业模式，叫"桑基鱼塘"。所谓"桑基鱼塘"，是种桑养蚕和池塘养鱼相结合的一种经营模式。在池塘附近种植桑树，以桑叶养蚕，以蚕沙、蚕蛹等做鱼饵料，并以塘泥作为桑树肥料，形成池边种桑，桑叶养蚕，蚕蛹喂鱼，塘泥肥桑的链条，是一个封闭的生态系统。将种植的纯天然的蔬菜和鱼塘里养殖的鱼类，作为农庄餐厅的食材，塘底的淤泥成为栽种桑树、种菜的天然肥料。采摘的桑叶用途有三：一是养蚕；二则当药材销售给中药制药厂；三来把桑叶当食材，烹制成菜肴飨客。

"百丈园"农庄内挖了近百亩鱼塘，鱼塘里放养了鲭、鲤、鲩等常见的家鱼鱼种；池塘周边的空地，栽种了茄子、辣椒、豆角、苦瓜等时令蔬菜；最为惹眼的是栽种了一片片绿油油的桑树。这些桑树与湖北地区常见的高大挺拔的桑树不同，树干矮细，形如灌木，枝干柔韧，叶却肥硕，微风吹过，油绿的桑叶便婆娑起舞，腾起绿浪，让农庄显出盎然生机。

在这里，我们亲眼得见顺德厨师就地取材（用塘里的鱼、圈里饲养的猪、菜园里采摘的蔬菜和从桑树上捋下来的桑叶），将这些平常的食材烹饪出不平常的风味，让我们品鉴了一桌别开生面的"桑叶宴"。

"桑叶宴"，顾名思义是以桑叶为食材烹成的整席菜肴。这些菜肴的差别在于，有的菜主食材是鸡、鸭、鱼、猪肉，桑叶是辅材；而有的菜，桑叶就是主材，鸡、鸭、鱼、猪肉只起辅助和点缀作用。

宾主落座，主人筛茶。这杯茶的茶味我未曾尝过。我询问庄主，得到回答："桑叶茶。有止消渴的功效。"不一会儿，一大桌菜肴便摆满席面。

有用新鲜桑叶做成的"桑叶卷",有把云吞炸得金黄的"桑叶拼云吞",有鲮鱼肉与桑叶合烹而成的"春花饼",有用桑果酱做的排骨,有"黑木耳桑叶鱼线",有"桑叶剁肉饼",有"桑叶豆腐",有"椒盐桑叶虾",有"上汤桑叶"……这桌菜从食材而言,既非山珍,亦非海鲜,就是普通的鸡鸭鱼肉,然而厨师却尊重每一种食材的原本滋味,使席面上的菜式口感层次极其丰富:有鲜香,有咸鲜,有酸甜,有微辣……

这桌桑叶宴有几个明显的特点。第一是满桌堆翠,清新养眼,"颜值"极高;第二是每款菜式都有桑叶的身影,取名"桑叶宴"实至名归;第三是食材虽不精贵但烹饪却精细,刀功、火候的掌控,味型的调配,主食材与辅食材的搭配,都炉火纯青,符合烹饪操作的范式,体现了粤厨的工匠精神。

我们在广东返回武汉的飞机上,闲聊起此次广东考察之行,同行问我这次广东之行印象最深的菜式,我没加思索地答道:"最忆顺德桑叶宴。"他点点头,表示赞同。

大雪节气一过，天老是阴沉着一张脸，好像已极不耐烦，随时都准备下场雪。湿冷的朔风带着肃杀的寒气直往人骨头里钻，即便不能透入骨髓，也会让人不禁打个寒战。此时此刻，就算平日里对川味火锅不大爱好的人，跟着朋友往火锅店一坐，望着火锅里冒出的热气，暖意慢慢包裹全身，那一刻，也不由得会念这一锅麻辣油红、不住飘香的川味火锅的好了。

我属对川味火锅不大爱好的一类人。但这段时间，我吃麻辣火锅的频率不低。一月前，弟子开的川味火锅品牌"专蜀味道"装修升级，重新开门应市，从做传统的四川老火锅"变脸"升级为以鲜货火锅为销售主张。为了从武汉遍地开花的火锅店红海里突围而率先打出"鲜货火锅"的概念，"专蜀味道"的麻辣火锅中便透出了"小清新"的气质。"专蜀味道"开业前的试菜期我去吃了，试营业期间我去吃了，正式开业时我也去吃了，如此这般一而再、再而三地带着问题去吃火锅，即使再笨的人也或多或少会有点心得。以下的文字，算我是近期"恶补"火锅之一得吧。

现在人们只要提到火锅，都不约而同地想到四川、重庆的麻辣火锅。换言之，在人们印象中，川渝火锅已然成为全国各种火锅的代言品类。

其实，火锅原不是四川、重庆火锅的专指，而是指用来烫煮食物的容器，最早是泥罐、瓦罐，再后来是铜鼎、铁锅及至现在的不锈钢锅、陶瓷锅等。广义的火锅是指一种烫涮的饮食方式或用此方法烹制的食物。现代语境下的火锅，泛指在特定器具里经涮、煮、烫等烹饪方法而制成的食物品类，是一个综合概念。

火锅是一种具有悠久历史的传统烹饪方法，是中国饮食文化的具体表达形式之一。火锅亦是我们先祖独创的美食。在古代，火锅称"骨董羹"，因投料入锅中时，盛装的沸水会发出"咕咚"之声而得名。

至于火锅究竟起源于何朝何代，现在尚无定论。有学者考证说，直到宋代才真正有了关于火锅的明确的记载。宋人林洪《山家清供》云："师云，山间只用薄批，酒、酱、椒料沃之。以风炉安座上，用水少半铫，候汤响一杯后，各分以箸，令自筴入汤摆熟，啖之乃随意各以汁供。"从烹饪方法及食物的吃法上看，它类似现今的"涮兔肉火锅"。当下在全国广为流传的北京羊肉火锅（北京人称"羊肉锅子"）和随处可见的川渝火锅，起源时间分别不会早于元代和清代。"羊肉锅子"传说由成吉思汗发明（北京羊肉锅子的外形极具蒙古族文化色彩），他长年统兵征战四方，看到士兵们吃传统的烧烤羊肉颇为费时，为使部队不延误战机，他将羊肉切成小块掷进沸腾的锅里煮熟后食用，从此世上就有了羊肉锅子。元朝定都大都（今北京）之后，羊肉锅子便由北方游牧民族带入大都，逐渐在汉族居民中普及；而川渝火锅中必不可少的辣椒，在引入中国后还经历了作为观赏花卉、中药药品、蔬菜食材、调味品、酱料等几个发展阶段。因此将辣椒作为火锅中重要的调味品，时间至少要推后到清朝中期或者清朝末期。

在餐饮界，以不同器具盛汤煮沸，以煮、涮、烫为基本烹饪手法制作而成的食物都可称为火锅。北京有羊肉锅子，亦称北京火锅，烹饪之法以涮为主；鄂东大别山一带普遍流行的吊锅，被称为"湖北人的火锅"，烹饪之法以煮为主；以麻辣为基本味型的红汤火锅，则称为"重庆火锅"或"四川火锅"，烹饪之法为烫涮结合。四十年前，麻辣火锅只在川渝两地流行，改革开放后，乘着经济发展的大潮，川人蜂拥出川，携带着川渝火锅"南征北伐""东讨西战"，使川渝火锅为全国各城市的餐饮市场所接受。及至现在，在我国任何一个稍有规模的城市，川渝火锅都能在当地算作一个餐饮门类，立于餐饮市场的风口浪尖。经过近四十年的发展，人们口中所说的火锅，就约定俗成专指麻辣鲜香、汤红油亮的川渝火锅了。

川渝火锅，川是指的四川（主要是成都），渝当然是指重庆了。在外地人眼中，川渝两地火锅的差别不大，但在长期吃火锅的川渝百姓看来，两者间的差异十分明显：重庆的火锅偏麻辣，成都的火锅重醇厚。重庆火锅源于市井，兴起于"草根"人群，略显"简单粗暴"，汤底只放鲜葱等少量佐料，主要以糍粑辣椒炒制底料，其口味火爆凌厉，为典型的麻辣劲爆型。成都的火锅文化根源于重庆，但比重庆火锅香料品种要多，辣味适中，底料配方多样，尤其是添加花椒形成麻辣口味，再以牛油和豆瓣等炒制而成，呈现出典型的醇厚酱香型特色。重庆火锅的蘸碟，一般是香油加蒜；成都人吃火锅，蘸碟更为丰富，除了基本的香油和蒜，还要加蚝油、香菜、醋等。

依我看，川渝火锅虽小有差异，但相同点却是一致的。一锅好的川渝火锅，均要讲究炒料（汤底）、蘸料、食材、涮烫方法四大要点的统一。底料炒制，以保证油亮汤清为第一要务，最能检验炒料师傅的手艺。汤料上桌后，油水应呈分离状，油浮于水上，点火后，不管添加了肉类还是豆制品、青菜，汤底不能混浊，一旦汤底混浊，就容易糊锅，汤底有了煳味，这顿火锅就无从吃起了。蘸料的差别，来自各种调味品选择与搭配，检验的是火锅店老板对调味品市场的了解和对自身品牌的忠诚程度。如果用正规品牌厂家出产的香油、蚝油、豆瓣酱、花椒等调味品，自然能够保证蘸料味道的纯正。食材方面，新鲜至关重要，各种食材须得吃鲜吃嫩，保持食材的原味，才能让食客感受到在一锅底料中涮成不同食物的不同滋味。有了上好的锅底、纯正的蘸料、鲜嫩的食材，还不够，要想吃好一顿火锅，食客必须有正确的涮烫方法。比如，下菜入锅一定得遵循先下肉类，再下青菜、淀粉含量高的食材，最后下面条等主食的顺序，否则会破坏锅底味道的纯正。吃火锅，讲究把控涮烫食材的时间，不可过长也不可太短，涮烫时间太短，食材未能熟透，食之于人有害；涮烫时间过久，食材失去鲜嫩味道，口感不佳。比如川渝火锅中"老三篇"（黄喉、毛肚、鸭肠）之一的毛肚，在热汤滚开的汤锅里，上下涮 14 秒左右捞出，此时毛肚口感脆爽嫩柔，入口才是最佳。

总而言之，一餐食之有味的川渝火锅，需要商家和消费者双方的合力，少了任何一方的积极参与，哪怕店家做得出气质再好的火锅，食客也难以吃出火锅应有的滋味。

"专蜀味道"此次开门纳客，除了保证川味的锅底、食材、蘸料三大要素的品质外，重要的是从"小清新"气质上寻求突破。"专蜀味道"的所谓"小清新"气质，体现在两个方面。一为店面装修，走了一条讨"85 后""90 后"的"清新"路线：随处可见的绿植，还挂上几个鸟笼点缀，鸟儿不时发出啼鸣之声，墙体拐角处布置了小桥流水景观，不大的店面被装饰成了一个精致的花园。就连门口招牌，亦是用鲜活的植物制作而成。二是食材的新鲜，不管是肉类、青菜还是豆制品，皆追求鲜、嫩、活。尤其是菌类食材，连营养钵带菌子一并奉上示人，当堂剪摘，让人耳目一新，使食客在满足味觉享受之前，已在视觉、嗅觉上获得极佳的体验。

"专蜀味道"推出火锅吃鲜吃活的销售主张，颇受食客追捧。我每次去该店吃火锅，店里总是人满为患，店外等台的年轻人们，坐在等位椅上安安静静玩手机的画面，与装饰风格清新的"专蜀味道"，一齐成为一道亮眼的街边风景。

荆楚味道

"专蜀味道"，火锅里透出了"小清新"的气质

站久了，就成了雕像——《荆楚味道》后记

家人在海外生活多年，我孤身一人闲居武汉。如今已至花甲，人老易生愁绪，在雨雪之日或者辗转难以入眠的冷夜，几许寂寥、无奈的情绪常常萦绕于怀。

生活趋于寂寥，久而久之我也就习惯成自然。从自然规律这个角度来看，亦是人的年岁越大，总会越发寂寞，因此对这个结果，我既无理由也无办法不去接受。但长时间的寂寞总会使人心生悲凉之感，因此，我在即将踏进暮年时，实有必要找到一种排遣寂寥的方法，否则难免会被负面情绪弄得身心俱疲，乃至有可能患上令人沮丧的心理、生理疾病，让暮年生活笼罩在挥之不去的阴影之下。

实在应该庆幸，我找到了一个排遣寂寞的有效方法：一年四季，变着法子去吃美食，让不同帮口、不同食材、不同烹饪技法、不同味道的佳肴充填我许多的时间，我也在品鉴美食的过程中找到了乐趣。总体说来，从饱腹充饥的生理层面到审美愉悦的精神层面，我都得到了极大的抚慰。

让美食品鉴成为一种生活方式，成为让生命朝着有意义方向前行的助推剂，这可能吗？

我还真有根据。

宋人刘子翚是朱熹的老师，他写过一组《汴京纪事》诗，其中一首曰："梁园歌舞足风流，美酒如刀解断愁。忆得少年多乐事，夜深灯火上樊楼。"看看，美酒是可作刀斫断旧思与新愁的。

我曾读到一本美国人写的书：《超级慰藉——美国潜艇部队的烹调秘密》。书中所言，核潜艇执行的是高等级的秘密任务，潜入海中，浅则几十米，深则几百米，出海短则上十天，多则三月有余。艇上的空间极其狭窄，一天二十四小时，只有熟得不能再熟的年轻男性面孔在逼仄的空间里晃来晃去，连一只蚊子或苍蝇都看不到，所以水兵们出海时备感孤独。而抚慰水兵行之有效的方法之一，就是革新饮食。潜艇上的厨师们糅合世界各国的食材和烹饪技法，变着花样做出让水兵大快朵颐的色香味俱佳的美食，用以驱赶水兵们的孤独情绪。

或许各位要说了，美食嘛，谁人不爱？谁人不想生活中有美食相伴？除了有闲外，还不得要有钱买得起单。

如此说来，一年四季，我的生活中从不缺乏美食，不能不说是我的幸运。

我的职业是美食品鉴与评论，这份工作在许多人眼里很是"高大上"，其实说成大白话就是借美食品鉴之名，行到各类餐馆吃吃喝喝之实。而且，绝大多数的情形是白吃白喝，有文友送了我一个"齐白石"（吃白食，武汉方言把"吃"念"齐"音）的诨号。

虽然在别人眼里成了"齐白石"，但我自己知道，我还真不是那种没事去餐馆混吃混喝的主儿。对我而言，去各种餐馆吃喝、品鉴美食，是进行田野调查的一种形式，是我做饮食文化研究工作的重要手段。

八年前，我不知深浅地一脚踏进了湖北饮食文化研究领域。

湖北饮食文化作为湖北地方文化的重要组成部分，似乎在我们现实生活中随处可见、随处可感，但是放眼望去，整个湖北省对于本地饮食文化的源流、演进、发展的研究非常滞后，即使有一些这方面的研究成果，也多是零星或者碎片化的，完全与湖北饮食文化源远流长的历史、今天欣欣向荣的发展局面不相匹配。湖北饮食文化既博大精深，又细致入微，与我们每个人的生活关联度极高，在我们现实生活的每一个角落，饮食文化如影随形。于是，我们每个人都可以以自己的感知为中心，对湖北饮食文化尤其是吃过的湖北菜肴或者小吃说上几嘴，就像是看过了一部"肥皂剧"，谁都有权利论上几句。现在已是互联网时代，各种媒体包括自媒体都十分发达，每个人的手机都是一个麦克风、一个广播电台、一份报纸、一家电视台，每个人都有权利针对湖北菜肴或小吃议论发声。但总体而言，这些发声仍旧显得随意且不成体系。换句话说，湖北饮食文化研究，其实是个不被人关注的角落。

在餐饮业的从业人员中，也很少有人对湖北饮食文化去做系统的研究：专业厨师或是知识结构有短板，或是缺少理论研究的能力，或是少有文字表达的能力，所以极少有专业厨师去做饮食文化方面的研究。有写作能力的作家、学者，也大部分不会去关注这个有烹饪技术门槛的狭窄领域。所以，研究湖北饮食文化，其实是耕耘一片少有人去的处女地，从竞争的角度来看，这是一片"蓝海"。

我决定在这个不被人注意的角落里"打井"，试图通过我的努力，从打成的井口里收获汩汩流出的清泉。

前面说过，湖北饮食文化的重要载体是湖北的各种菜式和小吃。我的研究工作，首先要求我对湖北菜式和小吃有足够的了解。

我不是餐饮业的从业人员，白案、红案的墩子、炉子或碟子，我一样都做不了。怎么才能迅速地了解湖北菜品和小吃呢？经过思考，我觉得大约有三条路可走。

第一，向资深的红、白案厨师学习，与他们交上朋友，以熟悉湖北菜和小吃的食材、烹饪技法；

第二，从古代文献和现在公开出版的书籍中了解湖北菜式和小吃的起源、发展脉络；

第三，以湖北为圆心，在古荆楚地域内，对各种形态的餐厅酒楼做田野调查。

吃餐馆是做田野调查的最好方式。我的工作需要我成为一名职业"好吃佬"。于是，到各种类型的餐厅、酒楼试菜考察，成为我日常工作的重要内容之一。也是从那时开始，我的生活与工作便像一根油条的两片，看不出哪片高哪片低，工作是生活，生活亦是工作。有时甚至连我自己都分不清，到餐馆去吃饭，到底是生活之需还是工作之需了。对我而言，最大的收获还在于在美食香味的蒸腾下，那些寂寞的愁绪便像太阳照射下的雾气，自然而然地消失得无影无踪了。

八年下来，我吃过的餐馆酒楼、小吃摊点，难以计数，足迹已至湖北省的七十个县市，也到过四川、浙江、安徽、河南、江苏、江西、湖南等地，不敢说已把湖北的全部美食都品尝殆尽，更不敢说对外帮菜式十分内行，但确实对湖北的菜式和小吃有了较完备、系统的认知。我非常清楚，吃喝决然不是目的，正如鲁迅先生所言，"吃的是草，挤出的是牛奶"。如果吃进了草，挤出的还是草，那在下就有混吃混喝之嫌了。

有了田野调查作基础，我又对品尝美食的感受有表达的欲望，恰好又有一点文字表达的能力，于是，便从我个人感受（美食品鉴具有个性、个例、个案的特性，一千个美食家有一千种感受）出发，尽可能参照餐饮行业的已有标准，去推介那些我认为值得推介的菜品和小吃品种。我的所谓"值得"，要么是食材有特点，要么是味型有特点，要么是烹饪方法有特点，要么是摆盘有特点。总之，这些菜品和小吃总有会让我心动的地方，然后我将其付诸文字，也算是我对白吃白喝过的那些餐馆酒楼、小吃摊点美食的投桃报李。

我的一个诗人朋友解智伟有句诗："一个人站久了／就成了一座立起的雕像。"（《再泊枫桥——解智伟后诗歌精选》，武汉出版社，2014）我很以为然。一个人只要长期关注一个行业，自然就会看清一个行业的门道。一个人多年专注于一种职业，成为专家亦为必然。八年专业的"吃货"经历，使我忝列于湖北美食品鉴专家行列，私以为并不算是滥竽充数。

根据这八年的吃喝体验与研究，我写了百二十万字的饮食随笔，先后结集出版了《楚天谈吃》（百花文艺出版社，2014）、《味蕾上的乡情》（北京日报出版社，2016）、《武汉味道》（武汉出版社，2019）等。这本《荆楚味道》，收录了我这两年所写的七十余篇饮食随笔，这些文章既可看作是对自己人生经历的观照或对各地风土人情的描摹，亦可算是我推广湖北饮食文化工作的一个阶段性的成果检视吧。

感谢华中科技大学出版社总编辑姜新祺先生、基础教育分社社长靳强先生，责任编辑赵丹、董文君，以及郭妮娜女士对出版这本《荆楚味道》所付出的心血；感谢湖北省书画研究会副主席兰干武先生为本书题写书名；感谢著名画家孙德生先生，花费大量时间画了近二十幅插图，使得全书有了图文并茂的效果！

荆楚饮食文化不仅源远流长，而且博大精深，《荆楚味道》这本小书，绝不可能展示其全部样貌，只是展示了几片绿叶、几朵小花而已。

以此为记。

曾庆伟

2020 年 4 月 18 日于武汉

图书在版编目（CIP）数据

荆楚味道/曾庆伟著. —武汉：华中科技大学出版社,2020.6（2021.1重印）
ISBN 978-7-5680-2171-5

Ⅰ.① 荆… Ⅱ.① 曾… Ⅲ.① 饮食－文化－湖北 Ⅳ.① TS971.202.63

中国版本图书馆CIP数据核字（2020）第072705号

荆楚味道 曾庆伟 著
Jingchu Weidao

策划编辑：靳　强　郭妮娜
责任编辑：赵　丹　董文君
封面题字：兰干武
插　　图：孙德生
封面设计：廖亚萍
版式设计：赵慧萍
责任监印：周治超
出版发行：华中科技大学出版社（中国·武汉）　　　电话：（027）81321913
　　　　　武汉市东湖新技术开发区华工科技园　　　邮编：430223
印　　刷：武汉市金港彩印有限公司
开　　本：710mm×1000mm　1/16
印　　张：22.25　插页：2
字　　数：277千字
版　　次：2021年1月第1版第2次印刷
定　　价：88.00元